本书为教育部人文社会科学研究青年基金项目

"萨特伦理学思想研究"（批准号：22YJC720001）的最终成果

萨特的
伦理学思想研究

——以《道德笔记》为例

On Sartre's Ethical Thoughts
— Taking *Cahiers pour une Morale* as a Case

崔昕昕 著

天津出版传媒集团

天津人民出版社

图书在版编目（ＣＩＰ）数据

萨特的伦理学思想研究：以《道德笔记》为例 / 崔
昕昕著. -- 天津：天津人民出版社，2024.4
　　ISBN 978-7-201-20423-9

Ⅰ.①萨… Ⅱ.①崔… Ⅲ.①萨特(Sartre, Jean
Paul 1905-1980)—伦理思想—研究 Ⅳ.①B565.53
②B82-095.65

中国国家版本馆 CIP 数据核字(2024)第 080547 号

萨特的伦理学思想研究：以《道德笔记》为例
SATE DE LUNLIXUE SIXIANG YANJIU : YI 《DAODE BIJI》WEI LI

出　　版	天津人民出版社	
出 版 人	刘锦泉	
地　　址	天津市和平区西康路35号康岳大厦	
邮政编码	300051	
邮购电话	（022）23332469	
电子信箱	reader@tjrmcbs.com	

责任编辑	郭雨莹	
装帧设计	汤　磊	

印　　刷	天津新华印务有限公司	
经　　销	新华书店	
开　　本	710毫米×1000毫米　1/16	
印　　张	16.75	
插　　页	2	
字　　数	220千字	
版次印次	2024年4月第1版　2024年4月第1次印刷	
定　　价	89.00元	

前　言

　　系统考察并梳理萨特伦理学的形成与发展，是完整理解萨特哲学体系的必然要求。本书聚焦萨特生前未发表的伦理学著作《道德笔记》，以此为基础呈现萨特的存在主义伦理学，并详细探究他的三种伦理学思想。

　　萨特前期著作中的现象学方法和本体论思想，使他得以成功地构建了其独具特色的伦理学。他的意识理论是其全部哲学的奠基石。反思前的我思、纯粹反思与不纯粹反思是意识理论的核心概念。意识的自发性特征是他的自由哲学的根基。萨特的现象学方法不仅是构建其本体论的基础，也是勾勒其伦理学的必要条件。萨特区分了"自为存在"与"自在存在"。人是一种自为存在，不仅具有事实性，而且具有超越性，这一特点使得本体论必然与伦理学产生关联。人的自由的基本谋划，面对自由选择时"自欺与真诚"的两种态度，关乎个体从自欺走向本真的他者，以及人"存在的精神分析法"和"道德的前景"等内容本身就存在一种张力，这些论题都蕴含丰富的伦理学思想。

　　《道德笔记》代表萨特的第一种理想主义伦理学，直接见证了他的本体论与伦理学的理论关联。该书先后呈现两个伦理学计划，分别是"伦理学的荒谬性与必需性"和"本体论的伦理学"。前者揭示了伦理学的荒谬之处，后者则在个体自身异化中发现了实现本真的可能性。"暴力"与"本真"论题是《道德笔记》的两条主要思想线索。在自我与他者本体论关系的冲突中存有潜在的暴力可能性。在萨特那里,"暴力"是暧昧的,"以暴制暴"是暴力的最终图解。我们可以称萨特的第一种伦理学为本真的伦理学。"本真"是一种深刻的社会谋划,自我除了超越自欺之外,还需要尊重他者。纯粹反思与转变使得我们能够打破自因的谋划,转而在反思中承认自身是价值的来源,并且承认他者的自由,进而促成本真伦理学的实现。然而,从20世纪中叶开始,萨特逐渐意识到无法在实践层面实现理想主义伦理学,便转而探究第二种伦理学,到了晚年他又开始探索第三种伦理学。总体而言,萨特的伦理学经历了理想主义、现实主义和实现直接的民主这三个阶段。三种伦理学之间虽有差异,但密不可分,其思想是一以贯之的。

萨特的伦理学突破了西方传统伦理学的禁忌,是典型的存在主义伦理学。这种伦理学的明显特征是具有暧昧性,而暧昧性并非意味着荒诞、矛盾,而是直指人的自由和选择。这种暧昧性的伦理学揭示出人是自由的,个体既要拥有自由选择的权利,也要承担无法逃脱的责任。

萨特的现象学的本体论与其存在主义伦理学之间互相印证:一方面,他的存在主义伦理观以现象学的本体论为依托;另一方面,他的哲学与文学著作也都渗透了存在主义伦理观。萨特与波伏娃和梅洛-庞蒂等人的伦理学都具有暧昧性,他们的伦理学都强调个体的道德判断和道德选择没有绝对的是非对错,善恶总是模棱两可的,要结合具体的生存处境进行价值判断。他们的伦理学之间既有相同之处,又存在一定差异。

萨特的伦理学思想有着自身独特的逻辑和相对严格的论证体系。虽然《道德笔记》等伦理学著作在他构建伦理学体系的过程中有一些模糊或前后不一致的地方,但这也为我们研究萨特的伦理学思想,甚至更加深入完整地理解萨特的哲学思想提供了契机。《道德笔记》告诉我们,人与人之间相互依赖,只有承认他者的自由,才能实现自身的自由。毋庸置疑,萨特伦理学对后来的伦理学甚至当今世界的发展都具有相当大的影响力。

目 录
CONTENTS

第一章 导论 / 1

    第一节 问题提出与研究价值 / 2

    第二节 研究现状 / 4

    第三节 研究思路与方法 / 19

第二章 萨特伦理学的相关渊源 / 24

    第一节 萨特伦理学思想的理论渊源 / 25

    第二节 相关反对意见剖析 / 61

第三章 萨特本体论的伦理学意蕴 / 70

    第一节 人的基本谋划——自由 / 71

    第二节 面向信仰的两种态度——自欺与真诚 / 76

    第三节 与他者的关系——冲突 / 80

    第四节 "存在的精神分析法"与"道德的前景" / 85

第四章 《道德笔记》的核心思想 / 90

    第一节 萨特的伦理学计划 / 91

    第二节 暴力 / 104

    第三节 本真的实存 / 119

    第四节 自由与价值 / 147

    第五节 萨特对康德道德哲学的批判 / 163

第六节 《道德笔记》的学术意义与存在的问题 / 179

第五章 萨特的三种伦理学比较 / 188

第一节 本体论依据方面 / 188

第二节 理论目标与实现目标的手段方面 / 196

第三节 社会维度方面 / 202

第四节 萨特的伦理学是否一以贯之？ / 209

第六章 萨特伦理学的定位与评价 / 215

第一节 萨特的存在主义伦理学 / 215

第二节 萨特伦理学与现象学的本体论 / 223

第三节 萨特伦理学与其他存在主义伦理学 / 231

结 语 / 240

参考文献 / 244

后 记 / 261

第一章　导论

　　作为现当代著名的存在主义哲学家，萨特的存在主义哲学思想影响深远。对于萨特的本体论，学术界的研究是比较普遍和深入的。然而，不管国外还是国内，真正深入研究萨特伦理学思想的学者为数不多，尤其对于其《道德笔记》①一书，学术界并未给予足够重视。事实上，《道德笔记》蕴含丰富且独特的伦理学内涵，它所呈现的是萨特的理想主义伦理学思想。本书从萨特的《道德笔记》出发，探索他的本体论与伦理学之间的理论关联，并在此基础上比较萨特所坚持的三种伦理学思想。

---

　　① 《道德笔记》的法文书名是 *Cahiers pour une Morale*，英文书名是 *Notebooks for an Ethics*。关于该书书名的中文译法，国内有以下几个版本：《萨特的世纪——哲学研究》一书中称作《道德论》（参见：[法]贝尔纳–亨利·列维：《萨特的世纪——哲学研究》，闫素伟译，商务印书馆，2005 年，第 20 页）；中国社会科学院的尚杰译作《伦理学笔记》（参见：《重读萨特：别一种伦理学》，《江苏社会科学》，2006年第 1 期）；复旦大学王春明译作《道德札记》（参见：《〈存在与虚无〉和〈道德札记〉中的礼物问题及其道德内涵》，《哲学动态》，2017 年第 12 期）。本书采用《道德笔记》这一译法，以便更加贴近法文书名的本义，以示法语词汇"morale"和"éthique"所代表含义的区别，从而更好地理解萨特的伦理学思想。本书选自该书的所有引文则全部从英文版译出。

第一节　问题提出与研究价值

　　萨特曾在 1943 年出版的《存在与虚无》的结尾处,写下了标题为"道德的前景"的章节。他在此章节中提出了一系列问题,却并未予以回答,"所有这些问题,都把我们推到纯粹的而非复合的反思,这些问题只可能在道德的基础上找到答案。我们将在下一部著作中研究这些问题"①。萨特在此表明了他未来的伦理学计划,并指出本体论本身不能形成伦理学规则,然而这并不代表他的伦理学是脱离其本体论的。恰恰相反,萨特的伦理学思想深深地根植于他的本体论之中,尽管他的本体论本身无法提供伦理规范,但它能够表明何种伦理学最能反应处境中的人的实在。

　　萨特为何没有写出一部完整的伦理学专著? 国内有学者认为存在如下五个方面的原因:"第一,在经历了第二次世界大战(以下简称为二战)以后,他改变了孤立的个人主义的观点,认识到人的社会性;第二,1968 年在法国兴起的工人和学生运动,吸引了萨特的注意力;第三,他将研究兴趣转向了福楼拜;第四,文稿遗失;第五,这也是最本质的一点,他无法解决他的自由理念与社会主义理论之间的矛盾。"②同时大多数学者坚持认为,尽管萨特生前未完成一部系统的伦理学专著,但是他的伦理学思想不容忽视。事实上,萨特自 20 世纪 40 年代开始直到去世前, 一直致力于研究与本体论平行的伦理学,并写出了许多与本体论相关联的文章。随着萨特的本体论思想逐渐改变,其伦理学思想也相应地发生变化。关于这一点,萨特在《萨特和西卡尔先生:维护》(*Jean-Paul Sartre et M. Sicard:Entretien*)、《我们有理由反抗和讨

---

　　①　[法]让-保罗·萨特:《存在与虚无》,陈宣良等译,生活·读书·新知三联书店,2015 年,第 757 页。

　　②　纪如曼:《萨特为何没有写出〈伦理学〉一书?》,《复旦学报(社会科学版)》,2005 年第 5 期。

论》(*On a Raison de se Révolter*,*Discussion*)、《萨特自传》(*Sartre by Himself*)，以及《七十岁自画像》(*Self-Portrait at Seventy*)中均提到他致力于研究几种不同的伦理学。美国学者托马斯·C.安德森(Thomas C. Anderson)指明了萨特的三种伦理学："第一种伦理学是理想主义的伦理学，体现在《存在与虚无》以及死后才出版的《道德笔记》中；第二种伦理学是现实主义的、唯物主义的伦理学，体现在《辩证理性批判》《家庭白痴》以及《罗马讲稿》中，同样未完成；第三种伦理学是'权力和自由'，主要体现在他与助手莱维的谈话中。"①可见，许多学者认为尽管萨特并未发表完整系统的伦理学专著，但他的伦理学思想仍然非常有价值。

然而相较于萨特的本体论思想，对于他是否提出某种伦理学理论这个问题，学术界一直存有争议，争议主要体现在三个方面：第一，由于萨特关于伦理学的论述往往不是很严谨，对于一些相关概念术语也没有做出十分清楚的界定，这造成了学者们的不同理解；第二，由于萨特生前并未发表完整系统的伦理学专著，这使得学者质疑其伦理学在其整体哲学中的地位；第三，萨特的伦理学著述呈现分散、不完整的特点，使得许多学者甚至会怀疑萨特是否具有伦理学思想。本书认为萨特肯定具有独特的伦理学思想。问题在于，他的伦理学思想主要包括什么内容？我们应该如何理解其伦理学？如何理解其伦理学与其本体论之间的关联？本书将在系统研究的基础上回答这些问题。

特别需要指出的是，萨特是存在主义哲学家，他关心政治，关心人民的生活。随着二战结束和社会政治的改变，他的伦理学思想也发生相应的变化。萨特的伦理学思想受到康德道德哲学、黑格尔辩证法甚至马克思唯物主义哲学的影响。萨特在《道德笔记》中，不仅批判了康德式的义务论伦理学，

---

① Thomas C. Anderson, *Sartre's Two Ethics：From Authenticity to Integral Humanity*, Open Court Publishing Company, 1993, pp.1-2.

而且批判了黑格尔的辩证法,尤其是通过借鉴黑格尔的主奴关系理论来阐明其自身的伦理学立场与观点。萨特受到马克思唯物主义哲学的影响,主要体现在代表他第二种本体论,以及伦理学思想的《辩证理性批判》中。正是由于萨特并未发表完整系统的伦理学专著,同时他的思想又受到黑格尔辩证法和马克思唯物主义的影响,这两种思想的前后交叉,使得萨特的本体论以及相应的伦理学思想呈现某种模糊不清的可能性。萨特的伦理学思想中的很多观点、概念,由于缺乏明确的界定,经常被学术界不断地反复讨论与批判。

鉴于上述情况,我们应当全面研究萨特的伦理学思想以及对应的本体论思想,这种研究可以通过探索萨特的本体论与伦理学思想之间的理论关联来完整地把握。由于《道德笔记》一书直接关联萨特最重要的著作《存在与虚无》中所承诺的伦理学,所以本书着重分析《道德笔记》这本书,从而细致且全面地挖掘萨特哲学的理论深度,并比较准确地理解萨特的本体论与伦理学之间的关联。

第二节　研究现状

学术界对于萨特伦理学思想的研究,主要集中在三个主题:第一,萨特的伦理学有无可能性;第二,萨特的伦理学基础;第三,从政治哲学视角分析萨特的本真与他者理论。这项研究既受到哲学界的关注,又是政治界争相讨论的对象,从侧面体现出萨特的伦理学理论内部蕴含着一定的张力。

一、国外研究现状

(一)关于萨特的伦理学

相较于萨特其他思想的研究,国外学术界对其伦理学思想的探讨显得较为薄弱,但对萨特伦理思想的关注日趋增多。自 20 世纪 60 年代以来,尤其是 70 年代至 90 年代期间,学者们陆续发表了许多研究萨特伦理学思想的专著与文章。一部分学者对于萨特的伦理学思想持否定态度,主要代表人物是英国哲学家玛丽·沃诺克(Mary Warnock)和美国学者阿拉斯代尔·麦金太尔(Alisdair MacIntyre)。另一部分学者对萨特的伦理学思想则持辩护的态度,主要以萨特的终身伴侣西蒙娜·德·波伏娃(Simone de Beauvoir),以及英国学者安东尼·理查德·曼瑟(Anthony Richards Manser)和美国学者托马斯·C.安德森(Thomas C. Anderson)、约瑟夫·H.麦克马洪(Joseph H. McMahon)、T.斯托姆·赫特(T. Storm Heter)、索尼娅·克鲁克斯(Sonia Kruks)等人为代表。

安德森指出:"沃诺克如同许多批评家一样,声称萨特在他的不朽著作《存在与虚无》中提出的本体论学说,使任何伦理学体系的形成变得不可能。更具体地讲,批评家们认为萨特在这部著作中对人、人的自由、价值,以及人际关系的阐述,使得萨特不可能就人应该和不应该对他者采取行动发表任何有意义的声明……如果萨特坚持《存在与虚无》中的存在论,他就不可能有伦理道德:只有否定这一本体论,并接受其他哲学世界观,才能为自己的伦理学提供正当基础。"①麦金太尔指出:"萨特……把自我描绘成完全不同于他可能碰巧承担的任何特定的社会角色……对萨特来说,核心的错误是他将自我与其角色等同起来,这一错误带来了道德上的自欺和理智上的困

---

① Thomas C. Anderson, "Is a Sartrean Ethics Possible?", *Philosophy Today*, Vol.14, No.2, 1970, pp.116–140.

惑。"①麦金泰尔认为萨特的自我观导致了伦理主观主义,所有的信仰与评价都是同等非理性的。这就使得行为者在特定处境下选择坚持哪种立场,实现哪种承诺似乎并不清楚。

波伏娃在 20 世纪 40 年代末出版的《暧昧的道德》(*The Ethics of Ambi-guity*)②一书包含许多研究萨特伦理学思想的宝贵资料,已经成为学术界研究萨特伦理学思想的重要依据。该书更是波伏娃为萨特的《道德笔记》一书而写的研究性专著,是对萨特伦理学思想的坚定辩护与有益补充。

英国学者曼瑟也比较早地关注到萨特的伦理学。他于 1966 年出版《萨特:一种哲学研究》(*Sartre:A Philosophic Study*),主要依据萨特的《反犹分子与犹太人》(*Anti-Semite and Jew*)和《圣热内:戏子与殉道者》(*Saint Genet:Actor and Martyr*)这两本著作展开分析。曼瑟从"本真""他者"思想出发,在为萨特的伦理学进行辩护的同时也指出了其存有的困难。萨特的伦理学既借鉴了强调主体性的弗洛伊德学说,又借鉴了强调客体性的马克思主义学说,这二者对于萨特而言都是需要的。对于曼瑟而言,萨特伦理学的危险在于,"我们得到的只是一个'自己动手'的工具,而非一种道德"③。

关于萨特伦理学思想的研究,美国学者托马斯·C.安德森发表了一篇论文,即《萨特的伦理学有可能吗?》(*Is a Sartrean Ethics Possible?*,1970),出版了两本专著,即《萨特伦理学的基础与结构》(*The Foundation and Structure of Sartrean Ethics*,1979)和《萨特的两种伦理学——从本真到完整的人》(*Sartre's Two Ethics—From Authenticity to Integral Humanity*,1993)。这三部作品的理

---

① Alasdair Macintyre,*After Virtue:A Study in Moral Theory*,University of Notre Dame Press,2007,p.32.

② "ambiguity"对应的法语词是"ambiguïté"。有学者将其翻译为"模棱两可",例如阎伟博士的《萨特模棱两可伦理学的特征与价值指向》一文。有学者将其翻译为"暧昧性",如王金仲教授的《暧昧性——理解萨特伦理学的钥匙》一文。笔者倾向于采用"暧昧性"这一译法。

③ Anthony Richards Manser,Sartre,*A Philosophic Study*,Althone Press,1966,p.165.

论内涵具有统一性和关联性。首先,安德森在论文中强调萨特的伦理学是有可能的,这是他构思后面两部著作的前提;随后,他分析使得萨特的伦理学思想成为可能的本体论基础是什么,并比较了萨特的前两种伦理学思想。

显然,在安德森看来,萨特的伦理学是可能的。批评家指责萨特的本体论使得其伦理学不可能原因无非有三点:第一,基于萨特所言的"人是一种无用的激情"和"人的实存是荒谬的"说法;第二,基于萨特在《存在与虚无》中阐述的人与人之间的原初关系不是共在而是冲突的观点;第三,基于萨特所主张的所有价值都是由个人创造的这一主张。①针对这三种反对意见,安德森在《萨特的伦理学有可能吗?》这篇文章中一一做出回应。他非常客观地指出,萨特的本体论没有不可逾越的、无法从社会层面上理解其伦理学的障碍,只是萨特支撑这一观点的论点并不完整。

《萨特伦理学的基础与结构》一书延续《萨特的伦理学有可能吗?》一文中所探讨的"萨特的本体论使其伦理学不可能的反对意见以及相关的回应"这一主题,并通过彻底的文本分析阐述萨特伦理学的基本原则与一般结构,以及那些为其提供最接近基础的本体论立场,从而至少打破萨特的伦理学不存在或根本无法理解的神话。通过分析萨特的伦理学中几个重要概念,即"纯粹反思""转变""本真"等,安德森指出萨特的伦理学思想与《存在与虚无》中提出的本体论学说既非不相关也非敌对。作为阐释萨特伦理学思想的第一部英文著作,《萨特伦理学的基础与结构》的影响力是巨大的。美国学者约瑟夫·H.麦克马洪在《评安德森的〈萨特伦理学的基础与结构〉》(*Review of Thomas C. Anderson's Book, The Foundations and Structure of Sartrean Ethics*)②一文中,既肯定了安德森这本书的贡献,也非常犀利地指出了这本书的缺憾。

---

① Thomas C. Anderson, "Is a Sartrean Ethics Possible?", *Philosophy Today*, Vol.14, No.2, 1970, pp.116–140.

② Joseph H. McMahon, "Review of Thomas C. Anderson's Book, The Foundations and Structure of Sartrean Ethics", *The French Review*, Vol.54, No.6, 1981, pp.878–879.

麦克马洪指出,《萨特伦理学的基础与结构》的内容参差不齐,所举的例子单调且重复,用波伏娃的甚至让松(Francis Jeanson)的作品来填补萨特的伦理学思想,却并未深挖萨特本人的著作,而事实上萨特对这些问题几乎是持续关注的。

　　麦克马洪对安德森的批评是有道理的,这也在某种程度上刺激了安德森进一步写作的欲望。安德森在 1993 年出版的《萨特的两种伦理学——从本真到完整的人》中间接地回应了麦克马洪对《萨特伦理学的基础与结构》的疑问。首先,安德森指出了自己在那本书中所犯的错误,即没有意识到 1940 年之后萨特的伦理学思想发生了一些转变。其次,安德森介绍了萨特的三种伦理学思想,尤其是前两种伦理学及其对应的本体论。他还指出,萨特的伦理学与其政治理论相关联。他的目的是分析萨特所提出的道德价值观、规范以及理想,并解释其基础。他试图把萨特的工作视为一种最直截了当的尝试,来构建和维护连贯而有意义的道德立场。因此,安德森认为萨特有连贯的伦理学思想。安德森的《萨特的两种伦理学——从本真到完整的人》是对前面那篇论文以及专著的总结与完善。安德森的这部著作非常吸引人的一个地方还在于他对萨特"自欺"思想的分析。萨特的自欺不仅是一个本体论概念,而且对于伦理学也是非常重要的。因为萨特的伦理学想要实现的就是从这种自欺的状态过渡到本真。在安德森看来,自欺的可能性就在于人的存在的两重性,即人的存在既是自由意识(超越性)也是事实性。自欺之人不仅完全是有意识的,而且是其自由的决定。然而,太多人忽略了自欺的积极方面,即自欺既不是必要的,也不是无可避免的。关于此,萨特在《存在与虚无》的一处脚注中①,就提到了从自欺过渡到本真的可能性。

---

　　① 参见:Jean-Paul Sartre,*Being and Nothingness:An Essay in Phenomenological Ontology*,Hazel Barnes,trans.,Philosophical Library,Inc.,1956,p.70. 中译文为:"如果个体处于真诚的或自欺的之间没有区别,那是因为自欺重新把握了真诚并溜进那个真诚的原初谋划之中,这不是要说人们根本不能逃避自欺。但是这假设了被它本身败坏了的存在的自我恢复,我们名之为本真,而这里还不是说明它的地方。"

谈到自欺、本真就不得不提及他者，美国宾夕法尼亚州立大学东斯特劳斯伯格分校（East Stroudsburg University of Pennsylvania）的斯托姆·赫特教授在 2006 年发表的《本真与他者：萨特的承认伦理学》（*Authenticity and Others：Sartre's Ethics of Recognition*）①一文中，指出萨特的伦理学思想在很多地方都借鉴了黑格尔的辩证法，尤其是黑格尔的承认理论（Theory of Recognition）。因此，赫特从政治哲学角度，从本真与他者角度，更具体地说从"承认"理论出发，分析萨特伦理学理论的合理性。赫特的这一视角是独特而新颖的。斯托姆·赫特指出，萨特所阐发的本真存在的生活方式不仅包含理性的一致性（consistency），而且包括尊重和承认他者的自由。

综上所述，关于萨特是否具有伦理学思想这个问题，大体有两种观点：一部分学者认为萨特没有前后一贯的伦理学思想；另一部分学者则认为萨特具有深刻的伦理学洞见，从这些洞见中可以提取其理论框架与结构。后一种客观评价或者说为萨特的伦理学辩护的学者，他们大多从萨特的某部或某些作品出发，从某个视角为萨特的伦理学做辩护。即使是对萨特伦理学的研究比较全面的安德森，其著作也并未完整清晰地呈现萨特伦理学思想的全貌。

（二）关于萨特的《道德笔记》

在《存在与虚无》出版之后的四五年间，萨特完成了《道德笔记》一书的写作。因为他一直无法满意地完成这部著作，所以生前并未付诸出版，原因在于他认为关于"解放"（liberation）的思想还不成熟。虽然这本书所谈论的问题内容冗杂，论点分散，并且目前从事萨特哲学研究的学者缺乏对于该书的

---

① T. Storm Heter, "Authenticity and Others：Sartre's Ethics of Recognition", *Sartre Studies International*, Vol.12, No.2, 2006, pp.17–43.

关注,但是这并不意味着该书缺乏研究意义与价值。初看起来这本书中没有提出完整的理论体系,但是经过仔细分析、提炼,我们能够明确发现萨特所展示的伦理学思想。这本书在法国的影响早已波及到学术界之外。英语世界也有多位学者发表了对于该书的研究性著作。

美国的盖尔·伊夫利·林森巴德(Gail Evely Linsenbard)完成于 1996 年的博士论文《萨特遗稿〈道德笔记〉研究》(*An Investigation of Jean-Paul Sartre's Posthumously Published Notebooks for An Ethics*)是介绍萨特这部著作的最相关和最直接的文献。林森巴德在这篇博士论文中,探索了萨特在《道德笔记》中对道德的反思,尝试描述并阐明了《道德笔记》中"道德"(morale)这一概念及相关的伦理学思想。他断定尽管萨特并未具有传统意义上的道德理论,但萨特在《道德笔记》中对道德的反思为我们理解和欣赏存在主义的道德维度做出了相当有意义的贡献。通过比较萨特与其他哲学家的道德哲学,尤其是康德的道德哲学,通过界定萨特的伦理学不是什么,林森巴德得出萨特的伦理学可能是什么的结论。林森巴德通过如下两个关键议题将萨特的本体论与其伦理学思想融贯起来:第一,我们如何反思性地克服自欺且本真地生活;第二,关于"创造",个体如何通过反思性的转变从而放弃自因的谋划。遗憾地是,整篇论文并未呈现《道德笔记》的整体样貌,尤其缺少关于萨特对"暴力"问题的分析。对萨特来讲,暴力问题十分重要,林森巴德却并未过多地谈及。此外,对于萨特自欺理论的分析,对于康德道德哲学的阐释,林森巴德在一定程度上歪曲了萨特和康德的原意。尽管他指出了萨特所认为的"自欺是一种本体论的状态",但是他强调萨特想要克服这种自欺状态,从而走向真诚。对于萨特而言,"自欺"是一种无法克服的本体论状态。自欺实则是真诚,它与自由不可分。真诚处于反思层面,即第二层面,心理学意义上的自欺就是真诚。我们应该从本体论和伦理学这两个维度分别谈论萨特的自欺,而林森巴德的问题就在于他并未区分自欺的这两个不同维度。

　　斯托姆·赫特在 2006 年发表的《本真与他者：萨特的承认伦理学》一文指出，萨特的《道德笔记》更像是对黑格尔式论题的延伸评论与研究。萨特运用黑格尔的基本范畴，特别是用主奴辩证法阐明自己的伦理立场。萨特在该书中最重要的思想之一就是呼吁（appeal），该词是他使相互承认成为可能的现象学术语。尽管赫特在文中提到了《道德笔记》，但也只是蜻蜓点水式的略过。

　　安德森在《萨特的两种伦理学——从本真到完整的人》一书中不仅谈到了《道德笔记》一书的重要性和萨特生前未出版《道德笔记》的原因，而且阐释了《道德笔记》的部分核心概念与观点。安德森将《存在与虚无》和《道德笔记》视为第一种伦理学，他认为《道德笔记》解决了或者部分解决了《存在与虚无》中未得到解决的相关问题。不过，他也指出，虽然《道德笔记》在具体理解人的实在方面迈出了重要的一步，但是萨特提出的将自由作为个人的首要目标和价值的建议非常模糊。

　　尼娅·克鲁克斯在 1986 年完成的《萨特的〈道德笔记〉：伦理学中失败的尝试或新的轨迹？》（*Sartre's Cahiers pour une Morale：Failed Attempts or New Trajectory in Ethics?*）一文是针对《道德笔记》究竟有无价值的最为直接的说明。克鲁克斯指出，在探索《道德笔记》中的创造问题时，萨特开始放弃《存在与虚无》中所提出的哲学的核心，即意识的基础作用。萨特在《辩证理性批判》中还将一种类似的基础作用归功于实践。我们看到，在《道德笔记》中，萨特已经开始拒绝意识的基础作用，而尚未将这种基础作用归为实践。对于萨特来说，《道德笔记》所再现的谋划是一种失败。然而，对于我们——这些现在回顾萨特思想史的人来说，《道德笔记》具有不同的含义。该书不仅是萨特眼中的死胡同，也是一种新的哲学和政治轨迹的开创性表达。①

---

　　①　Sonia Kruks, "Sartre's Cahiers pour une Morale：Failed Attempts or New Trajectory in Ethics?", *Social Text*, No.13–14, 1986, pp.184–194.

西方学术界对萨特《道德笔记》的探究还体现在如下学者的著作中：纽约州立大学石溪分校（*The State University of New York at Stony Brook*）的罗伯特·哈维（Robert Harvey）在《寻找父亲：萨特、父性和伦理学问题》（*Search for a Father：Sartre，Paternity and the Question of Ethics*，1991）中谈到了萨特的《道德笔记》。不过哈维更多从萨特的文学作品来分析其伦理学思想。也有学者就《道德笔记》一书的某个重要议题展开研究，如美国的罗纳德·E.桑托尼（Ronald E. Santoni）在《萨特论暴力——奇特的暧昧性》（*Sartre on Violence：Curiously Ambivalent*，2003）一书中谈及了萨特《道德笔记》中的暴力问题。桑托尼指出萨特的暴力问题有其本体论支撑，遗憾的是他也未曾系统论述萨特在该书中阐述的暴力问题。法国哲学家杰拉德·沃什耶（Gérard Wormser）在《建立现象学的伦理学？〈伦理学笔记〉中的暴力和伦理问题》（*Ethique et Violence dans les"Cahiers pour une Morale"de Sartre*，2005）[①]一文中分析了萨特研究暴力问题的起因，指出暴力问题是《道德笔记》中非常重要与关键的议题，但遗憾的是沃什耶依然没有细致地阐释暴力问题，也没有给出他对萨特的暴力问题的看法。

《道德笔记》是萨特从本体论走向伦理学的桥梁，我们应该在这些当代研究者们的基础上，重新对之进行审视，探究萨特的本体论与伦理学之间的理论关联，挖掘伦理学的新内涵，发现其新的时代价值。

（三）关于萨特的伦理学与本体论的关联

萨特的伦理学以暧昧性著称。是否真如评论家所言，萨特的本体论使其伦理学成为不可能呢？或者至少说，萨特的伦理学是模糊不清的？果真如此的话，研究萨特的本体论与伦理学的关系就没有意义可言。然而事实上，萨

---

① Gérard Wormser：《建立现象学的伦理学？〈伦理学笔记〉中的暴力和伦理问题》，载复旦大学当代国外马克思主义研究中心编：《"萨特与当代思想"国际学术讨论会论文集》，2005 年，第 38~54 页。

特的伦理学建基于本体论之上。遗憾的是,关于二者如何联系在一起,以及有什么具体关系,西方学术界的关注似乎不是很多。对此问题关注比较多的要数美国学者安德森、桑托尼及林森巴德博士。《道德笔记》的英译者、美国学者大卫·派洛尔(David Pellauer)教授也做了相关研究。

由派洛尔翻译的《道德笔记》一书的英译本,于1992年由芝加哥大学出版社出版。派洛尔在译者导言中指出,萨特没有给出他自己的说法,而是直接阐述本体论与伦理学的关系。不过,萨特在《存在与虚无》的结尾宣布将把他的下一部作品投入到伦理学的问题上。尽管萨特主张本体论本身并不能形成伦理戒律,但是本体论的确使我们能够看到,在面对人的实在的处境下会呈现何种伦理学。本体论提供了一个试金石来评估任何伦理学;并且实存先于伦理。①遗憾的是,派洛尔也未过多地分析萨特的本体论与伦理学之间的具体关系。

安德森在《萨特的伦理学有可能吗？》一文中,指出了由评论家所言的萨特的本体论使其伦理学成为不可能的反对意见。萨特从未在任何地方谈及过他的本体论使得伦理学成为不可能。至于本体论与伦理学的关系,安德森没有过多分析。在《萨特伦理学的基础与结构》一书中,安德森展示了萨特早期的伦理学思想是如何建立在本体论之上的。安德森准确地指出正是本体论上欠缺的三位一体结构才使得萨特的本体论和其伦理学成为可能。欠缺的结构也使得我们追求自由,并进行自由选择。因此,萨特在《存在与虚无》的最后主张,人不必把上帝当作他一生中试图实现的最高价值。不过,需要强调的是，并没有明显的文本依据表明萨特认为人可以根除他想成为上帝的欲望。萨特的建议是,一旦个体意识到对一个无法实现的目标的渴望是虚空的，他就可以把另一个目标作为他的主要价值。安德森经过分析之后断

---

① Jean –Paul Sartre, *Notebooks for an Ethics*, David Pellauer, trans, The University of Chicago Press, 1992, p.ix.

言,自由是萨特伦理学的终极价值。因为个体只有首先重视自由,他随后创造的任何价值,包括赋予其自身实存的价值,才是有意义的或合理的。安德森的不足之处在于,他在《萨特伦理学的基础与结构》中认为萨特的伦理学思想主要集中于 20 世纪 40 年代的作品,在很大程度上仍然建立在萨特早期本体论的基础之上。幸运的是,安德森后来又在《萨特的两种伦理学:从本体论到完整的人》一书中将其纠正,他承认自己当时没有意识到,萨特的伦理学思想自 1940 年之后发生了一个转变。安德森还介绍了萨特《存在与虚无》中的伦理学含义,指出萨特在"道德的前景"中所言的未来的伦理学目标是可能的,这个未来的伦理学目标直接反映在《道德笔记》中。至于萨特的伦理学思想究竟如何具体地与其本体论关联起来,安德森的分析似乎还不是很充分。

美国学者桑托尼在《萨特论暴力——奇特的暧昧性》一书中谈及了萨特的伦理学与本体论之间的关联,不过他主要就暴力问题分析二者之间的关联。桑托尼指出,《道德笔记》中的暴力问题是以《存在与虚无》中的本体论思想为支撑的,《辩证理性批判》中的暴力的本体论前提和条件是自由,只有自由人之间才会发生暴力。然而,作者的研究是有选择性的,并未涵盖萨特谈论暴力问题的其他著作。

关于萨特的本体论与伦理学之间关系,林森巴德也做了简要分析。他指出,对于萨特而言,本体论与伦理学问题密不可分;我们只有在描述生活的人类体验时,才能描述生活的道德体验。林森巴德主要针对的是,《道德笔记》如何反映出萨特在《存在与虚无》中坚持的本体论思想与他所设想的伦理学之间的理论关联。林森巴德主要从三个存有张力的领域讨论这种关联:一是存在的两个特定区域,二是否定的过程,三是创造性的行为者。他通过阐明萨特的伦理学与其本体论的关系,以及与他者的关系来分析萨特对存在主义伦理学做出的贡献。需要说明的是,林森巴德博士在分析萨特的本体论与伦理学的关系时,对个别概念或思想的阐释存有一定问题,例如对自欺的描述。他似乎并未清楚地呈现萨特伦理学的本体论基础,也未明确指出其本体论与伦理学之间关系的纽带。

综上所述,萨特的伦理学思想已经引起西方学术界的足够关注。他们逐渐意识到其伦理学与本体论之间的关联,从而不再仅仅从本体论视角探究其哲学。然而,尽管有些学者对此进行研究,但目前国外还没有系统性研究萨特的本体论与伦理学这二者之间关联的专著出版。值得一提的是,尽管学者们承认萨特《道德笔记》一书蕴含独特且丰富的伦理学思想,但专门研究该著作的论述可谓凤毛麟角。本书正是以此为切入点研究萨特的伦理学思想,尤其是《道德笔记》中的思想,以及与其相应的本体论的关系。

二、国内研究现状

(一)萨特的伦理学著述在国内的译介情况

目前国内对萨特哲学思想的研究,已经进入到比较全面和深入的阶段。萨特的大量著作被翻译成汉语,《自我的超越性》(*The Transcendence of the Ego*,2004)、《想象》(*The Imagination*,2012)、《想象物》(*The Imaginary*,2010)、《存在与虚无》(*Being and Nothingness*,1956)、《辩证理性批判》(*Critique of Dialectical Reason*,1976)等作品,都为萨特哲学思想在中国的研究奠定了坚实的基础。可惜的是,萨特的伦理学著述却少有译作,例如:《战争日记》(*The War Diaries*,1984)、《道德笔记》(*Notebooks for an Ethics*,1983)、《家庭白痴》(*The Family Idiot*,Vols. I–V,1981,1987,1989,1991,1994)、《圣热内:戏子与殉道者》(*Saint Genet:Actor and Martyr*,1963)、《反犹分子与犹太人》(*Anti-Semite and Jew*,1948)、《境况种种》(*Situations*,1977)、《什么是文学?》("*What is Literature?*"*and Other Essays*,1988)等。1988 年,周煦良、汤永宽将萨特伦理学著作《存在主义是一种人道主义》(*Existentialism Is a Humanism*)一书翻

译成中文,为我们初步了解萨特的伦理学思想提供了文本支撑。既然《道德笔记》一书在法国的影响已经超出了学术界,那么足以说明该书所传递的伦理学思想在法国相当普及。然而,目前为止我国尚没有这本书的中译本出版。可见,萨特的伦理学思想是一个非常值得探索与研究的领域,等待着我们去深入挖掘。

(二)萨特的伦理学在国内的研究状况

萨特的存在主义哲学在我国广为人知,但是了解他的伦理学思想的人却屈指可数。自 20 世纪末以来,以万俊人、尚杰、王金仲、纪如曼和王春明等为代表的诸多学者对萨特的伦理学进行了客观研究与分析。

1.关于萨特的伦理学及其与本体论的关联

2002 年李冰的《萨特的伦理学中的绝对自由与绝对选择》一文,主要就萨特的《存在主义是一种人道主义》一书和相应的二手文献,对个人绝对自由进行阐述,并围绕由此引发出的人的自由选择及责任等问题进行探讨。2008 年,张能为在《论萨特伦理学的评价维度问题》一文中指出萨特的伦理学本质上是一种伦理哲学。萨特的伦理学不是一门具有内在统一逻辑根据的道德理论,这一特点就决定了对萨特的伦理学作任何单一的、抽象的评价都不合适;而那种试图采取"或褒或贬"的简单方式对之进行评定,是对萨特伦理学的误解。笔者同意张能为对萨特伦理学思想的分析,我们不应该直接断定萨特的伦理学正确或错误,正确的做法是结合萨特写作伦理学的背景,并在其本体论的基础上,研究萨特存在主义伦理学的现当代价值。2009 年,阎伟在《萨特模棱两可伦理学的特征与价值取向》一文中,主要就萨特的《存在主义是一种人道主义》及波伏娃的《暧昧的道德》这两本书的内容分析萨特伦理学的暧昧性。他指出,萨特伦理学暧昧性的特征,主要表现在个体生存处境、伦理选择和价值判断三个方面,个体往往面临着生存悖论和道德陷阱。模棱两可的伦理学并不是悲观与绝望的,它是鼓励人们要敢于实现个体的存在价值。需要指出的是,该论文单单就上述两个文本来谈萨特伦理学的暧昧性特征是欠妥当的。我们需要从萨特更多的伦理学著作中深入分析其伦理学的暧昧性特征。

1987 年万俊人发表了两篇关于萨特伦理学思想的文章——《萨特伦理思想研究》与《康德与萨特主体伦理思想比较》。前者总结了萨特的伦理学代表作品,并评价了其伦理学思想;后者从主体性哲学伦理学的角度分析和评价了康德与萨特主体伦理思想的得失,并指出只有在马克思主义指导下才能建立真正科学的伦理学。万俊人对萨特伦理学的研究比较客观,但并未进一步深化改进其观点。

1988 年,王金仲在《暧昧性——理解萨特伦理学的钥匙》一文中指出存在主义是关于人类暧昧性的哲学,即人是他所不是的,不是他所是的。什么是伦理学?对于萨特而言,"我应该行动"。怎样行动?"自由地行动"。为什么"自由地"?因为"我被判决为自由"。王金仲对萨特伦理学的分析是符合萨特思想原义的,这对于我们理解萨特的伦理学提供了很好的文献依据。

纪如曼对萨特伦理学的分析也是比较客观的。2005 年,纪如曼在论文《萨特为何没有写出〈伦理学〉一书?》中,就萨特没有按原计划写出伦理学著作的原因做了比较详细的分析。纪如曼的结论是,萨特的伦理学著述胎死腹中,不是偶然的遗忘或疏忽,而是具有必然性的。2009 年,纪如曼在《萨特的伦理学基本框架研究》一文中,指出了萨特伦理学的研究现状与必要性,萨特未发表《道德笔记》的原因以及萨特伦理学的本体论起点,还阐释了萨特关于人的自由、价值、暴力及人际关系等观点。不过,纪如曼在这两篇论文中对萨特伦理学的探讨深度不够。

关于萨特的伦理学及其与本体论的关联的论述,王春明的《〈存在与虚无〉和〈道德札记〉中的礼物问题及其道德内涵》一文,通过比较考察《存在与虚无》和《道德笔记》这两本既彼此衔接又立意不同的文本,表明萨特所言的道德是一种存在论道德,该道德实则是一种礼物道德,而这种礼物道德作为规范性道德具有内在的局限性。1994 年王文平在《试析萨特"存在论"及其伦理导向》一文中研究了二者之间的关系,从萨特伦理学的基本概念入手,探究其伦理学的必然走向。但是王文平却指出萨特的绝对自由主义必然导致悲观主义。萨特的存在论及其伦理导向在本质上是错误的,这显然是对萨特哲学的误解。以上成果是我国目前研究萨特的伦理学、《道德笔记》及其本体论与伦理学之间关系的代表性作品,从中可以看出对这些问题的研究在我国仍然有很大的上升空间。

2.关于萨特的《道德笔记》

《道德笔记》是研究萨特伦理学思想的非常重要的一本著作,但迄今为止我国尚未出现该书的中译本。笔者利用两年时间将这部六百多页的著作翻译成汉语,至今仍在不断地完善,以期为萨特的伦理学思想研究贡献绵薄之力。由于《道德笔记》是萨特未完成的关于伦理学思想的著作,并不像其他著作那样有明确的主线和连贯的主题。《道德笔记》在我国的研究处于起步阶段,针对这本书的直接文献更是少之又少。这种冷清局面与其在西方学术界尤其是法国的影响形成鲜明对比。

2006 年,尚杰在《重读萨特:别一种伦理学》一文中指出,《道德笔记》是一本非常重要且国内学界几乎不知晓的著作,如果不填补这个空白,我们对萨特的理解将是十分片面的。那么,"别一种伦理学"中的"别"意义何在? 通过分析萨特的《存在与虚无》以及《道德笔记》,尚杰指出,"别"在于它与西方传统伦理学的重大区别,这种区别十分微妙却又很根本。因为萨特的道德观念恰恰是反对将善与恶截然对立起来的传统基督教道德的,认为那样一种对立才是真正的道德暴力。

2017 年,王春明在《〈存在与虚无〉和〈道德札记〉中的礼物问题及其道德内涵》一文中指出,在《道德笔记》这本书中,萨特试图解决"自由如何通达本真"这一道德问题。并以此为依据提出一种"存在论道德"的可能性。在他看来,萨特的关乎自由之本真性的道德问题就是萨特的礼物问题。他的"存在论道德"就是一种礼物道德。王春明的这篇文章对于我们理解萨特的《道德笔记》是非常有帮助的,他告诉我们《道德笔记》勾勒了经历道德转变的自由主体之本真状态来构建一种存在论道德,但是并未提出具体的实现路径。

综上所述,国内比较全面的关于萨特伦理学思想的研究寥寥无几。关于萨特的本体论与其伦理学思想之间关联的著作更是少的可怜。《道德笔记》作为一本萨特备受重视的著作,在法国的普及程度很大,甚至部分片段入选法国 2008 年高考文科哲学试题。然而,目前这部著作在我国学界尚没有受到足够重视,这与当今国内愈见兴盛的法国哲学研究的局面不相称。面对此种境况,笔者坚信萨特的伦理学思想是一个非常值得研究与探讨的领域。

第三节　研究思路与方法

无论赞成还是反对萨特是否存有伦理学思想,无论拥护还是批评他的《道德笔记》,都必须建立在理解萨特思想的基础之上。本书从萨特著作的文本出发,结合相关二手文献,通过细致分析文本,梳理并论证其伦理学思想,在对《道德笔记》一书研究的基础上分析萨特哲学的本体论与其伦理学二者之间的关联。通过系统分析与客观阐释,我们会对萨特的伦理学思想有更为深入、更为客观的理解。

本书采取的是文本解读、文献分析和比较研究的方法。第一,梳理与阐释萨特本人的种种与伦理学相关的概念与观点,表现为对萨特主要哲学著作中概念与思想的梳理和解读,这些萨特本人的著作有《自我的超越性》《存在与虚无》《存在主义是一种人道主义》《道德笔记》《辩证理性批判》《战争日记》《圣热内:戏子与殉道者》《境况种种》《罗马讲稿》《家庭白痴》《反犹分子与犹太人》《什么是文学?》等,探寻萨特的伦理学问题的由来、发展变化的过程。第二,在理解并解读萨特文本的基础之上,分析相关二手文献,最大限度地勾勒符合萨特原义的伦理学样貌。第三,从比较研究的角度,把萨特的伦理学思想,尤其是《道德笔记》中的伦理学,与黑格尔、康德的哲学理论进行对比,从而更清楚地理解萨特的伦理学借鉴与批判了两位哲学家的哪些哲学理论,探究萨特的伦理学所蕴含的价值。

本书主要从以下六个方面展开讨论:

第一章交代本书的选题意义和背景,研究方法和思路以及国内外研究现状等。本书开篇提出了要研究的问题。

第二章介绍萨特伦理学的理论渊源、相关反对意见以及可能性。首先,主要从内外两方面分析萨特伦理学的理论渊源,即从其哲学内部发展与外在的社会背景以及同时代人的研究方面展开。萨特伦理学的内在基础主要讨论他前期著作中的现象学方法以及建立在自在存在与自为存在的区分基础上的本体论思想,从而试图分析它们是如何对萨特伦理学思想的构建起奠基作用的。外在渊源主要分析波伏娃《暧昧的道德》一书,该书直接反映了萨特伦理学思想。此外还会分析对萨特的本体论以及伦理学产生影响的黑格尔的辩证法思想。其次,萨特本人曾言他具有三种不同的伦理学。但是由于种种原因,这三种伦理学著作均未在生前发表。最后,针对萨特的伦理学有无可能的争论可以分为两个层次。本书同意安德森的分析,他指出了批评家认为萨特没有伦理学的三种反对意见并一一做出了回应。本书通过这一部分阐释主要表明如下观点:萨特的伦理学不仅是可能的,而且三种伦理学之间有其内在关联,他的伦理学始终处于不断发展且相互依存而非不断舍弃的过程中。

第三章分析萨特的伦理学与其本体论之间的理论关联。萨特早期的伦理学思想建基于《存在与虚无》中的本体论。本章具体讨论四个方面:一是使得本体论与道德性相关联之所以成为可能的人的自由谋划理论;二是人面对自由选择时的两种态度,"自欺与真诚";三是关乎个体从自欺走向真诚,从而达到"本真"目标的"他者"理论;四是《存在与虚无》中直接关联于伦理学的"存在的精神分析法"与"道德的前景"中蕴含的思想。这四个方面是反应萨特的伦理学与其本体论相关联的直接且很有说服力的证明。本章试图通过文本梳理来揭示萨特的伦理学与其本体论之间的密切关联,从而对萨特的伦理学存在的可能性进行辩护。

第四章讨论代表萨特第一种理想主义伦理学思想的《道德笔记》一书中的核心概念与观点,考察其伦理学思想的内涵,展现萨特伦理学的意义与价值,这部分也是本书要重点阐释的内容。本章从六个方面展开:第一,揭示《道德笔记》的两个伦理学计划,萨特先后持有两个伦理学计划,但是这两个计划并未完整呈现给读者。第二,阐释《道德笔记》中重要且关键的暴力问题。萨特的暴力是一种否定,它存在于某种被破坏的状态以及某种被摧毁的形式中。他指出了暴力的三种描述形式,却没有明确给出其本体论基础。不过根据萨特在该书中的分析,暴力的本体论基础应该是自为与自在的关系。第三,分析《道德笔记》中的核心问题——"本真"。本真是萨特希望个体实现的伦理状态。本真与自欺、真诚密不可分,本真与自因、本真与他者等都存在着不容忽视的关联。纯粹反思与转变对于实现本真状态都是很必要的,我们需要通过纯粹反思实现从自因的谋划转变为本真的谋划,从而成为本真之人。本真性为道德的实现提供必要但非充分的条件。第四,结合《存在与虚无》中"欠缺"的三位一体结构分析"自由"与"价值"的关系。价值与自由不可分,价值萦绕着自由,但是价值无法实现。自由是萨特伦理学的基本价值,本真之人会将自身作为价值的来源。第五,通过分析对萨特伦理学非常重要的康德道德哲学,揭示萨特自身的伦理学观点。萨特批评康德的道德哲学,主要基于康德的"先验自我"和"普遍法则"理论。康德的伦理学过于抽象,萨特具体选择是深刻的黑格尔主义。需要强调的是,林森巴德在《萨特遗稿〈道德笔记〉研究》一文中也分析了萨特对康德道德哲学的批判,但他只是基于康德早期的《伦理学讲座》(Lectures on Ethics)展开康德的道德观。林森巴德对于康德哲学的分析欠准确,本书将对此问题与林森巴德展开对话。第六,归纳《道德笔记》的贡献与问题。《道德笔记》的贡献在于它是萨特第一种伦理学思想最全面的理论来源,并且连接了《存在与虚无》和《辩证理性批判》,使得萨特所有伦理学的尝试成为可能。然而,在实践层面这种"本真"伦理学似乎无法实现,因此,萨特在 20 世纪 50 年代停止了第一种伦理学的写作,转而进行第二种伦理学创作。从上述分析可以看出,萨特的《道德笔记》遵循《存在与虚无》中的本体论思想。通过考察《道德笔记》的内容,我们发现它并非杂乱无章,而是有其内在的逻辑结构。该书成功地为我们展示了萨特别样的伦理学。

第五章比较萨特的三种伦理学,主要从伦理学的本体论依据、理论目标与实现目标的手段,以及社会维度三个方面展开比较。萨特的伦理学经历了从理想主义到现实主义直至实现直接的民主这三个阶段。相应地,人际间关系经历了从渴望实现本真之爱(authentic love)到誓言团体(the pledged group)再到兄弟关系(fraternity)的改变。尽管萨特的三种伦理学存有差异,但它们之间是连贯、不可分的。

第六章界定萨特的伦理学。萨特不具有西方传统哲学家所理解的"伦理学",至少没有像亚里士多德或康德那样的伦理学。萨特的伦理学并非目的论也并非义务论,而是具有暧昧性特征的存在主义伦理学。本章讨论萨特的伦理学与其现象学的本体论的关系,指出萨特的伦理学与他的本体论同等重要,伦理学思想贯穿于他的整个哲学及其文学著作中。最后,检视萨特与同时代存在主义哲学家的伦理学思想的异同，主要是同为存在主义伦理学家的波伏娃、梅洛-庞蒂（Maurice Merleau-Ponty）等人。

本书最终的立场是萨特具有伦理学思想，并且前后期共有三种伦理学思想。更为重要的是，体现萨特第一种伦理学思想的《道德笔记》是我们研究萨特的伦理学甚至是研究萨特哲学不容忽视的一本重要著作，它对于我们从整体上把握萨特的哲学体系起着至关重要的作用。萨特的现象学的本体论与其伦理学之间密不可分，前者为后者奠基，后者体现前者。萨特的伦理学对其同代人产生了重要影响，甚至能够帮助我们思考和反思当下的世界境况。

第二章 萨特伦理学的相关渊源

　　本章从内外两方面分析并勾勒萨特伦理学思想的理论渊源：从萨特哲学内部的发展来看，他的伦理学受到现象学方法和黑格尔辩证法的多重影响；从外在社会背景来看，战争的经历、对于历史性的发现，以及同时代哲学家尤其是波伏娃的影响，使得萨特越来越积极地投身于世界，关注伦理问题。在萨特的意识本体论和伦理学发展中，现象学方法起着不可或缺的奠基作用。无论是早期的《自我的超越性》，还是之后的《存在与虚无》，萨特都能够连贯运用现象学方法。现象学方法是经过萨特改造之后的方法，他的本体论也跟以前哲学家坚信的本体论存在一定差异。萨特在《存在与虚无》中提出"存在"（being）理论，此外，对于"自在存在"（being-in-itself）与"自为存在"（being-for-itself）的分析，以及对于"纯粹反思"（pure reflection）与"不纯粹反思"（impure reflection）的界定，使得其构想之后的伦理学成为可能。萨特的本体论和伦理学思想从黑格尔那里汲取了营养。他给予黑格尔哲学很高评价，认为黑格尔关注意识存在问题、主奴关系问题等。他在借鉴黑格尔哲学的同时，构建出自己的本体论体系和伦理学思想。由于种种原因，萨特的伦理学著述均未在生前发表。针对萨特的伦理学有无可能的争论大致存在两大阵营:一方坚决认为萨特在早期本体论基础上无法构建出伦理学思想,另一方则积极捍卫萨特的伦理学思想。笔者认为,萨特的伦理学思想必然是存在的,建基于本体论的伦理学思想会"理所当然"地出现。

第一节 萨特伦理学思想的理论渊源

一、《道德笔记》的创作背景

在二战之前,萨特是一位纯粹的知识分子。1939 年的战争对萨特的影响和他对历史性的发现使其逐渐意识到人们要更加关注处境, 更加关心社会和政治问题。因此他积极行动起来,直接"介入"(engagement)政治并参与反抗运动。1941 年,萨特牵头成立"社会主义与自由"这一抗战组织,波伏娃和梅洛–庞蒂等人也在其中。然而,这个组织似乎并未发挥什么实质性的作用,他们通过该组织对战争的介入十分有限。在这种直接介入失败后,他采取写作的方式强行介入这个世界,希望用手中的笔来改变人们的思想,从而使得人们意识到自身的自由。《战争日记》《存在与虚无》《反犹分子与犹太人》《什么是文学?》《道德笔记》等都是萨特在这一时期以及之后几年时间内完成的作品。

萨特在 1939 年出版的《战争日记》中强调处境并非完全是我所造就的处境,处境还受当时历史的影响。例如,并未想加入战争的萨特,被强行征召入伍,成为一名气象观察士兵。这一军营经历使他意识到,战争是我的战争,是我的在世之在,也是为我所是的世界。《战争日记》是萨特借用日记的形式谈论日常生活和哲学感悟之书。这本著作的部分内容构成了《存在与虚无》的草稿。

二战后，萨特通过写作逐渐介入世界，他看到了犹太人遭受的痛苦。当时的欧洲刚刚经历了纳粹的恐怖袭击。纳粹占领法国，那些从集中营回来的人却面对着压迫他们的反犹主义。针对法国的反犹分子对犹太人的压迫和犹太人艰难的处境，萨特于1946年发表《反犹分子与犹太人》一文。尽管他在这篇文章中并未勾勒出系统的伦理观，但至少它让我们看到了《存在与虚无》中部分原则的实际运用。尤其是此文中关于"本真与非本真"的讨论与萨特于1947年开始创作的《道德笔记》一书中的相关讨论是一脉相承的。

萨特于1947年创作的《什么是文学？》一书是他用写作介入世界的最明显表达。作为一个作家，萨特希望可以用自己的介入方式关心这个时代，关心人们的生活，他希望通过自己的创作为这个世界带来变化。此时的萨特意识到无论是作家本人还是其他个人，都是具体处境中的个人，都要接受自身的处境，并且努力为自身的行为负责，通过自身的行为让这个世界发生变化。因此，他提出了我们要追求"本真"这一要求。对于作家而言，追求本真意味着与读者对话，呼唤读者的自由，否则作家的自由便无从谈起。对于萨特而言，写作更像是一项伦理事业。他在这本书的结尾处提出，希望文学可以变成伦理的，文学可以充当伦理甚至政治的角色。

战争的经历对萨特产生了很深的影响。他逐渐意识到历史对于主体的意义，我们每天都在这个世界中生活，无法脱离这个具体的历史处境，《道德笔记》就这样应运而生。萨特在《道德笔记》中具体阐释了历史问题、压迫与异化问题以及自由的辩证法等问题。萨特在这部书中希望构建本真的伦理学，书中的本真理论与《反犹分子与犹太人》中关于本真的分析大致相同，只是前者更强调他者对主体自由的影响。

第一，关于历史问题。二战后的萨特受到波伏娃的影响，开始关注黑格尔的哲学，认识到历史对于个体行动的影响。他甚至觉得如果有历史的话，也是黑格尔的历史。"哲学并非有别于正在改变世界的人，而且行动中的人的全部，就是哲学。"①萨特的伦理学与当时的历史发展密切相关。派洛尔在《道德笔记》的译者导言中指出："萨特所设想的写作几乎是一种现象学，不是精神现象学，而是伦理现象学，它将展示对历史性的理解是如何随着时间的推移，从他所说的抽象的过去到抽象的现在，再到具体的现在，在大约法国大革命时期的某个地方，经过了瞬间的伦理学。由此可见，当下已经变得具体，这就是任何当代伦理学也必须如此的原因。"②

第二，关于压迫与异化问题。萨特受到黑格尔哲学中的"主奴关系"辩证法的影响，建立了自己的压迫理论和暴力理论等。在黑格尔看来，主人的意志在奴隶那里得到彻底贯彻，奴隶没有自己的意志，他也绝不可能命令主人。主人在奴隶那里看不到另一个自我意识，他看到的只是自己的自我意识，奴隶受到主人的压迫。萨特批评黑格尔忽视了"他者"这一维度。对于萨特而言，异化主要是物化和对象化。异化不仅仅来源于自身，更主要来源于人之外的力量。例如，社会压迫产生的异化、人与人之间的异化。萨特告诉我们，个体通过实现本真的转变来摆脱压迫与异化。

第三，关于自由的辩证法问题。萨特要回答的是两个或两个以上的自身是否可以同时拥有自由的问题。他在《存在与虚无》的结尾处宣称要写续集，写关于伦理学的续集，并且在续集中要论述自由与道德，《道德笔记》应运而生。二战的硝烟弥漫，使萨特幡然醒悟，他认识到个体存在于世界中，人不是孤立的个体，而是群体的实存、社会的实存。在战争期间，萨特意识到自己与无数其他人一样，被战争所累，身不由己，并没有自身的"绝对自由"。因此，

---

①　Jean‐Paul Sartre, *Notebooks for an Ethics*, David Pellauer, trans, The University of Chicago Press, 1992, p.8.

②　Jean‐Paul Sartre, *Notebooks for an Ethics*, David Pellauer, trans, The University of Chicago Press, 1992, p.xvii.

他开始从抽象的意识自由转向研究具体的处境自由，研究社会中的人与人之间的具体关系。与《什么是文学？》等这一时期的其他著作一样，《道德笔记》强调自由，它不仅强调自身的自由，也强调他者的自由。因为对自身自由的渴望，也需要更多人的自由才能实现。对于萨特而言，渴望自由意味着我们要积极介入世界，采取行动获得自身并帮助他者实现自由。

与萨特同时期的哲学家，特别是他的终身伴侣波伏娃对他的影响是不容忽视的。波伏娃不仅是萨特的恋人，更是他学术道路上的盟友，那时候的波伏娃知道萨特肯定需要黑格尔，于是她就从头学习《精神现象学》。晚年的萨特双目失明，波伏娃便是他的眼睛。波伏娃用女人的敏锐，当然更多的是带有对萨特的爱，观察这个世界。这不仅是对萨特爱的标记，更彰显出波伏娃的学术热忱。因此，萨特的作品充斥着波伏娃的思想。法国当代著名哲学家贝尔纳–亨利·列维（Bernard-Henri Lévy）直白地讲道："海狸……在他的作品中，有一部分是由于她默默地承受着萨特的主宰，才得以存在的……《暧昧的道德》（*Pour une Morale de L'ambiguïté*）是萨特的《道德论》，是萨特不停地宣称要写，却总也没有写出来的东西，她只好替他写了。"[1]波伏娃的《暧昧的道德》一书针对萨特《道德笔记》而写，是对萨特伦理学思想的辩护与补充。《暧昧的道德》已经成为学术界研究萨特伦理学思想的重要文本依据。

萨特的《道德笔记》未完成，这其中当然有内在原因。他说道："我写了十大本笔记，这代表了建立伦理学的一个失败尝试……我没有完成因为……建立一种道德规范是困难的！"[2]萨特没有完成《道德笔记》最重要的原因是在他头脑中尚未形成完善的关于解放的概念。同时，萨特似乎并不能令人信服地论证"自欺的谋划"和"实现本真"等问题。《道德笔记》未完成也有外在

---

① ［法］贝尔纳–亨利·列维：《萨特的世纪——哲学研究》，闫素伟译，商务印书馆，2005年，第20页。

② Jean-Paul Sartre, "Michel Sicard: Entretien: L'ecriture et la Publication", *Obliques*, 1979, p.8.

原因,最重要的一点是《暧昧的道德》一书。法国巴黎第四大学阿兰·雷诺(Alain Renaut)教授认为,波伏娃的《暧昧的道德》直接回应了在《存在与虚无》的基础上书写伦理学的必要性。雷诺在《萨特:最后一位哲学家》(*Sartre, le Dernier Philosophe*)一书中提出了一个有趣的假设①,即波伏娃对萨特论文最后几页提出的挑战的回答非常成功,以至于萨特不需要再承担谋划《道德笔记》的工作。萨特本人也承认,尤其在自由和他者的问题上,他的确受到波伏娃哲学的影响。波伏娃在《暧昧的道德》中从界定"暧昧性"(ambiguity)概念出发,阐释了"暧昧性与自由""个体自由与他者"以及"暧昧性的积极方面"等内容。波伏娃以蒙田(Montaigne)的一句话开始了这本书的写作,"生命本无好坏,是好是坏全在你自己"②。这句话表达了人类生活的暧昧性质。波伏娃这本书的主旨便是讨论主体间关系的暧昧性。倘若个体要活出人的全部意义,必然需要他希望作为自由意识的他者这一无法摆脱的事实。

　　当时可怜而悲惨的战争环境、对于自身历史性的发现,以及波伏娃对萨特的影响,所有这些因素都使萨特越来越关注伦理问题。他逐渐意识到具体处境对于自由选择的影响,他者的自由对于主体自由的重要性。波伏娃在《暧昧的道德》中所阐明的自由概念和对自由的细致讨论是当时的萨特所无法企及的。直到 20 世纪 50 年代,萨特关于自由的思考之后所获得的认知才能够达到波伏娃在上述书中对于自由的认识。

二、早期著作中的现象学方法

　　青年时期的萨特对于现象学产生了浓厚的兴趣,他通过借用并修改现

---

①　Alain Renaut, *Sartre, Le Dernier Philosophe*, Paris: Bernard Grasset, 1993, p.206.

②　Simone De Beauvoir, *The Ethics of Ambiguity*, Bernard Frechtman, trans, Carol Publishing, 1948, p.4.

象学方法来阐释人的意识与世界存在的关系。关于萨特现象学思想在他的哲学发展过程中的重要性,学术界存在一定争议。美国学者克劳斯·哈特曼(Klaus Hartmann)等人主张,萨特的现象学思想在其整个哲学体系中可有可无。哈特曼在《萨特的本体论:从黑格尔的〈逻辑学〉研究萨特的〈存在与虚无〉》(*Sartre's Ontology:A Study of Being and Nothingness in the Light of Hegel's Logic*)一书中指出:"对我们而言,在萨特思想的发展过程中,他的《存在与虚无》之前的现象学思想并不重要。"①而大卫·德特默(David Detmer)等人则认为萨特前期的现象学方法在其整个哲学体系中起着非常重要的作用。德特默在《解释萨特:从自欺到本真》(*Sartre Explained:From Bad Faith to Authenticity*)一书中主张,"萨特在写作生涯刚开始时就把这一策略付诸实践,在深入研究现象学期间和之后所写的关于现象学主题的几篇文章和短文中,他一直将此策略坚持到最后。此外,正是在这些早期的现象学著作中,他首先介绍了许多核心概念和学说,这些概念和学说在他后来的哲学巨著《存在与虚无》中得到了更为著名的表达"②。萨特现象学思想的重要性不言而喻,尤其是他的现象学方法在其本体论及伦理学体系中,扮演着不可或缺的角色。对于伦理学而言,现象学反对传统哲学公开的理性这一任务必然提供了一些伦理发展,把我们的在世之在看作是行为中的、与他者相关联的社会的实在。

《自我的超越性》《胡塞尔现象学的一个基本概念:意向性》《想象》《想象物》以及《情绪理论纲要》等都是萨特使用现象学方法构建其哲学思想的重要著作。萨特的现象学方法及思想,在他的整个哲学体系的发展过程中起着

---

① Klaus Hartmann,*Sartre's Ontology:A Study of Being and Nothingness in the Light of Hegel's Logic*,Northwestern University Press,1966,p.xvii.

② David Detmer,*Sartre Explained:From Bad Faith to Authenticity*,Open Court Publishing Company,2008,pp.18–19.

无可替代的作用。在 1936 年出版的《自我的超越性》这本书中,萨特与德国伟大的现象学家埃德蒙德·胡塞尔(Edmund Husserl)展开了对话,阐释了自身的意识哲学,探讨了自我的起源以及自我与先验意识的关系等。这本书是萨特现象学一元论的起点:萨特既坚持意识的意向性定义,又抛弃胡塞尔对世界的悬搁(Epoché)。在 1939 年发表的《胡塞尔现象学的一个基本概念:意向性》一文中,萨特扩展了意识的意向性理论,详述了人的意识与世界的存在的关系:意识与世界是外在性的关系,世界独立于意识而存在,不过,世界的存在需要意识的意向性揭示。1939 年发表的《情绪理论纲要》也是萨特运用现象学方法的著作,他一开始就将情绪把握为一种意识,认为情绪是意识的一种存在方式。需要注意的是,在这部著作中,萨特使用现象学方法分析作为意识形式的情绪,最终指向的依然是存在问题。

　　无论是 1936 年出版的《想象》,还是四年后出版的《想象物》,都是关于想象的意识。想象作为一种独特的意识现象,同样具有意向性这一根本特性。想象的意识现象不仅具有意向性特性,而且很好地显现出意识的自发性特征。尤其是在《想象物》这本书中,萨特用心理影像(mental image)的自发性,非现实的否定性来解决胡塞尔想象理论的缺陷,解决胡塞尔仍然将想象视为再现的位于感知意识之后的第二等级的意识活动。心理影像赋予想象足够的自发性,想象的自发性更是意识自发性的充分体现。

(一)半透明的意识

　　萨特的哲学思想受到了"现代哲学之父"笛卡尔的影响。笛卡尔的"普遍怀疑"方法最终使得自身作为一个独立于上帝的思维的东西而存在。"我思,故我在"是笛卡尔给予我们的启发。需要指出的是,笛卡尔的"我思,故我在"并非三段论,并不是说先有一个大前提:凡是在思维的东西皆存在,于是结论是,因为我在思维,所以我存在。与之相反,"我思,故我在"是一个直观且自明的事实。①然而,在萨特看来,笛卡尔的"我思"实则是一种反思,笛卡尔的"我思"无法推出"我在"。"我"可以不思而存在:除了思之外还有别的存在方式,例如,感觉、想象、激动等。②笛卡尔的"我思"似乎并不需要世界的存在,这在萨特看来是荒谬的。不过,笛卡尔的"普遍怀疑"使得萨特看到了人类区别于对象的独特能力乃是人具有对世界说"不"的能力。

"意向体验是对某物的意识"③,萨特视胡塞尔的这句话为名言。与笛卡尔不同,在胡塞尔那里,我思需要世界存在。胡塞尔将笛卡尔的"我思"进行现象学还原(Phänomenologische Reduktion),从而得出一个先验自我(Transzendentales Ich)。先验领域是纯粹意识的领域,但这一领域是无人称的。对萨特而言,胡塞尔在对笛卡尔的沉思之后又回到了先验自我。萨特认为胡塞尔的这种做法违背了现象学的意向性原则。萨特反驳道:"意识的个体性显然来自意识的本性。意识只能被自身所限制。意识因此构成了一个综合的、个体的整体,这个整体完全孤立于同一类型的其他整体,并且这个'我'显然只能成为对这种不可沟通性和内在性的一种表达。"④因此,意识不需要先验自我,意识是绝对的,意识就是对自身的意识。更进一步讲,意识是半透明的,具有半透明性,意识是关于某个对象的意识,意识总是有内容的,它不是空的,不是完全透明的,而是完全指向不透明的对象,但在这个指向的过程中,又有对自身的非位置性意识(non-positional consciousness)。在这个意义上,萨特认为意识具有绝对的内在性,因为它首先不内在化自身。纯粹的意识是完全自发的。这种指向是一种自发性。意识中没有先验自我。萨特指出:"我

---

① 贾江鸿:《现代法国哲学视野下的我思与自我》,《求是学刊》,2007年第5期。

② [法]贝尔纳-亨利·列维:《萨特的世纪——哲学研究》,闫素伟译,商务印书馆,2005年,第307页。

③ Edmund Husserl, *Ideas: General Introduction to a Pure Phenomenology*, W.R. Boyce Gibson, trans, George Allan & Unwin Ltd., 1969, p.257.

④ [法]让-保罗·萨特:《自我的超越性》,杜小真译,商务印书馆,2001年,第8页。

们要问:在这样的意识中是否有'我'的位置? 答案很明确:显然没有。"①

　　既然萨特不同意笛卡尔的"我思,故我在",那么肯定也不会同意胡塞尔的"先验自我"。对于萨特而言,笛卡尔与胡塞尔的"我思"都是一种反思意识,萨特对现象学的"意识总是对某物的意识"原则一以贯之。萨特认为自我在意识之外,意识综合自身,而非自我蕴含意识,自我只是意识活动的产物。"意识的现象学观念使得'我'(Je)的统一和个体化的作用毫无用处。相反,意识使得我的'我'(Je)的统一和个性成为可能。先验的'我'因此没有存在的理由。"②在萨特那里,意识联接自我和世界,自我和世界并非创造的关系,不是世界创造自我,也非自我创造世界。意识在消除"自我"(ego)时,不再具有"我"(Je)的任何主体性。意识不再是一系列表象的集合,而是实存的原初条件和绝对源泉。③

　　为解决笛卡尔哲学和胡塞尔哲学中的问题,萨特提出了纯粹的意识理论,区分了"自我"与"我思"。自我既非形式地、也非物质地存在于未被反思的意识中。萨特在《自我的超越性》中区分了三个等级的意识:"意识自身只是作为绝对内在性来认识的。我们要这样称呼这一种意识: 第一等级的意识,或未被反思的意识……任何描述过我思的作者都把我思看成是一个反思的行动,也就是说是一个第二等级的活动。这种我思是通过一种向着意识的意识而得以实施的,它把意识看作是它的对象……任何反思的意识实际上在自身中都是未被反思的,要提出它必须有一个新的行为和第三个等级。"④非反思的第一等级的意识具有绝对的内在性。这种意识是关于某物的意识,是对某物的位置性意识(positional consciousness),同时也具有对自身

---

① [法]让-保罗·萨特:《自我的超越性》,杜小真译,商务印书馆,2001年,第9页。
② [法]让-保罗·萨特:《自我的超越性》,杜小真译,商务印书馆,2001年,第8页。
③ [法]让-保罗·萨特:《自我的超越性》,杜小真译,商务印书馆,2001年,第46页。
④ [法]让-保罗·萨特:《自我的超越性》,杜小真译,商务印书馆,2001年,第9~11页。

的非位置性意识。在此,我们首先需要澄清位置性意识和非位置性意识的含义。当我具有意识时,总存在某些不是意识但却被我所意识到的东西;与对某个客体的意识相伴随,总存在对我的意识的隐含的意识这二者的不同,萨特区分了意识的两种形式:非位置的(不指向某个客体)与位置的(指向某个客体)。第二等级的意识是反思性的,必须以非反思的意识为基础,这种意识是意识对自身的位置性意识,意识将自身作为对象。第三等级的意识是自我反思意识,在该层面上意识成为自身的客体。我们可以看到,对于萨特而言,"我思"是第一等级的意识,是非反思的意识或未被反思的意识,此时的意识与对象融合在一起,并且无法分割。"自我"出现在反思意识的层面上,只有当意识以自身为客体时,自我才会出现。

在《自我的超越性》中对非反思的意识与反思的意识的区分在《存在与虚无》中变成前反思的意识与反思的意识的区分。前反思的意识与反思的意识的区分实则蕴含着意识的本体论结构。"反思前的意识是(对)自我(的)意识。我们应该研究的正是这个自我的概念本身,因为它规定了意识的存在本身。"①前反思的意识是对自身的非位置性的意识,它没有内容,即没有自我。非反思的意识使得反思成为可能,反思前的"我思"作为笛卡尔"我思"的条件。具体的意识行为都是在未被反思的情况下自然而然完成的。不过这种未被反思的意识不是无意识,而是一种自身意识。

《胡塞尔现象学的一个基本概念:意向性》一文进一步阐发了半透明的意识的意向性。萨特在这篇文章中逐渐从现象学研究过渡到本体论研究,他开始分析人的意识与具体存在的关系,二者的关系是《存在与虚无》中自为存在与自在存在关系的雏形。一方面,世界独立于意识而存在,半透明的意识揭示了世界的存在。"你肯定看到这棵树了吧。但是你只能在它所在的地

---

① [法]让-保罗·萨特:《存在与虚无》,陈宣良等译,生活·读书·新知三联书店,2015年,第111页。

方看到它：在马路旁，在尘土中，孤孤零零地竖立在烈日下，在离地中海海岸八英里的地方。它不能进入你的意识，因为它与意识的性质不同。"①另一方面，意识与世界既相互独立又相互依赖。"我在它之外，它在我之外……意识一下子被净化了，干净的像一阵强风。它里面没有别的东西，只有一种逃避自身的运动，一种超越自身的滑行。如果你能'进入'一种意识，你会被一阵旋风抓住，抛到外面去，在厚厚的尘土中，在树的近旁，因为意识没有'里面'。正是这种超越自身、这种绝对的逃避、这种对实体的拒绝，才使它成为一种意识。"②意识与世界之间是对等的关系，不是世界创造了意识，也并非意识创造了世界，二者是外在的关系。但是我们也要看到，意识与世界并非孤立的关系，而是相互依存的，"我们不会在某个隐蔽的地方发现自身，而是在马路上，在城市里，在人群中，我们在事物中间，在人群中间"③。我们由此可以更加清楚地看到，对于萨特而言，意识是半透明的，是没有"里面"的。意识与世界之间的这种既相互独立又相互依赖的关系，使得《存在与虚无》中的"自为存在"与"自在存在"的意识结构成为可能。

　　《自我的超越性》《胡塞尔现象学的一个基本概念：意向性》等著作都从意识的意向性分析过渡到人的意识与世界的存在之间关系的分析，即从现象学的分析过渡到本体论的建构，进而也为萨特伦理学的研究打下了基础。萨特在《情绪理论纲要》还指出："情绪返回它所意味的东西，而它所指的实际上就是人的实在与世界的关系这一总体。向情绪的转化就是按照神奇的特有规律来彻底改变'在世'。"④在《情绪理论纲要》中，萨特通过"情绪"分析了意识在世的方式。这篇文章篇幅较短，萨特主要通过指出传统心理学理论

---

① Jean-Paul Sartre, *Situations*, I, Essais Critiques, ed, Gallimard, 1947, p.30.

② Jean-Paul Sartre, *Situations*, I, Essais Critiques, ed, Gallimard, 1947, p.30.

③ Jean-Paul Sartre, *Situations*, I, Essais Critiques, ed, Gallimard, 1947, p.32.

④ [法]让-保罗·萨特：《萨特哲学论文集》，陈宣良等译，安徽文艺出版社，1998年，第106页。

对于探讨情绪这一问题的错误，最终回到意识，其目的是要建立"现象学的心理学"，不过此时的"现象学的心理学"是作为一种方法建立起来的。萨特借助于"现象学的心理学"方法对心理学进行修正，因为心理学关注自我呈现的事实本身，而这样做无法阐释"情绪"，无法研究情绪是什么，因为情绪不能从经验事实中得出本质。相反，萨特一开始就将情绪把握为一种意识，是意识的一种存在方式。现象学的意向性是对某一对象的意指。萨特指出，心理学"缺的是尚未经过考验"①。因此，心理学需要进行改造，而萨特认为改造心理学需要借助现象学的方法，将其改造成一种"现象学的心理学"。与心理学不同，现象学研究的是意识本身，"现象学的心理学"关注的是，在我的意识中对象是如何出现的。

　　萨特在此篇文章中，除了批评传统的心理学理论之外，还批评了弗洛伊德的精神分析理论。对于萨特而言，半透明的意识与无意识完全不同。萨特批评精神分析理论将意识现象等同于潜意识的欲望。举个例子来讲，从小丧母的小李，他的成长缺乏母爱，因此他具有严重的恋母情结。具体表现是，他看到年长的女人就有一种特别的亲切感与爱慕感。针对此现象，弗洛伊德可能会这样分析：小李的这种对年长女人的爱慕与亲切的意识源于他潜意识中的性。他不能主动控制，此时的他是被动的，这种性意识支配着他接下来的一系列行为和动作。然而，现象学的意向性会这样讲：意识的意向性是对某物的意指。小李的爱慕是对年长女人的亲切，是他众多意识的一个体现，他凭借这种爱慕性可以超出意识之外去把握世界。例如，他看到那个年长女人身体会颤抖，会由衷的兴奋，然后他会激动地跑去花店买花，进而和这个世界打交道。对于萨特而言，小李的这种情绪属于意识的一部分，是主动构造的，没有所谓的潜意识的支配。

---

　　① ［法］让–保罗·萨特：《萨特哲学论文集》，陈宣良等译，安徽文艺出版社，1998年，第71页。

（二）意识的自发性

《想象》与《想象物》是萨特借用现象学方法分析作为意向性形式的想象的著作。他借用现象学方法揭示想象的意识结构，并借助想象这一意识形式使得意识的自发性特征得以显现，他指出："我们看到对于影像产生的直接后果：影像也是对某物的影像。我们注意到了某一意识对于某物的关系。总之，影像不再是一种心理内容：它不以构成成分的名义存在于意识之中。但却存在于对影像中的物的意识之中。"①尽管萨特在《想象》中对意识的分析与他在《存在与虚无》中对意识的分析存在些许不同，但他在《想象》中对自在的存在与自为的存在的区分与《存在与虚无》中对二者的区分大体一致。他在《想象物》中依然使用现象学方法，并将想象视为一种独特的意识现象，在他看来想象同样具有意向性这一根本特性。

更重要的是，萨特在《想象》与《想象物》中所分析的想象充分展现出意识的自发性特性，从而为其本体论和伦理学的研究奠定了基础。萨特在《想象》中将"物"的存在视为自在的存在，这种存在是惰性的，且毫无自发性可言；相反，意识的存在则是自为的存在，该存在是非惰性的，具有充分的自发性。萨特在批判传统哲学家和心理学家的想象理论的基础上，借鉴胡塞尔的想象理论，尤其是胡塞尔区分知觉与想象这两种不同的意识类型的现象学方法，构建了一套关于想象意识的现象学理论。萨特指出："无论如何，我们被推回到最初的观察：心理影像和知觉之间的区分不能只来自意向性。各种不同的意向性很必要，但却不够，还必须让各种材料互不相似。可能，甚至必须让影像的材料自身成为自发性，而且是内在类型的自发性。"②由此，我们可以看出，在萨特那里，知觉与想象完全不同。想象是一种意识现象，一种主

①　[法]让-保罗·萨特：《想象》，杜小真译，上海译文出版社，2008年，第108页。
②　[法]让-保罗·萨特：《想象》，杜小真译，上海译文出版社，2008年，第117页。

观活动。而知觉则需受制于其对象,缺乏似想象那样的主观性和创造性。

在《想象物》中,萨特借助想象,准确地说借助"心理影像"(mental image),分析意识的自发性特征。他认为在意识之中不存在"心理影像"这种东西。心理影像表示意识与对象的关系,它是意向不存在或不在场对象的一种活动。萨特试图通过"心理影像"这一概念来突破以往想象理论的困境。自发性是心理影像虚无性的衍生,"一个想象性意识自身便展示出一种想象性意识,也就是说,它具有一种产生并且把握影像对象的自发性。它是对象表现为虚无这一事实的一种模糊不清的对应部分"①。想象性意识的自发性特征在于它假设对象为虚无。这样,它就可以即刻地呈现自身,并且与自身相融合。想象性意识在自身中包含对自身的某种意识,因此是自发的,具有偶然性和不确定性。自发性特征实际上是想象将对象设定为虚无的深化,在一种虚无之上所构建的意识,它本身就是不稳定的,不是有东西刺激就一定有反应。而且,主体在这种虚无之中可以发挥极大的自由,主体具有创造性,可以随意地构造或者不构造影像。主体的主观性可以发挥到极致,因此萨特对自发性的确立是对人的自由确立的萌发。

萨特早期批判了康德和胡塞尔的先验自我,并在意识中取消了自我,正是因为想象活动的存在才最大限度地保障了意识的自发性,从而使之更加具有活力。由此我们可以发现,意识的自发性与想象的关系有两个方面:第一,意识使得想象的自发性成为可能;第二,正是想象对于自发性的极大发展与生发,才使得意识更加透明和具有活力,同时也使得萨特进一步发挥了海德格尔的"此在的能在"这一概念,从而极大地丰富了人的可能性抑或是意识的可能性。

萨特经常设定非现实的对象,并且认为想象对象否定现实,根本就没有

---

① Jean-Paul Sartre, *The Imaginary—A Phenomenological Psychology of the Imagination*, Jonathan Webber, trans, Routledge, London and Routledge, 2010, p.14.

在意识当中。萨特认为还存在一个独立的影像世界,该世界与现实世界相对应。因此,萨特与胡塞尔二人对现实的存在的处理截然不同。萨特所讲的意识的鲜明特征之一就是自发性,这一点与胡塞尔的意识明显不同。胡塞尔对于意识的分析是死气沉沉的,他的意识是静止的,而萨特的意识则具有活力,时时刻刻显示出一种自由性,而这种自由性根源于意识的自发性。

萨特想象理论的突破点绽放了意识的自发性,意识的自发性也成就了萨特想象理论的突破。具体而言,一方面,意识的自发性造就了想象性意识具有一种独特的否定性,使得想象活了起来,摆脱了那种物的静止状态。"想象并不是一种加在意识上的经验性力量,而是意识的全部,因为想象实现了意识的自由;意识在世界中的每一种具体和现实的处境都孕育着想象物,在这个意义上,意识也就总是表现为对现实的超越。由此不能得出,现实之物的全部知觉都必须在想象中颠倒过来。但由于意识总是自由的,因而便总'在处境中',所以意识往往且每时每刻都具有产生非现实之物的具体可能性。"①另一方面,萨特通过展现全新的心理影像来成全意识的否定性,让非现实的否定性贯穿想象意识的始终。我们从上面对萨特前期著作的勾勒中可以看出,从《自我的超越性》到《想象物》,萨特都试图用现象学方法分析意识的意向性和意识的自发性,以便揭示意识的本质结构。现象学方法对于他构建整个哲学体系具有重要意义:

第一,关于意识的意向性。胡塞尔在《纯粹现象学通论》中说道:"意向体验是对某物的意识。"②萨特在《自我的超越性》中,将"自我"从意识中逐出,从而恢复了意识的半透明性,保障了意识的自主性。萨特在《胡塞尔现象学

① Jean-Paul Sartre, *The Imaginary—A Phenomenological Psychology of the Imagination*, Jonathan Webber, trans, Routledge, London and Routledge, 2010, p.186.

② Edmund Husserl, *Ideas : General Introduction to a Pure Phenomenology*, W.R. Boyce Gibson, trans, George Allan & Unwin Ltd., 1969, p.257.

的一个基本概念:意向性》一文中进一步分析了半透明性的意识,并最终落脚于人的意识与世界的存在的关系,这显然为其本体论的自为存在与自在存在的结构奠定了基础。在《存在与虚无》中,萨特延续《想象》中对所有实在的两个部分的区分:意识与无意识的事物,前者指自为的存在,后者指自在的存在。在《情绪理论纲要》中,他借助于情绪这种意识形式,最终指向的依然是存在问题。

萨特的伦理学思想中依然存有意识的意向性理论。在《道德笔记》中,他同样认为除人自主揭示的世界之外不再有任何其他世界,世界与人的意识不可分离,"如果把世界从意识中拿走,意识就不再是对任何事物的意识,因此也就不再是意识了。"①。正是世界与意识无法分割,才使得相关的伦理道德判断成为可能,才使得谈论"自欺"(bad faith)、"暴力"(violence)、"本真"(authenticity)等相关伦理问题具有意义。意向体验总是对某物的意识,脱离这一关键的现象学方法,伦理学与本体论一样,都会变得不可能。

第二,关于意识的自发性。想象与情绪并非意识的工具,而是意识的存在形式。萨特借助情绪意识批判弗洛伊德的无意识,借助想象意识彰显人类独有的意识的自发性及虚无特征。想象的意识超越并否定现实世界,它是意识自由的表达。我们知道,萨特一生都在追逐自由。无论是在他本人看来,还是在其哲学著作中,自由永远被放置到顶端位置。倘若意识没有自发性,自由也就无从谈起,而自由对于萨特的本体论与伦理学的重要性不言而喻,萨特的哲学就是关于自由的哲学。如果说《存在与虚无》中的自由是抽象层面的追求上帝的自由的话,《道德笔记》中的自由则将人自身视为自由的来源、将自由视为首要的道德价值。

我们可以发现萨特早期现象学方法对于他伦理学发展的意义,从1934

---

① Jean-Paul Sartre, *Notebooks for an Ethics*, David Pellauer, trans, The University of Chicago Press, 1992, p.558.

年的《自我的超越性》到 1940 年的《想象物》，所有这些借用现象学方法完成的著作对于伦理学的意义如下：萨特拒斥了传统哲学将人囚禁在自身的内在精神体验中，而拒绝与世界相联系的观点。萨特支持胡塞尔的如下观点："意向体验是对某物的意识"①，人的意识与世界的存在紧密关联在一起。因此，意识是半透明的，自我与其他事物一样都在意识之外，我们的意识中没有任何东西。萨特部分改造了胡塞尔的观点，为意识的自发性注入了更多活动，该自发性充分体现在其哲学中。意识的自发性允许我们主动地否定、超越这个现实世界。正是通过个体与世界之间的相互依赖，萨特明白了他的意识理论可以为其伦理学奠定某种基础；正是通过意识的自发性特征，萨特认识到个体积极地创造这个世界，并肯定他者也有权力自由地创造这个世界。

三、《存在与虚无》中的本体论基础

萨特将存在（being）分为两个区域：自为存在（being-for-itself）与自在存在（being-in-itself）。意识属于自为存在，自为存在是偶然的存在。自在存在是存在的充盈，是一种完满的存在。二者处于不可分割的统一整体中。自在存在与自为存在之间的区分是我们理解萨特伦理学的基础。否定的意向性揭示自身以及世界，意识的否定是内在否定（internal negations）。否定意味着我们不仅能够揭示世界与我们自身，对于德性来说，我们能够揭示他者。"反思前的我思"（pre-reflective cogito）是自身意识与对象意识的融合体，是关于对象的位置性意识，又是关于自身的非位置性意识。"反思前的我思"是萨特哲学不同于传统哲学的一个重要概念。《存在与虚无》中更多讨论的是不纯粹反思，它更贴合日常生活中主体所展现出的状态。纯粹反思更接近意识的

---

① 　Edmund Husserl, *Ideas: General Introduction to a Pure Phenomenology*, W.R. Boyce Gibson, trans, George Allan & Unwin Ltd., 1969, p.257.

本体论特性，即"是其所不是，不是其所是"，萨特在该书中告知我们这一概念与其伦理学思想有着密切的联系。

（一）存在的两个区域

在萨特的《想象》一书的导言部分，"自在存在"与"自为存在"这两个概念首次出现。当我看桌子上的白纸时，它的颜色、位置等向我显现，但它们的实存不取决于我，也不取决于他者，白纸完全是惰性的存在，即"自在存在"。但是我的意识不是物，我的意识揭示了物，意识之所以存在是因为我的意识意识到了自身的实存，即"自为存在"。萨特的本体论思想受其之前的现象学的意向性影响，因此，《存在与虚无》的副标题是"论现象学的本体论"。为了摆脱传统的二元论对立，例如存在与本质、内与外及潜能与活动的对立等，同时也为了避免胡塞尔现象学造成的有限与无限的对立，萨特从现象出发去揭示存在。现象背后没有类似康德的物自体的存在，现象揭示了其自身，其背后是无。

在《存在与虚无》的导言部分，萨特区分了存在的现象（the phenomenon of being）与现象的存在（the being of the phenomenon），前者属于本体论范畴，是向我们显现出来的存在自身，即非具体的存在物的存在，该存在类似于萨特之后谈到的自为存在，只不过存在的现象范围比自为存在的范围更广；后者向我们显现出来的是存在物的存在，也即萨特之后谈到的自在存在。萨特从存在的现象即显现出发，提出了自为存在与自在存在这两种存在类型。他想要借此解决实在论和唯心论所面临的问题。实在论过于强调物质可以作用于意识；唯心论过于强调意识作用于物质。不过，我们也注意到，萨特《存在与虚无》一书的主旨似乎是自为存在及其与自在存在的关系问题。他仅仅在前言部分用了寥寥几页的篇幅描述自在存在，在其他地方并没有对之加以阐述。

　　在分析存在的两种模式之前，我们首先需要阐释使得萨特对两种存在的区分成为可能的本体论证明，他指出："意识是对某物的意识，这意味着超越性是意识的构成结构；也就是说，意识生来就被一个不是自身的存在支撑着。这就是所谓的本体论证明。"①"不是自身的存在"指的就是自在存在，自在存在是超现象的存在，它存在于人的经验现象之外。意识的"被揭示—揭示"结构，不仅揭示了意识的存在，而且揭示了被意识揭示的自在存在。对于萨特而言，自在存在具有如下三个特征：第一，"存在是自在的"②，自在存在自身充实，并非他物创造了存在，自在存在与其他存在没有任何关系，它是自在的；第二，"存在是其所是"③，自在存在是不透明的、完满的、充实的，自在存在与自身同一，它是它自己；第三，"自在的存在存在"④，自在存在既非不可能，也非可能，它是偶然的。

　　与自在存在的"是其所是"不同，自为存在"是其所不是，不是其所是"。萨特在《存在与虚无》中将自为存在等同于意识或者说人的存在。自为是存在的虚无（nothingness）。虚无的存在是一种被动的存在，人将虚无带到世界上，但是人一方面使他者虚无化，另一方面也使自身虚无化，因为只有这样，虚无对于自我而言才不是一种超越。"使虚无来到世界上的存在应该是他自己的虚无。因此要理解的不是有一种虚无化的、反过来要求已存在为基础的活动，而是一种所要求的存在的本体论特性。"⑤人在使自己或者他者虚无化时，人自己在他自己的存在之中是自由，自由是虚无的深层次基础；自由不是人的本质自由，自由先于本质。自为存在是一种谋划（project），在谋划的过程中创造自身。自为的谋划是自由的谋划过程，个体在这个过程中所拥有的

---

① [法]让-保罗·萨特：《存在与虚无》，陈宣良等译，生活·读书·新知三联书店，2015年，第20页。
② [法]让-保罗·萨特：《存在与虚无》，陈宣良等译，生活·读书·新知三联书店，2015年，第25页。
③ [法]让-保罗·萨特：《存在与虚无》，陈宣良等译，生活·读书·新知三联书店，2015年，第25页。
④ [法]让-保罗·萨特：《存在与虚无》，陈宣良等译，生活·读书·新知三联书店，2015年，第26页。
⑤ [法]让-保罗·萨特：《存在与虚无》，陈宣良等译，生活·读书·新知三联书店，2015年，第53页。

改变自身的自由使他产生焦虑。为了逃避焦虑,个体使用了自欺这一手段。自为是处境中的自为,与自在存在的绝对充实不同,自为存在具有事实性(facticity)①、偶然性。"自为是被一种不断的偶然性所支持的,它承担这种偶然性并且与之同化,但却永远不能清除偶然性。自在的这种渐趋消失的不断的偶然性纠缠着自为,并且把自为与自在的存在联系起来而永远不让自己被捕捉到,这种偶然性,我们称之为自为的人为性。"②萨特将限制自为存在的事实性分为五种:我的位置、我的过去、我的周围环境、我的邻人,以及我的死亡。自为存在是偶然的,其存在没有必然性,这也正是我们为什么要追问自己存在的正当性的理由。尽管如此,自为存在是自由的,它可以超越自己的事实性而朝向存在。当然,上述追问是没有意义的,因为没有上帝或者先前价值保证人的存在的正当性。正是人将意义带入了世界之中,正是意识的意向性将人与物联系起来,从而揭示出眼前的这个世界。

我们以萨特的小说《恶心》中的男主角安东尼·洛根丁为例,分析自为存在与自在存在的异同。有一天,在公园散步的洛根丁看到板栗树之后,突然产生了强烈的恶心感。对于洛根丁而言,板栗树使他着迷,也令他恶心,"每一个根都挡在路中间,都在根部,整个树桩给我如下印象:一点点展开自身,否认其实存,从而在疯狂的过剩中失去自身"③。我们可以这样分析此种恶心感:板栗树作为一种自在存在,本身是自的,与人类并没有什么关系,与意识也无关,我们甚至不知道板栗树在那里,它只不过是一种自在。而在日常生活中,当意识突然接触板栗树时,由于意识具有否定功能,或者说胡塞尔意义上的意识建构性,因此意识看到的板栗树已经不再是板栗树本身了,树

---

① 杜小真在《存在与虚无》中将"facticity"一词翻译为"人为性"。该词具有"偶然的""客观的"含义,萨特用其描写自为的外在结构,因此笔者更倾向于将之直译为"事实性"。

② [法]让-保罗·萨特:《存在与虚无》,陈宣良等译,生活·读书·新知三联书店,2015年,第118页。

③ Jean-Paul Sartre, *Nausea*, Lloyd Alexander, trans, New Directions, 1964, p.130.

本身的实存已经被人类意识否定掉。树作为客体，只是存在着，而欠缺任何内在的意义。接触过意识的板栗树本身的实存消失了，然而自在之物却无须担心维持自身。与自在存在不同，人是自为存在，是非惰性的，人永远处于运动中，总是在进行自我超越。不过人为了实现或维持同一性，又必须参与到成为存在的谋划中。洛根丁意识到自身必须在此刻揭示板栗树。此时的洛根丁觉得自身是揭示的工具，他为了揭示板栗树而实存。当他发现自身的意义无法在自己身上找到时，恶心感随之而来。作为半透明的意识，自为存在并不比自在存在具有更多的意义和内在结构。我的意识的意义只有在自我中被给定，自我确实是与意识不同的东西，并且它只有成为意识的客体才具有意义。①通过上述例子，我们可以看到，作为意识的自为存在与作为物的自在存在既相互独立又相互依赖，正是这二者的相遇产生了现实世界。

尽管萨特想通过区分存在的两种模式解决唯心论与实在论面临的二元论困境，但是部分学者认为萨特的做法并不成功。在他们看来，萨特对自为存在与自在存在的区分会导致新的二元对立。克劳斯·哈特曼就认为，萨特只是将本质与现象之间的对立转变为意识与现象之间的对立。在他看来，萨特对现象学的改造并不成功，它导致了存在与主体之间的二元对立，其中，存在指的是自在存在，主体就是自为存在。②笔者认为哈特曼的分析存有一定的问题。在萨特那里，自为存在与自在存在并非两种类型的存在，而是指存在的两种模式。自在存在与自为存在无法分割，它们互为条件，即现象是意识的现象，意识是对现象的意识。我们甚至可以说，自在存在是意识所揭示的那个存在，离开意识的揭示，自在存在不存在；没有自在存在，自为存在就无从谈起，因为意识总是对于某物的意识，离开物的存在，意识的存在也

① ［美］加里·古廷：《20世纪法国哲学》，辛岩译，江苏人民出版社，2005年，第166页。

② Klaus Hartmann, *Sartre's Ontology:A Study of Being and Nothingness in the Light of Hegel's Logic*, Northwestern University Press, 1966, p.132.

就没有了意义。因此,萨特有关存在的理论并未落入传统二元论的窠臼中。

更进一步,自在存在与自为存在之间的区分不仅是萨特构建本体论的基石,也为我们理解萨特的伦理学打下了基础。美国学者罗纳德·E.桑托尼认为,萨特在《存在与虚无》中对自在存在与自为存在的基本且普遍的区分,为之后出版的《道德笔记》铺平了道路。①然而,分析萨特对存在的两种本体论的区分,就不得不提到萨特的意识理论。我们在上文谈到,萨特认为西方哲学思想大部分都是站在反思的立场上,这种反思的立场遮掩了个体的前反思的体验。这种对前反思的意识体验的描述也是《道德笔记》中个体道德体验与转变的前提。对于萨特而言,人不同于物的地方恰恰就在于人具有各种各样的体验,例如,人会有恶心、焦虑、苦恼的体验等。

(二)否定的意向性

"前反思的我思"(pre-reflective cogito)是萨特哲学的核心概念,在其整个哲学体系中处于基础位置。我们在本节详述这一概念的含义及其哲学地位。萨特在不同的著作中使用了不同的术语来指涉这一概念:"前反思的我思""未被反思的意识""反思前的意识""无自我的我思"等。这些术语除了些微差别之外,基本含义是相同的。学术界对于萨特前反思的我思理论一直存有争议,争论点在于:前反思的我思究竟是自身意识还是对象意识,抑或二者兼而有之。②笔者同意第三种立场,即前反思的我思既包括自身意识也包含对象意识。

萨特在《自我的超越性》中使用的术语是"无自我的我思","我要指出

---

① Ronald E. Santoni, *Sartre on Violence:Curiously Ambivalent*, The Pennsylvania State University Press,2003,p.21.

② 持"反思前的我思"是自身意识与对象意识两者兼而有之的学者有张汝伦等。参见:《现代西方哲学十五讲》,北京大学出版社,2003 年,第 251 页。

'自我'既不是形式地、也非物质地存在于意识之中：它在世界中，是外在的；它是世界的一种存在，就像他人的'自我'一样"①。意识中没有自我，它是半透明的，自我与他物一样外在于意识。我们需要意识进行反思，从而意识到自我，这种反思是第三等级的意识。我们可以通过一个例子来理解意识的三个等级：当你在电影院看电影时，在前反思的水平上，除了对影片有意识之外，你同时会对你所在的影院、影院的环境、你所处的位置等具有意识。但当你同时积极主动地投入到观影活动中时，就出现了反思意识。反思意识意识到的某物与前反思的意识意识到的某物不同。你观看电影，你知道影片中的女主角陷入了对爱情不切实际的幻想中，并且采取了一系列疯狂的举动。你理解她，你站在她的角度思考她的人生。这些都是通过第二等级的反思意识得到的。你还可以意识到是你自己在观看电影，此时的意识就是第三等级的意识。在前反思的意识中，对象意识与自身意识是同时并存的。我在看电影时有的只是对我要观看的影片的意识，以及对意识的非位置性意识。因此，我们在谈论第一等级意识的同时具有对某物的位置性意识，以及对自身的非位置性意识。

前反思的我思既有自身意识，也有对象意识，这一点在《存在与虚无》中显现得更加彻底。虽然前反思的我思的意识结构主要出现在《存在与虚无》导言的第三节"反思前的我思和感知的存在"以及第二卷第一章"自为的直接结构"部分，但是萨特对反思前的我思的阐释贯穿该书始终。对于萨特而言，对象意识和自身意识这二者互不可缺，共同构成前反思的我思。

胡塞尔的现象学给予了萨特以方向。对于萨特而言，对象性意识是意识对对象的设定。意识总是对某物的意识，例如对椅子的意识。意识中没有内容，椅子外在于意识，而意识要想有对对象的意识，必须指向这个对象，即对

---

① ［法］让-保罗·萨特：《自我的超越性》，杜小真译，商务印书馆，2001年，第3页。

它设定。自身意识并不是对自身的认识，萨特在《存在与虚无》的导言中批判了认识论将意识还原为认识的观点，在他看来，该认识论的观点会导致主体与对象的二元论。自身意识是自身与自身的一种直接的关系，而非认识的关系。萨特指出："所有对对象的位置性意识同时又是对自身的非位置性意识。"①这就是前反思的我思的意识结构。意识在超越自身朝向对象时是位置性的，该意向指向外面的事物，这就是对象意识。②我的意向性意识就是意识的直接存在方式，它在朝向对象时同时意识着自身。

　　萨特将对象意识与自身意识的关系描述为互为彼此的充分必要条件。究竟如何理解二者的具体关系呢？我们可以从它们的相互依赖中找到答案。一方面，自身意识是对象意识的充分必要条件。说它是充分条件，是因为只要自身意识意识到对象并且伴随对象意识，这对我事实上意识到它已足够。③说它是必要条件，是因为对象意识需要自身意识意识到它并伴随它，倘若没有自身意识对自身的意识，那就是无意识的意识，这对萨特而言是荒唐可笑的。④萨特在阐释自身意识是对象意识的充要条件时，某种程度上也是对弗洛伊德无意识学说的批判。另一方面，对象意识是自身意识的充分必要条件。说它是充分条件，因为只要对象意识存在，自身意识就获得了存在的条件而存在。说它是必要条件，是因为自身意识是对对象意识的认识，没有对象意识，自身意识便无存在的必要和可能，自身意识必须与对象意识相互融合才能存在。

　　需要指出的是，意识的内在否定使得意识与对象不同。同时，意识的意

---

①　[法]让-保罗·萨特：《存在与虚无》，陈宣良等译，生活·读书·新知三联书店，2015年，第10页。

②　在对对象意识的意向过程中也有对自身的非位置性意识，中译本将"自身意识""信仰意识"表述为"（对）自身（的）意识""（对）信仰（的）意识"，加上括号，仅仅是为了语法需要，而非对自身的任何位置性设定。

③　[法]让-保罗·萨特：《存在与虚无》，陈宣良等译，生活·读书·新知三联书店，2015年，第9页。

④　[法]让-保罗·萨特：《存在与虚无》，陈宣良等译，生活·读书·新知三联书店，2015年，第9页。

向性,更一步讲,否定的意向性①,使得前反思的我思和反思成为可能。胡塞尔说道:"意向体验是对某物的意识。"②波伏娃指出:"萨特告诉我们,人使得自身成为欠缺的存在以便存有存在。'以便'一词清晰地表明其意向性。"③然而,这远远不够涵盖意识的特性。对于萨特而言,意识的意向性是一种否定的意向性,意识意向性的活动是一种虚无化运动。否定的意向性或者如萨特所言意识的"内在否定"(internal negations)与"外在否定"(external negations)不同。萨特用了一个例子来阐释外在否定,"一个墨水瓶不是一只鸟",这种否定需要人的实在活动的见证,即第三者的见证才得以建立。

与"外在否定"不同,"内在否定"指的是,"在人们否认的东西和人们用以否定的东西之间建立起内在关系的否定。在所有的内在否定中,最深入于存在的否定,在其存在中构成它用以作出这个否认的那个存在与它所否认的那个存在的否定,就是欠缺"④。内在否定不需要第三者的见证,我们的意识与存在之间是内在否定关系,该否定由人带入这个世界。由于意识是对某物的意识,超越性是意识的构成结构,"意识生来就被一个不是自身的存在支撑着"⑤,意识与存在的内在否定关系保留了对象的超越性,也保留了意识的半透明性。

否定的意向性有两层含义:一是意识的"内在否定",即意识不同于对

---

① 参见庞培培:《萨特的意向性概念:内部否定》,《云南大学学报(社会科学版)》,2012 年第 6 期。鉴于萨特意向性的否定性或者虚无性,笔者将其概括为"否定的意向性"。

② Edmund Husserl, *Ideas : General Introduction to a Pure Phenomenology*, W.R. Boyce Gibson, trans, George Allan & Unwin Ltd., 1969, p.257.

③ Simone De Beauvoir, *The Ethics of Ambiguity*, Bernard Frechtman, trans, Carol Publishing, 1948, p.11.

④ [法]让-保罗·萨特:《存在与虚无》,陈宣良等译,生活·读书·新知三联书店,2015 年,第 122~123 页。

⑤ [法]让-保罗·萨特:《存在与虚无》,陈宣良等译,生活·读书·新知三联书店,2015 年,第 20 页。

象。二者的不同是萨特哲学得以成立以及现实经验得以可能的前提。二是具有否定性和超越性的意向性,即萨特对胡塞尔意向性的改造,使得意识活动具有了自身的独特活力。意识的意向性是否定的意向性,否定意味着创造,意味着意识对自身,以及世界的揭示,同时也意味着我们选择的自由。

意识的内在否定使得意识与对象不同,即使得自为存在与自在存在的本体论差异成为可能。意识的内在否定保证意识的半透明性和对象的超越性,也使得前反思意识中的自身意识与对象意识真正地融合在一起。这也正是萨特的否定意向性的第一重含义。意向性的第二重含义即否定的意向性意味着创造,意味着意识对自身以及世界的揭示,也意味着我们选择的自由。这一重的意向性可以从萨特对想象这一意识形式的描述中找寻,正是否定的意向性使得想象作为一种独立的意识活动而具有自身的独特活力。否定的意向性使得萨特提出的"心理影像"学说得以成立,从而解决了胡塞尔早期图像意识面临的理论困境。

萨特在《存在与虚无》中指出"人是一种无用的激情",上帝不存在,否定意味着无限的可能性。他在《道德笔记》中指出,上帝之死意味着"无限的开放"①。对于波伏娃来讲也是如此,人并非纯粹积极的存在,人与自身保持距离,人好像永远处在一种否定的过程中,并且在虚无化的过程中迷失自身。人永远无法真正地达到自身,与自身融合。正因如此,人有了揭示世界、揭示他者的能力,有了使得这个现实世界变好或变坏、将他者视为自由或不自由的能力,这就涉及到了《道德笔记》中的主体的道德选择。

《道德笔记》中的意识不再是一种纯粹的意向性,而是一种浸入世界之中的与他者实际相关联的意识。否定不仅意味着创造,也意味着自由,萨特的伦理学追求"本真",本真意味着主体既将自身视为自由的,又将他者视为

---

① Jean-Paul Sartre, *Notebooks for an Ethics*, David Pellauer, trans., The University of Chicago Press, 1992, p.34.

自由的。之所以说意识的否定过程必然关联他者，是因为"我们对自身的第一次意识已经受到了他者看待我们的方式的影响……关键是，我们自由的实际限度在很大程度上是从他者对我们的看法中产生的。奴隶认为自己在主人眼中是亚人性的形象。他自然地内化并为自己创造出来的正是这种形象，即使他可能要求'更加人性地'得到对待"①。主体与他者的意识在整个意识过程中都会相互关联在一起。

(三)反思的意识

对于萨特和其他存在主义哲学家而言，人与动物的不同之处在于，人具有自身意识，可以进行反思。例如波伏娃指出："一种新的悖论引进他的命运中。作为'理性动物'和'会思考的芦苇'，他逃离了其自然境况，然而却并未将自身从中解脱出来。他仍然是世界的一部分，在这个世界中，他是一种意识。"②的确，人不仅具有意识，而且具有不同层次的意识。在萨特哲学中，"前反思意识"(pre-reflective consciousness)与"反思意识"(reflective consciousness)既相互区别又无法分离。"前反思意识"始终处于抽象层面，在实际的意识活动中是无法单独存在的，也就是说前反思意识必然伴随反思意识的出现。反思意识存在主体与对象的不同认知，在反思的过程中个体发现对自身，以及对世界的认识。萨特关于前反思意识与反思意识之间的区分是抽象的，在现实世界中，二者都无法单独存在。萨特之所以区分二者是为了更好地阐明自身的意识本体论和相应的伦理学思想。萨特不仅对前反思意识与反思意识作出区分，还将后者区分为"纯粹反思"(pure reflection)与"不纯粹反思"(im-

---

① Joseph S. Catalano, *Good Faith and Other Essays：Perspectives on a Sartrean Ethics*, Rowman and Littlefield, 1996, p.132.

② Simone De Beauvoir, *The Ethics of Ambiguity*, Bernard Frechtman, trans, Carol Publishing, 1948, p.7.

pure reflection）。然而，由于萨特行文随意、洒脱，有时用词欠考究，部分学者认为萨特并未较好地区分前反思意识、纯粹反思，以及不纯粹反思这几个概念。在笔者看来，萨特对这些词的区分具有一定价值，只是有时没有清晰阐明，这正是他需要改进之处。

萨特的"意识理论"吸引了越来越多学者的关注，他们看到"纯粹反思"概念对于萨特哲学的意义。例如，美国学者克里斯托弗·沃恩（Christopher Vaughan）就注意到，在萨特的意识理论中，"虽然纯粹反思概念没有得到很好的发展，但它对于理解萨特是至关重要的"①。美国埃默里大学（Emory University）的学者埃里克·詹姆斯·莫雷利（Eric James Morelli）认为，"根据萨特在《自我的超越性》和《存在与虚无》中的陈述，纯粹反思是反思意识的理想形式，一种'无需救赎的闪电般的直觉'，它以既具启示性又充分的证据将自为给予自身。纯粹反思为萨特的本体论奠基，同时又是通往萨特伦理和政治思想的门户。相反，不纯粹反思是构成性的，因此是附属的"②。中国学者郑一伟认为，"'纯粹反思'是萨特早期哲学中连接其本体论和伦理学的一个重要概念。在《存在与虚无》中，萨特将专门一节（第二卷第二章第三节）用于讨论纯粹反思的本体论特征。在《道德笔记》中，他探讨了纯粹反思的本体论特征（他在《存在与虚无》中所呈现的）的伦理学含义，并将纯粹反思作为通向'本真'伦理生活的必要阶段"③。

萨特在《自我的超越性》中写道："我们在此看到两种反思：一种是不纯的、同谋的反思，这种反思立即制造通向无限的过渡，突然通过体验把恨变

---

① Christopher Vaughan, *Pure Reflection: Self-Knowledge and Moral Understanding in the Philosophy of Jean-Paul Sartre*, Indiana University Press, 1993, p.viii.

② Eric James Morelli, "Pure Reflection and Intentional Process: The Foundation of Sartre's Phenomenological Ontology", *Sartre Studies International*, Vol.14, No.1, 2008, pp.61–77.

③ Zheng Yiwei, "On Pure Reflection in Sartre's Being and Nothingness", *Sartre Studies International*, Vol.7, No.1, 2001, pp.19–42.

成为自己的超越对象；另一种则是纯粹的、仅仅进行描述的反思，这种反思赋予未被反思的意识以暂时性并解除其武装。这两种反思所领会的是同样确实的已定物。但其中一种更多地是肯定自己无所知，肯定自己通过被反思意识趋向位于意识之外的对象。"①纯粹反思是对一个瞬间的厌恶的反思，使意识摆脱先验状态，也是一个纯粹描述性的反思，是一种现象学上的行为，例如"厌恶的意识"。不纯粹反思是建基于纯粹反思之上对无限对象的进一步反思性把握。不纯粹反思立即通向无限的过渡，并构建知识和理论，例如"恨的状态"。

　　萨特在《自我的超越性》中仅仅指出非反思的意识中没有"自我"（ego），自我是意识的对象，是行动、状态、性质的超越统一体。自我作为超越的对象显现给反思，恒常实现心理的综合。简言之，自我在心理学这一侧。"意识的产生是由于意识面对这个'我'并且向着'我'、要与'我'结合，这就是我所能够说的一切。"②萨特在该书中并未分析自我如何在反思中出现。不过，自我总是存在的，他将"自身"（self）与"自我"区分开来。与此不同的是，尽管他在《存在与虚无》中仍然强调二者的区别，但却指出自身是自我出现的根源。自身意识经过反思必然会得到自我，这也是反思必然会出现的原因。

　　关于自我如何在反思中出现，是萨特要在《存在与虚无》中深入探究的问题。他同样区分了两种反思："反思可能是纯的或不纯的。纯反思——反思的自为面对被反思的自为的在场——同时是反思的原始形式和理想形式，这种形式是建立在不纯反思由之出现的基础之上的，它同样不是首先被给定的，它是通过一种涤清（Katharsis）获得的。我们下面还要谈到的不纯的或混杂的反思包含着纯反思，但是它超出了纯反思，因为它的要求要比纯反思

---

① ［法］让-保罗·萨特：《自我的超越性》，杜小真译，商务印书馆，2001 年，第 22 页。
② ［法］让-保罗·萨特：《自我的超越性》，杜小真译，商务印书馆，2001 年，第 38 页。

更加长远。"①纯粹反思不是首先被给予的东西,因为自我的显现必须以他者的实存为条件。不纯粹反思包含纯粹反思并且超出了纯粹反思。萨特在《存在与虚无》中明确指出,他更多的是在分析不纯粹反思,因为日常生活中最先出现的反思是不纯粹反思。不纯粹反思面对心理对象存在,并且对于构造自我具有重要意义。而关于纯粹反思的分析是萨特在之后的伦理学著作中重点讨论的内容。

我们似乎很容易就理解萨特所言的不纯粹反思,而对于他所说的纯粹反思似乎仍然有所困惑。我们在此举一个在《自我的超越性》和《存在与虚无》中都谈及的例子来解释纯粹反思。"我看着自己写作。"这里的反思者是我的看,而被反思者是我写作的行为。在这个反思的谋划中,我必须体验写作的每一刻,因为我不能在自己没有俯身在桌子上,移动我的手的情况下看着自己写作。②纯粹反思的目标是自身,它向我们揭示出我们自身永远都是一个过程,没有固定的本质,且有失败的可能性。

我们已经看到,萨特对两种反思的分析前后有些许不同。在《自我的超越性》中,纯粹反思是不纯粹反思的基础,不纯粹反思发生在纯粹反思之后:在纯粹反思中没有对象的建构,前反思的意识是一个时间流,是绵延的过程,纯粹反思或许会突然停顿下来,例如说我厌恶什么,只不过这种停顿是暂时的,或许之后纯粹反思会仔细地将这种厌恶转化成恨,这时就构建出了一个确切的对象,是对确切对象的恨,即到了不纯粹反思阶段。在《存在与虚无》中,萨特将纯粹反思说成是原始的时间性,而不纯粹反思则是心理的时间性。"心理时间只是与时间对象相联系的集合。而它与原始时间的根本区

---

① [法]让-保罗·萨特:《存在与虚无》,陈宣良等译,生活·读书·新知三联书店,2015年,第205~206页。

② Zheng Yiwei, "On Pure Reflection in Sartre's Being and Nothingness", *Sartre Studies International*, Vol.7, No.1, 2001, pp.19–42.

别在于它是存在着,而原始时间自我时间化。"①更直接地讲,在萨特看来,纯粹反思是自为的存在方式,它是自为自我时间化、自我虚无化的过程;不纯粹反思是作为自在的被反思者,它能够构成种种心理状态。

《自我的超越性》和《存在与虚无》中对于两种反思的区分似乎是两种不同的论述方式。不过可以肯定的是,萨特在这两本书中一致的观点是,纯粹反思为不纯粹反思奠基,纯粹反思在先。这与萨特在《道德笔记》中认为的不纯粹反思在先,不纯粹反思刺激纯粹反思的产生的论点明显不同。

四、黑格尔的辩证法

萨特开始接受胡塞尔现象学的意向性理论,但他经过分析后发现现象学的还原忽视了存在问题。经过萨特改造后的意向性理论不仅研究意识的结构,也研究世界的存在和二者之间的关系。萨特与所有同时代的欧陆哲学家一样,不可避免地与黑格尔有着千丝万缕的联系。他受到黑格尔的影响非常大,渴望像黑格尔那样构建关于存在的系统性哲学,然而他在走向黑格尔的同时却偏离了黑格尔。黑格尔对于法国哲学家太有诱惑力了,例如,存在主义的新黑格尔主义者亚历山大·科耶夫(Alexandre Kojève)花费整整六年的时间句读《精神现象学》,莫里斯·梅洛–庞蒂、雷蒙·阿隆(Raymond Aron)、米歇尔·福柯(Michel Foucault)等都直接或间接地受到黑格尔的影响。

(一)意识存在理论

黑格尔关注意识存在问题,他反对近代基础主义,为此他需要确立一个自我奠基的开端,黑格尔将整个系统作为基础。那么,他具体以什么作为开

---

① [法]让–保罗·萨特:《存在与虚无》,陈宣良等译,生活·读书·新知三联书店,2015年,第223页。

端呢？黑格尔在《逻辑学》一书中给出了答案。他将"纯有"即"纯粹存在"视为哲学的开端，原因如下，"正如它不能对他物有所规定那样，它本身也不能包含任何内容，因为内容之类的东西会是与不同之物的区别和相互关系，从而就会是一种中介。所以开端就是纯有"①。对于黑格尔而言，开端必须符合"直接性"这一要求。纯粹存在恰好是没有内容的直接性。纯粹存在代表这种空洞直接性的范畴，所以存在与虚无之间毫无差别，纯粹存在就是完全虚无。②

萨特对于自在存在与自为存在的区分就充分借鉴了黑格尔哲学，是在黑格尔绝对知识体系的启发之下完成的。只不过萨特用自在存在与自为存在的二分法取代了黑格尔对存在、纯粹存在，以及定在的三分法。也就是说，萨特取消了中介，因为自为存在本身就具有中介作用。然而，1939年的萨特没有试图摆脱黑格尔，而是吸收了很多黑格尔的东西，他没有试图从黑格尔神奇的圈子里跳出来，向前或前后走，而是安稳地停留在这个圈子里。③在那之后，萨特"背叛了黑格尔"，尤其是在《存在与虚无》中，他像战士一样正面抨击黑格尔的哲学。克劳斯·哈特曼指出："我们发现，萨特在《存在与虚无》中的哲学是对黑格尔《逻辑学》的一个前后连贯的转变，它是从对思想的内在性的拒绝开始的。"④萨特在《道德笔记》中也批判了黑格尔的哲学，尤其是他的辩证法。

我们在某种程度上可以把萨特视为黑格尔的信徒，萨特吸收黑格尔的意识存在理论，并借用黑格尔的哲学来反驳胡塞尔，"黑格尔在《精神现象学》第一卷中对问题的解决相对胡塞尔所提出的解决来说就是一种进步。事

① ［德］格奥尔格·威廉·弗里德里希·黑格尔：《逻辑学》，杨一之译，商务印书馆，1982年，第54页。
② 刘创馥：《黑格尔新释》，商务印书馆，2019年，第90~91页。
③ ［法］贝尔纳-亨利·列维：《萨特的世纪——哲学研究》，闫素伟译，商务印书馆，2005年，第682页。
④ Klaus Hartmann, *Sartre's Ontology: A Study of Being and Nothingness in the Light of Hegel's Logic*, Northwestern University Press, 1966, p.132.

实上,他人的显现对构成世界和我的经验'自我'不是必不可少的:对我的作为自我意识的意识的存在本身才是必不可少的……这样,唯我论似乎最终被打败了。从胡塞尔过渡到黑格尔,我们完成了一大进步"①。萨特赞扬黑格尔,例如称"黑格尔天才的直观"②。但是萨特又对黑格尔发起了攻击,具体体现在以下三个方面:

第一,对于黑格尔而言,"存在"与"虚无"在逻辑上是同格的,分别作为正题与反题对立开来。萨特认为,当黑格尔写道"'(存在和虚无)是同样虚空的抽象'时,他忘记了虚空是某种事物的虚空"③。在萨特看来,黑格尔对这两个概念的分析是空洞的抽象,因此萨特将这两个概念分开来分析,"存在存在而虚无不存在……虚无从逻辑上说仍是后于存在的,因为虚无假设了存在以便否定它"④。简言之,存在是"存在"的,而虚无是"不存在"的,存在的消失并非意味着虚无的到来。正相反,伴随存在的消失,虚无也会随即消失。

第二,对于黑格尔而言,"普遍性"优于"个体"的存在。在萨特看来,黑格尔并未关注个体,他将克尔凯郭尔与黑格尔对立起来,认为克尔凯郭尔看到了原本个体的重要性,"在这个意义下,普遍如果不以个体为目的而存在就不可能有意义"⑤。作为个体的人要求承认个体的存在意义,而非一般意义上的普遍结构。普遍性需要个体的支撑才得以存在,只有在个别性的指引或者照耀下,普遍性才显现于世界。

第三,在萨特看来,黑格尔将存在与认识同一了。黑格尔犯了两种乐观主义的错误。一是认识论的乐观主义。萨特断定黑格尔的乐观主义必然会失

① [法]让-保罗·萨特:《存在与虚无》,陈宣良等译,生活·读书·新知三联书店,2007年,第298~301页。

② [法]让-保罗·萨特:《存在与虚无》,陈宣良等译,生活·读书·新知三联书店,2007年,第301页。

③ [法]让-保罗·萨特:《存在与虚无》,陈宣良等译,生活·读书·新知三联书店,2007年,第42页。

④ [法]让-保罗·萨特:《存在与虚无》,陈宣良等译,生活·读书·新知三联书店,2007年,第42页。

⑤ [法]让-保罗·萨特:《存在与虚无》,陈宣良等译,生活·读书·新知三联书店,2007年,第303页。

败,因为"在他人——对象和主体——我之间,没有任何共同的尺度,正像在(对)自我(的)意识和对别人的意识之间一样……任何普遍的认识都不能得自诸意识间的关系"①。在自我意识和他者意识之间没有共同点,他者是不同于我的另一个主体。我和他者的关系首先是存在与存在的关系,而非认识与认识的关系。二是本体论的乐观主义。萨特认为这是更根本的错误。黑格尔用"大全"(die Totalität)一词结束了意识多重性的争闹。大全是一切意识的真理。萨特指出,尽管黑格尔看到了诸意识的存在问题,但是他是站在大全的视角来分析诸意识的,"他忘记了他自己的意识,他是大全"②。萨特认为黑格尔是在抽象地考察主体与他者的关系问题,或者说黑格尔并未真正研究自我意识与他者意识的关系问题。因此,萨特提议要回到"我思",他认为"唯一可靠的出发点是我思的内在性"③。这也是我们在上文谈到的萨特与黑格尔哲学体系的不同之处。

(二)主奴辩证法

萨特运用黑格尔的基本范畴,特别是主奴辩证法来阐明自己的伦理立场。他的伦理学更多地表现出黑格尔式而非康德式。他受到黑格尔辩证法的启发,发展出一种主体间相互承认的理论。根据该理论,他者的注视不再仅仅将我异化,而是成为我得以存在的必不可少的条件。这一点对于他者来说同样如此。我们还需要注意,萨特从《反犹分子与犹太人》开始,就运用黑格尔的主奴辩证法来描述压迫现象,并解释为什么压迫在道德上不可取。他对压迫的分析是黑格尔主奴辩证法的一个变体。对于萨特而言,黑格尔式的主奴的控制关系是不可取的,因为这种控制不是相互的。主人不尊重奴隶,所以

---

① [法]让-保罗·萨特:《存在与虚无》,陈宣良等译,生活·读书·新知三联书店,2007年,第307页。
② [法]让-保罗·萨特:《存在与虚无》,陈宣良等译,生活·读书·新知三联书店,2007年,第308页。
③ [法]让-保罗·萨特:《存在与虚无》,陈宣良等译,生活·读书·新知三联书店,2007年,第308页。

主人是非本真的。萨特要发展的是本真的人际关系,在本真的人际关系中,个体与他者都是自由的。

萨特对黑格尔辩证法的具体批判主要体现为三个方面:第一,关于历史的统一问题。我们知道,《道德笔记》的一个主题便是历史问题。萨特在分析历史问题时明显借鉴了黑格尔的哲学。"如果有历史的话,也是黑格尔的历史。任何其他历史都无立足之地。"①萨特接受了伦理学必须处理历史以及人类境况的历史性,但不允许类似黑格尔所谓的精神来决定伦理学。②对于黑格尔而言,历史严格决定一个人的各个方面,每个人都是他所处时代的体现,个人没有改变什么的余地。在黑格尔那里,历史是统一的。对于萨特而言,历史是偶然的,历史谈不上什么进展也谈不上什么必然性。历史不会实现黑格尔所说的综合统一。历史也是暧昧的,因为历史总是试图逃离他性,但这一点却从未实现过。

第二,关于辩证法。萨特在《道德笔记》中指出:"辩证法:不偏不倚地考虑问题,黑格尔代表了哲学的一个高峰。"③虽然萨特高度评价了黑格尔的辩证法,但是萨特有他自己的辩证法。萨特相信否定,却反对黑格尔"否定之否定"。在萨特看来,没有辩证的三位一体结构,而只是两种对立的结合,即没有最后的综合出现。"人在内化外在性的同时,也外化了自己的内在性,并从作为外化内在性的世界的角度来认识自己。这不是一个辩证的三段论,而是两个对立面的结合。"④尤其需要注意的是,萨特频繁提到黑格尔的"主奴关

---

① Jean-Paul Sartre, *Notebooks for an Ethics*, David Pellauer, trans., The University of Chicago Press, 1992, p.25.

② Jean-Paul Sartre, *Notebooks for an Ethics*, David Pellauer, trans., The University of Chicago Press, 1992, pp.ⅩⅥ-ⅩⅦ.

③ Jean-Paul Sartre, *Notebooks for an Ethics*, David Pellauer, trans., The University of Chicago Press, 1992, p.61.

④ Jean-Paul Sartre, *Notebooks for an Ethics*, David Pellauer, trans., The University of Chicago Press, 1992, p.65.

系辩证法",这也是他分析暴力、压迫,以及异化这一主题时非常重要的理论依据。但是他不同意黑格尔的主人支配奴隶,而奴隶只能听命于主人的看法。他认为黑格尔的主奴关系理论忽略了他者的他性这一维度,即使主人也无法单独地面对君主。我们需要心甘情愿地相互承认彼此的自由,只有相互承认才会产生本真的自由。这也是萨特在《道德笔记》中强调的黑格尔本体论乐观主义之下的"我=我"的模式无法实现的原因所在。在萨特看来,黑格尔在乐观主义中使得精神得以安宁,黑格尔忽视了个体具体处境的自相矛盾之处。萨特与黑格尔试图调和具体处境的做法完全不同,萨特的伦理学是暧昧性的伦理学。存在是暧昧的,其意义是不断获得的,也就是说,处境是具体的处境,道德是具体的道德。

第三,关于"普遍性"。萨特在《存在与虚无》中批评了黑格尔的"普遍性"理论,这种批判延续到《道德笔记》中。他依然借用克尔凯郭尔之口,指出主体是纯粹的否定性,永远处在黑格尔的普遍性之外。黑格尔与科耶夫构想的是普遍性的国家,该国家只看重成功。"在极限情况下,甚至连死亡的特殊性也都被黑格尔和科耶夫式的国家所否定,因为科耶夫写道:'每一个已经去世的人都可能延长他的活动或将之否定,因此,他并没有完全耗尽他的人的存在的可能性。这就是为什么他的人的可能性可以在另一个人身上并通过另一个人实现,而这个人将会接替他的工作并延长他的行动(这是他的存在)。'"①在萨特看来,黑格尔的"普遍性"概念"是一个荒谬的混乱概念,它将死亡和有限性混淆在一起"②。

总体而言,萨特关于意识存在的本体论和相应的伦理学思想是对黑格尔存在理论以及主奴关系辩证法的变样或扩展,也是对抗康德道德哲学中

---

① Jean-Paul Sartre, *Notebooks for an Ethics*, David Pellauer, trans., The University of Chicago Press, 1992, p.72.

② Jean-Paul Sartre, *Notebooks for an Ethics*, David Pellauer, trans., The University of Chicago Press, 1992, p.71.

抽象的绝对命令的体现。萨特在《存在与虚无》中肯定了黑格尔哲学的贡献。黑格尔意识存在的研究为萨特构建自在存在与自为存在本体论的结构提供了灵感,他在此基础上提出了区别于黑格尔的意识存在理论。萨特反对黑格尔的"普遍性",指出普遍性需要个体的支撑才能存在。在他看来,黑格尔犯了认识论的乐观主义和本体论的乐观主义错误。黑格尔从未真正研究过他者的问题。萨特想要告诉我们的是,人与人之间是存在与存在的关系,我们应该回到"我思"来考察自我意识与他者意识的关系。

　　萨特在《道德笔记》中构建的伦理学思想更多的借鉴了黑格尔的辩证法,并在此基础上发展出自身的辩证法。与黑格尔不同,萨特不同意主奴之间的控制关系,而是认为个体与他者之间应该是本真的关系。归根结底,萨特对黑格尔主奴关系的批判旨在阐明:我与他者的关系首先是存在与存在的关系,而非认识与认识的关系。萨特不同意黑格尔提出的历史是统一的观点,他认为历史是偶然的,历史没有必然性也不会实现黑格尔所言的综合统一。黑格尔构想的普遍性国家是无法实现的,"普遍性"概念本身滑稽可笑。

第二节　相关反对意见剖析

　　许多学者坚持认为,萨特在《存在与虚无》中建构的本体论体系,使得建基于其上的任何一种伦理学说都成为不可能。在他们看来,萨特对人的自由、价值等的阐释,无法给人提供任何有规范性的道德伦理准则,即自我在具体处境下应该或不应该对他者采取行动以及采取什么样的行动。同时,萨特从存在主义转向马克思主义,前后期共提出了三种伦理学思想,使得那些评论萨特哲学的人更加笃定建基于《存在与虚无》基础之上的伦理学是不可能的,或者倘若萨特有伦理学的话,至少他提出的三种伦理学也是不连贯、碎片式的。然而,在笔者看来,这些评论者或弱化了萨特自由观中的客观维度,或忽视了主体通过"彻底的转变"实现本真的可能性,而在这样一种转变过程中,自我与他者之间的关系不再仅仅是冲突。同时,萨特的三种伦理学思想并非互相排斥,后两种伦理学思想实则是对第一种伦理学思想的完善和充实。

一、四种反对原因分析

对于萨特基于本体论之上的伦理学思想持否定态度的学者,主要有英国哲学家玛丽·沃诺克、美国学者阿拉斯代尔·麦金泰尔、理查德·贝伊(Richard Beis)、威尔福瑞德·迪僧(Wilfrid Desan)、艾尔文·普兰丁格(Alvin Plantinga)、小西奥多·席克(Theodore Schick,Jr.)等,不过他们之间存在着不同的反对意见,大体可以分为如下四种:

第一,建基于人的实存是荒谬的本体论的伦理学没有意义。持这种观点的学者有美国哲学家理查德·贝伊、威尔福瑞德·迪僧等人。①萨特在《存在与虚无》的结尾处曾明确指出:"每个人的实在都同时是把他自己的自为改造为自在自为的直接谋划及在一个基本性质的几个类之下把作为自在存在的整个世界化归己有的谋划。所有人的实在都是一种激情,因为他谋划自失以便建立存在并同时确立在成为自己固有基础时逃避偶然性的自在,宗教称为上帝的自因的存在……人是一种无用的激情。"②"无用的激情"意味着人类始终是痛苦的,他们欲望实现整体,即"自在-自为"这一不可能的合题,人自失以便上帝存有。因此,贝伊、迪僧等批评者指出,既然人的实存本身就是

---

① See Richard H. Beis, "Atheistic Existentialist Ethics:A Critique", *Modern Schoolman*, Vol.42, No.2,1965,pp.153–177;W. Desan, *The Tragic Finale*, Harper Torchbooks,1960,Ch.9.

② [法]让-保罗·萨特:《存在与虚无》,陈宣良等译,生活·读书·新知三联书店,2007年,第744页。

荒谬的,我们必然欲望成为不可能实现的上帝,并将上帝视为自身的首要价值,那么,是否去勾勒一种指导人应该以及如何行动的伦理学理论就变得不再重要。

萨特在《存在与虚无》中的确说过人的激情是无用的,人前反思地欲求成为上帝。但是,这些批评者忽视了萨特在说"人是一种无用的激情"这句话时的另一个维度, 即无用的激情同时是必要的激情。之所以说激情是无用的,是因为我们欲望上帝这一不可能实现的目标,追求上帝必然会导致失败与痛苦。然而,激情又是必要的,因为人类需要激情,需要这种激情去实现自身的自由,并将自身的自由视为首要的道德价值。简言之,只有当我们视上帝为首要的道德价值时,激情才是无用的,倘若我们将自身的自由视为首要价值,激情则是必要的。安德森指出:"人是一种'无用的激情',只是因为他有欲望,并妄图成为上帝。这种欲望是无法消除的,但如果他尝试停止这种企图,而努力追求可实现的价值,那么,他的生活就会变得有意义了……如果个体进行了纯粹反思,而不是选择上帝的话,他就接受了他的责任,自由地创造价值,选择其自由,那么这个人就是本真之人。"①

第二,建基于绝对自由学说的伦理学是不可能的。持这种观点的学者以基督教哲学家艾尔文·普兰丁格为代表。普兰丁格将萨特的自由视为绝对的自由,在他看来,萨特的绝对自由理论是激进的主观主义,其论据是不确定的。"如果我们每个人都可以活在自己选择的世界里,那么萨特所选择的绝对自由的世界在理性上并不比任何其他世界更令人信服。萨特的本体论中有一种终极的主观主义,它使真理的概念僵化,使知识成为不可能。一个绝对自由的理论,就像绝对的决定论一样,是自指不一的。如果萨特是对的,就

_____

①　Anderson, Thomas C, "Is a Sartrean Ethics Possible?", *Philosophy Today*, Vol.14, No.2, 1970, pp. 116–140.

没有理由认为他是对的。"①尽管普兰丁格注意到萨特自己也提到具体处境对自由选择的限制，甚至承认萨特意识到了 "普遍性的人类处境"（a human universality of condition）对自由选择的影响。但是，对于普兰丁格而言，这只是萨特自由观不一致性立场的表现，尽管这种不一致是值得称赞的。

基于对萨特绝对自由观的分析，普兰丁格做出如下判断，"结论似乎是萨特的自由理论与道德完全不一致。任何选择都和其他选择一样好；我们不可能犯道德错误。这对于道德而言是致命的。绝对的自由，就像彻底的决定论一样，削弱了道德的可能性"②。普兰丁格在这里弱化了萨特自由观中的客观维度。早在《存在与虚无》中，萨特就指出自为的事实性即处境对个体自由选择的限制。承认自为的事实性贯穿萨特整个哲学体系，绝不是其自由观不一致性的体现。萨特在《存在主义是一种人道主义》中主张，"再者，虽然我们无法在每一个人以及任何人身上找到可以称为人性的普遍本质，然而一种人类处境的普遍性仍然是有的。今天的思想家们大都倾向于谈人的处境，而不愿意谈人性，这并不是偶然的。对所谓人的处境，他们的理解是相当清楚的，即一切早先就规定了人在宇宙中基本处境的限制"③。萨特的自由并非绝对的自由，而是具体处境中的自由，即自由有其客观维度。因此，普兰丁格所认为的萨特基于绝对自由理论之上的道德是不可能的这一论点并不成立。

第三，建基于个体与他者之间冲突关系的伦理学无法实现。持这种观点的学者以英国哲学家玛丽·沃诺克为代表。萨特一直关注个体与他者的关系问题，他曾在《存在与虚无》的第三卷"为他"中详述了人与人之间的关系，最

---

① Alvin Plantinga，"An Existentialist Ethics"，*The Review of Metaphysics*，Vol.12，No.2，1958，pp. 235–256.

② Alvin Plantinga，"An Existentialist Ethics"，*The Review of Metaphysics*，Vol.12，No.2，1958，pp. 235–256.

③ ［法］让-保罗·萨特：《存在主义是一种人道主义》，周煦良、汤永宽译，上海译文出版社，2017年，第25页。

后得出结论,"意识间关系的本质不是'共在',而是冲突"①。即使在"爱"的关系中,我与他者之间依然是冲突的关系,因为在恋爱中的双方都想要占有对方,同时又想让对方自由地给予自己爱。因此,随之而来的问题是,既然人与人之间的原初关系是冲突,既然为他存在(being-for-others)的原初意义是冲突,也就完全没有必要设想试图表达人应该如何与他者相处的伦理学。

　　沃诺克显然看到了萨特哲学中人与人之间的冲突关系。沃诺克进一步断定在此种冲突关系之下的伦理学无法实现。"对于萨特而言,从形而上学的角度来说,他者的存在是每个人生命的组成部分,因此更应该是他道德生命的一部分……但是,在这里我们遇到了一个悖论。因为,尽管对存在主义者来说,解决这个问题的某种方法显然必须是任何伦理学理论的开端,但事实上,他们在这个问题上却出奇地沉默……正如萨特所言,在海德格尔那里,在最好的哲学基础上也有同样的并未认真对待他者利益的失败。在我看来,在《存在与虚无》中,这种失败似乎最终导致任何令人满意的伦理学理论尝试的失败。"②尽管沃诺克承认萨特在《存在与虚无》中提到了不排除道德的可能性,即个体通过"彻底的转变"以一种新的方式在世界中谋划自己的未来以及与他的同胞的道德生活,但他指出:"萨特并没有告诉我们新方法是什么。"③

　　事实上,沃诺克削弱了萨特在《存在与虚无》中谈到的拯救伦理可能性的分量。萨特曾明确指出,主体通过"彻底的转变""纯粹反思",从而实现从前反思状态下追求上帝这一目标转变为将自身的自由视为首要的道德价值。因此,只有在个体想要通过他者实现追求上帝这一目标的时候,主体间的关系才必然是冲突。倘若我们通过纯粹反思,实现了通往本真的转变,人

---

① ［法］让-保罗·萨特:《存在与虚无》,陈宣良等译,生活·读书·新知三联书店,2015年,第524页。

② Mary Warnock, *Existentialist Ethics*, Palgrave Macmillan, 1967, pp.38-39.

③ Mary Warnock, *The Philosophy of Sartre*, Hutchinson, 1965, p.130.

与人之间的冲突关系就会停止,萨特在《道德笔记》中详细地阐释了这一转变。我们要注意萨特哲学必然存在实现伦理学的可能性,因为对于他而言,主体通过行动参与到世界中,并且在人介入世界的那刻起,就是一个道德主体。"事实上,如果人本质上是通过行为将自己插入这个世界的存在,那么人,或者说实在,本质上就是一种伦理存在。因此,谈论人总是在谈论某种伦理实在。"①

第四,建基于无神论态度的伦理学不具有客观标准。持这种观点的学者有美国哲学家小西奥多·席克(Theodore Schick,Jr.)等人。在席克看来,"道德需要上帝的信仰,这并不局限于有神论者。许多无神论者也赞同它。例如,存在主义者让-保罗·萨特说,'如果上帝死了,一切都是允许的'。如果没有至高无上的存在制定道德律法,每个人都可以随心所欲。没有神的律法,就没有普遍的道德律法……结果是原教旨主义者和存在主义者都误解了道德所要求的东西"②。依席克所见,萨特的无神论态度使得任何对伦理进行评价的客观标准都失去了效力,其结果是萨特的存在主义道德变成了随心所欲的放纵。

萨特的存在主义伦理学似乎无法调和集体原则与个人选择之间的裂缝。与席克一样,有些学者也认为萨特的伦理学会导致虚无主义和相对主义,因为每个人都是自由的,都可以自由选择自己的价值,不存在先验的、绝对的价值标准。然而,在萨特的伦理学中,情况并非如此。萨特强有力地指出了存在主义伦理学需要主体间的相互承认。这就意味着,尽管萨特是无神论者,即在他看来,没有上帝这一先验的绝对价值来断定善与恶,但是这并不意味着萨特的伦理学就是相对主义的,他在积极寻找替代先验价值的方法,只不过这种价值不是绝对的,而是内在于人的自由选择中。

萨特的确在《存在主义是一种人道主义》和《道德笔记》等著作中,指出

---

① Christine Daigle, *Existentialist Thinkers and Ethics*, McGill-Queen's University Press, 2006, p.17.

② Theodore Schick, Jr, "Morality Requires God... or Does It? Bad News for Fundamentalists and Jean-Paul Sartre", *Free Inquiry*, Vol.17, No.3, 1997, p.32.

自己是无神论者,但是无神论本身与他的存在主义伦理学并无关联。美国哲学家格伦·布拉多克(Glenn Braddock)清楚地看到了这一点,他指出:"我们应该接受萨特的如下主张,即存在主义不依赖无神论,因为他关于自由和价值的结论并非来自无神论。不过,萨特确实以不同的理由为这些结论辩护。对于萨特来说,我们之所以是彻底自由的,不是因为我们'从未被上帝创造',而是因为我们是有自我意识的存在,能够解释我们自己和这个世界。我们无法诉诸于理性的道德原则,这不是因为上帝没有创造这些原则,而是因为这些原则总是不足以决定一个存在的个体在复杂、具体的处境下所需要采取的行动。"①在萨特看来,无论是有神论还是无神论,对于个体来讲都是没有差别的。无论如何,个体都可以进行自由选择并承担相应责任。因此,既然无神论并未给予萨特的伦理学应有的辩护,其伦理学既非虚无主义也非相对主义。由于萨特的本体论承认主体间相互承认的可能性,所以他的伦理学也并不是没有客观维度。

二、第一种伦理学被抛弃了吗?

　　萨特前期的本体论使得他不可能构建伦理学思想,除去针对这一点的反对意见之外,还存在着一种针对萨特的伦理学思想本身的反对意见,认为即使萨特提出过伦理学理论,这种伦理学思想在其前后期哲学中也是不连贯的。但事实上,萨特提出三种伦理学并非意味着其伦理学思想前后发生了具大的转变,而是意味着萨特伦理学的逐步发展。正如安德森所言,尽管萨特随后又分析了第二种和第三种伦理学,但它们与第一种伦理学的关系并非排斥,而是对第一种伦理学的充实和丰富。萨特的伦理学思想既根植于他

---

① Christine Daigle, *Existentialist Thinkers and Ethics*, McGill–Queen's University Press, 2006, p.92.

的本体论,又的确发生了改变,因为他对人的实在本质和人与世界关系的理解发生了改变。历史的环境也影响了他的本体论和相应的伦理学观点。

尽管萨特在 20 世纪 60 年代声称自己的理论从属于马克思主义,但如果有"存在主义伦理学"的话,它与马克思主义伦理学是不同的。在安德森看来,萨特的本体论并未使得伦理学成为不可能,他前后期哲学的发展旨在强调变化,而非排斥其早期本体论,例如萨特在《辩证理性批判》中仍然大量使用早期本体论的许多基本范畴。①

波伏娃在《暧昧的道德》这部著作中,明确回应了部分学者对萨特基于本体论之上的伦理学可能性的诘难。一方面,存在主义从一开始就把自己的哲学定义为一种暧昧性的哲学。萨特在《存在与虚无》中正是通过暧昧性将人从根本上定义为存在,该存在是不存在。很多学者质疑萨特所言的"人是一种无用的激情",该激情追求自在与自为的不可能的统一,最终会以失败告终。然而,波伏娃断言,"人虚无化存在并非徒劳……我想要成为我所沉思的这片风景,我想要这片天空,我想要这片宁静的水在我之中思考它们自身,它们用血肉传达的正是我,我仍然与它们保持一段距离。但是正是这一距离,天空与水才在我的面前实存……人无法成为上帝,人使得自身实存为人……在他没有朝向他所不是的存在时,他是无法实存的。但是,他有可能想要这一张力点,即使在失败的情况下。他的存在是存在的欠缺,但是这一欠缺具有准确地说是实存的存在方式"②。这就意味着基于《存在与虚无》中本体论的伦理学是可能的。尽管激情是无用的,但是人需要激情,因为我们只有通过将自身给予他者才能创造自身。对于萨特而言, 人或者干脆说意

① Thomas C. Anderson, "Is a Sartrean Ethics Possible?", *Philosophy Today*, Vol.14, No.2, 1970, pp.116–140.

② Simone De Beauvoir, *The Ethics of Ambiguity*, Bernard Frechtman, trans., Carol Publishing, 1948, pp.12–13.

识,被认为是存在的欠缺。人无法成为上帝,但是人依然处在追求价值的途中,人不全是他自己,他和他自己之间存有距离,我们需要激情,需要谋划尚未达成但渴望实现的理想蓝图。波伏娃进一步指出,就给予个体绝对的价值而言,存在主义的伦理学是个人主义的。但该伦理学绝不是唯我论,该种伦理学承认他者,只有通过他者的自由才能实现自身的自由。相应地,波伏娃的分析回应了沃诺克等批评家对萨特的伦理学思想有无可能性的争议。另一方面,波伏娃指出,把历史看作理性整体和把宇宙看作理性整体同样没有必要。用萨特的话说,人、人类、宇宙和历史都是"去总体性的总体性"(detotalized totality),也就是说,分离并不排斥关系,反之亦然。①波伏娃的这一论述可以直接回应麦金泰尔对萨特伦理学思想的批评,因为萨特根本不认为历史或者说宇宙是理性的整体。

　　一些批评家误读了萨特哲学尤其是《存在与虚无》中的观点与立场,导致他们并没有充足的文本证据来证实其反驳。我们发现萨特的本体论中不存在不可逾越的障碍,从而使得无法从任何社会维度构建或理解他的伦理学。萨特具有伦理学思想,只不过他的伦理学并非传统意义上的伦理学,而是具体处境中的伦理学,是存在主义的伦理学。萨特认识到道德伦理所带来的问题并提供了解决这些问题的方法。由此,我们可以断言,萨特的存在主义伦理学有其真正的可能性。

---

① Simone De Beauvoir, *The Ethics of Ambiguity*, Bernard Frechtman, trans, Carol Publishing, 1948, pp.12–13.

第三章　萨特本体论的伦理学意蕴

在萨特那里，本体论与道德性相关联之所以成为可能是因为人能够自由地谋划，人是自由的，可以不断地超越自己。自由是处境中的自由，我们在自由选择的过程中要为自己的选择负责任。自由是人的本真存在的属性，本真之人会承认主体的自由。尽管萨特在《道德笔记》中将自由视为人的首要价值，但是我们在面对自由或者说面向信仰的时候，存有"自欺与真诚"两种态度，这是不可否认的。主体在前反思状态下会意愿成为上帝，从而对自身撒谎，隐藏自身的自由谋划，因此主体是自欺的。自欺是一种我们无法逃避的本体论状态。然而，从伦理学层面来看，自欺之人否认自由的挑战，自欺的态度不仅影响自身的谋划，也影响自身与他者的关系，这就需要通过分析自身与他者的关系来区分自欺与真诚。因此，就伦理学层面而言，我们需要克服自欺，走向真诚，成为本真之人。谈到本真必然涉及主体与他者的关系，萨特在《存在与虚无》中指出，我们与他者之间的主要关系是"冲突"。那么，在什么意义上，人与人之间可以进行合作？这是萨特的伦理学要解决的问题。他在《存在与虚无》中探讨本体论时，直接相关联伦理学的章节似乎只有"道德的前景"。萨特在"存在的精神分析法"这一节中已经涉及伦理学问题。如果说在"道德的前景"中,萨特所言的未来伦理学目标是可能的,而且这个未来的伦理学目标直接反映在《道德笔记》中,那么"存在的精神分析法"(Existential Psychoanalysis)则是实现本体论向伦理学过渡的现象学方法。

本章首先讨论萨特如何阐释"自由"这一概念和相应的伦理学旨趣,其次解释"自欺与真诚"这两种态度会对主体进行伦理选择产生什么影响,再次对"与他者的关系",主要就《存在与虚无》中的"冲突"关系,以及伦理学中可能的合作关系展开讨论,最后探究萨特在"道德的前景"以及"存在的精神分析法"中包含的伦理学意蕴。

第一节 人的基本谋划——自由

萨特在《存在主义是一种人道主义》这篇演讲中提出"存在先于本质"(existence precedes essence)这一论断。这就意味着与物的"本质先于存在"(essence precedes existence)不同,对于人而言,我们首先在世界中实存,然后通过自由选择的行动定义自身的本质,而非相反。存在主义的核心是自由,即人在选择自身的行动时是绝对自由的。"行动的首要条件便是自由。"[①]行动与简单的运动不同,因为行动是意向性的,具有意向的行为暗示着欠缺的东西,欠缺即否定,该否定是作为自为存在的意识的产物。意识是行动的最终动机,意识在行动中是自由的。例如,一个笨手笨脚的咖啡馆侍者不小心将咖啡洒在顾客的身上,这不意味着他采取了行动,而仅仅说明他在运动。而当一个前线的战士受命引燃炸弹时,他就是在行动。

在批评决定论者和冷漠自由的支持者理论的基础上,萨特阐明了自身

---

① [法]让-保罗·萨特:《存在与虚无》,陈宣良等译,生活·读书·新知三联书店,2015年,第527页。

的自由是行动的首要条件的理论。在萨特看来,决定论者一味地寻求指明动机与动力,冷漠自由的支持者则寻找没有任何动机的决定情况;前者忽视了将来,后者又遗忘了过去。"事实上,从人们将这种否定世界和意识本身的权力赋予意识时起,从虚无化全面参与一个目的的位置的设立时起,就必须承认一切行动的必要和基本的条件就是行动着的存在的自由。"①自由才是行动的首要条件,是自由使得意识从它意识到的满溢的世界中挣扎出来,同时又从自身的过去中摆脱出来。②人没有原初的本质,自由选择可以改变过去,人就是自己自由选择造就的样子。萨特指出:"一个人不多不少就是他的一系列行径;他是构成这些行径的总和、组织和一套关系。"③

　　人不同于物的地方就在于人除了具有某些特性之外,还有其他自由谋划的可能性。在萨特看来,自由与谋划不可分。"基本谋划指人们在面对并作为其基本自我选择的结果而采取的一系列行动。基本谋划的持久目标是肯定或否定基本选择。作为欠缺存在之人,他必须选择一些特定谋划或其他谋划,通过这些谋划来克服他所欠缺的存在。个体的基本谋划是他的人生历程,是他为克服自己的基本选择所界定的自身欠缺而做出的不懈努力。"④萨特将自为视为一种谋划。"对自由的谋划是基本的,因为它就是我的存在。无论是野心、被爱的激情还是自卑情结都不能被看成是基本的谋划。相反,它们是从原始的谋划出发被理解的,这原始谋划肯定自己不再能从任何别的谋划出发被解释,并且是完整的。"⑤基本谋划(fundamental project)是将人的一生

---

①　[法]让-保罗·萨特:《存在与虚无》,陈宣良等译,生活·读书·新知三联书店,2015 年,第 530~531 页。

②　杜小真:《存在和自由的重负》,山东人民出版社,2002 年,第 253 页。

③　[法]让-保罗·萨特:《存在主义是一种人道主义》,周煦良、汤永宽译,上海译文出版社,2017 年,第 21 页。

④　Gary Cox, *The Sartre Dictionary*, Continuum International Publishing Group, 2008, p.89.

⑤　[法]让-保罗·萨特:《存在与虚无》,陈宣良等译,生活·读书·新知三联书店,2015 年,第 582 页。

视为不断发展的面向未来的过程。我们知道,自为存在是对存在的否定。自由是对自在存在的否定。自由与世界的关系通过谋划得以表达。"我所是的那个基本谋划是一个与我和世界的这样或那样的特殊对象的关系无关的谋划,而是我整个的在世的存在,我们还能说——因为世界本身只由一个目的照亮才被揭示出来——这个谋划将以与自为想保持的那个存在的某种类型的关系作为目的提出来。"①以萨特《圣热内:戏子与殉道者》中的小偷热内为例。其实,热内的选择才是自由的、本真的,因为他的基本谋划接受社会对他的看法,并揭示社会的恶。

"人们必然是自由的,或者正如萨特所言,人们'命定是自由的'。自为永远不能放弃其自由。"②自由相关联于自为。自为在本体论的层面不得不去选择,而选择就意味着自为不得不是自由的。人在使自己或者他者虚无化的时候,人自己在他自己的存在之中是自由,正是这个自由是虚无的深层次基础。而且这个自由不是人的本质的自由,因为自由先于本质。那么,自由又是怎么被发现的?萨特认为"正是在焦虑中人获得了对他的自由的意识,如果人们愿意的话,还可以说焦虑是自由这存在着的意识的存在方式,正是在焦虑中自由在其存在里对自身提出问题"③。个体的自由并非"自由跌落"或者义务的欠缺,自由的选择必须意味着承担持续的责任,个体通过自由选择的行动来应对其所处的具体处境。

对于萨特而言,我的选择是一种自由,我选择了一种处境,处境是我的处境。他写道:"处境之所以是我的处境,也是因为它是我对我自己的自由选择的形象,而它向我表现的一切在这一切也是表现我并使我成为象征的意

---

① [法]让-保罗·萨特:《存在与虚无》,陈宣良等译,生活·读书·新知三联书店,2015年,第582~583页。

② Gary Cox,*The Sartre Dictionary*,Continuum International Publishing Group,2008,p.85.

③ [法]让-保罗·萨特:《存在与虚无》,陈宣良等译,生活·读书·新知三联书店,2015年,第58页。

义上讲是我的。难道不是我来决定事物的敌对系数，甚至在决定我自己的同时决定它们的不可预见性吗？……无论如何，这是关系到选择的问题。这种选择以一种一直延续到战争结束的方式在不断地反复进行，因此应该承认若尔·罗曼的话：'在战争中，没有无辜的牺牲者'。因此，如果我宁要战争而不要死和耻辱，一切就都说明我对这场战争是负有完全责任的。"①处境是人类自由选择的处境。"是懦夫把自己变成懦夫，是英雄把自己变成英雄；而且这种可能性是永远存在的，即懦夫可以振作起来，不再成为懦夫。"②人们在世界之中总是拒绝一些事物，这些拒绝构成了人的本质。

我的自由是处境中的自由，自由的选择意味着承担处境的责任。然而，人在自由的选择面前会感到焦虑，这也是人们逃避自由的原因。萨特的自由不是肆无忌惮的自由。人一旦进行了自由选择的行动，就要承担行动的结果，不应有任何推诿与懈怠。因为人的行动与世界关联在一起，人在为自己选择的时候，其实也是在为他者选择。存在主义哲学是一种"介入"（commitment）的哲学，生活在现实世界中的我们不是孤立的，而总是处于某种与他者关联的具体处境中。在萨特看来，人在任何情况下都不只为自己负责，也因为自己的选择为整个人类负责。

萨特认为自由是人的本真存在的属性，是本质的一部分，或者说人刚一出生，就有了自由，这个自由与人捆绑在一起。这样来看的话人只有一种不自由，那就是出生的不自由。"人是自由的，人就是自由。"③但是自由也在绕圈子，即是从本真的自由到不自由又到自由。一方面，自由的本性使得自欺得以存在，自由对于处在反思意识之中的人，就是苦恼。正是自由对苦恼和

---

① ［法］让-保罗·萨特：《存在与虚无》，陈宣良等译，生活·读书·新知三联书店，2015 年，第 672~673 页。

② ［法］让-保罗·萨特：《存在主义是一种人道主义》，周煦良、汤永宽译，上海译文出版社，2017 年，第 23 页。

③ ［法］让-保罗·萨特：《萨特哲学论文集》，潘培庆等译，安徽文艺出版社，1998 年，第 117 页。

焦虑的这种体验,才会产生出自欺,当然只是自欺的条件之一,但却是最根本的条件,没有这个条件自欺的产生就会出现问题,自欺就不能称之为自欺。自欺实际上是一种不自由。另一方面,自由的本性又使得人进入到真正的自由状态。于是我们看到,自由一方面产生了自由,一方面恰恰又产生了它的对立面,即不自由。这不是一个大大的矛盾吗? 在自欺的领域下,如何从不自由走向自由这个问题自然兜不住,但是却恰恰让我们思考:建构自由是不是在消解自由?

　　萨特关于自由的讨论经历了一个变化的过程,他越来越注意到具体处境对于主体自由选择的重要性。美国学者大卫·德特默(David Detmer)在《作为一种价值的自由: 对萨特的伦理学理论的批判》(*Freedom as a Value:A critique of the Ethical Theory of Jean-Paul Sartre*) 一书中区分了萨特关于自由的两个主要概念,即本体论的自由(ontological freedom)与实践的自由(practical freedom)。[1]本体论的自由是抽象的自由,指人在任何情况下,都可以选择的心理态度;实践的自由是具体的自由,指满足主体的基本需求的能力(例如,吃穿住行的生理需求)。当然,二者之间也有关联,本体论的自由是实践的自由的基础,而实践的自由只有在本体论的自由的背景下才可能存在。[2]

　　本体论的自由与实践的自由的区分对于理解萨特的伦理学是不可或缺的。二战后,萨特逐渐意识到本体论的自由将导致伦理主观主义。因此,如果说《存在与虚无》中的自由还是本体论上的绝对自由的话,那么《道德笔记》中的自由已经逐渐靠向具体处境中的自由。这也正是安德森批评《存在与虚

---

　　[1]　David Detmer, *Freedom as a Value:A Critique of the Ethical Theory of Jean-Paul Sartre*, Open Court Publishing Company, 1988, p.60.

　　[2]　David Detmer, *Freedom as a Value:A Critique of the Ethical Theory of Jean-Paul Sartre*, Open Court Publishing Company, 1988, p.66.

无》中的自由理论的原因所在，"鉴于萨特坚持绝对与完全的人的自由，萨特又一次完全忽略了事实性、物体的存在以及他者在创造一个人的处境与自己的存在中所扮演的角色"①。萨特在《道德笔记》中抛弃了这种绝对自由，因为他发现在主体从前反思的自欺通达本真的过程中，绝对自由的伦理学不可能实现。萨特在《辩证理性批判》中逐渐在激进的意识自由与对自由的限制之间设定了张力。《辩证理性批判》尽管保存了《存在与虚无》中关于自由的存在主义观点，但却更加强调人的存在的处境，即存在的社会以及环境特征。概言之，从《存在与虚无》到《道德笔记》再到《辩证理性批判》，萨特逐渐意识到了实践自由对改变世界的作用。

第二节　面向信仰的两种态度——自欺与真诚

对于萨特而言，人是自由的，人有能力否认自身的自由。人逃避自由与焦虑的企图是其前反思的自由谋划，从而自欺成为可能。《西方哲学英汉对照辞典》对"自欺"的释义是，"（法文是mauvaise foi，意指一种自我欺骗；对萨特而言，它不仅意味着对自己撒谎，而且是对自己的自由的撒谎。）一个处于自欺状态的人对于他或她自己采取一种否定的态度。萨特在《存在与虚无》中突出了这个生存论的现象，并在他的文学作品中表现出其含义；但他的有关讨论是含糊的，可以导致相互抵触的解释。"②英国卡迪夫大学（Cardiff University）的乔纳森·韦伯（Jonathan Webber）认为，"想象的态度是萨特对自欺讨论的一个中心特征，他使用不同的策略欺骗自己使自己相信他就是他想要去

---

① Thomas C. Anderson, *Sartre's Two Ethics: From Authenticity to Integral Humanity*, Open Court Publishing Company, 1993, p.85.

② ［英］尼古拉斯·布宁、余纪元：《西方哲学英汉对照辞典》，人民出版社，2001年，第102页。

相信的那个样子"①。近来,许多文章也都指出了萨特关于自欺的含义,"人把自己完全等同于一个既定的事实或者社会角色而否定其自为存在"②。萨特在《自我的超越性》中指出,人不仅能使否定在世界上表现出来,也能把否定态度针对于自己。"我是一个存在者。这个存在者的存在类型是具体的,无疑'我'的存在类型与数学、意义或时-空的存在类型迥然相异,但这种存在类型却是真实的。它表现为超越物。"③这个否定借助于意识,是意识的否定。简言之,人在世界的一端可以表现为说谎,在自我的这端可以表现为自欺。

萨特认为,人的意识不限于面对一个否定性,因为人总在一定处境中,总是有所行动,因此面对多个否定性时,人的意识也是在行动中的否定性,是在世界之中的否定性。处境是人类自由选择的处境。人们在世界中总是拒绝一些事物,这些拒绝便构成了人的本质。在否定中引向自身内部即自我否定是自欺,而不是外在虚无与否定。简言之,对于萨特而言,意识欺骗自身的尝试即是自欺。自欺之所以成为可能,是因为意识本身的"是其所不是,不是其所是"的特殊结构。自欺与说谎不同,自欺虽然从外表看似乎具有说谎的结构,但自欺明显不是说谎。谎言需要欺骗者和被欺骗者的二元性,但自我似乎是一个单独统一的存在。主体在进行自欺时,说谎者与被欺骗者的区别不见了,自欺是去欺骗知道真相的自己。自欺者通过自我欺骗,换来内心的宁静,坦然面对眼前的一切。因此,自欺与自由相关联。

自欺者利用本质和意义之间的区别来维持自己的自欺局面。例如,萨特在《存在与虚无》中提到一个事例,"第一次答应和某位男士约会的女子"④。她知道该男子想要占有她,而且对她有性冲动。她当然知道她需要做出决

---

① Jean-Paul Sartre, *The Imaginary—A Phenomenological Psychology of the Imagination*, Jonathan Webber, trans., Routledge, London and Routledge, 2010, p.xxvi.

② 汪帮琼:《萨特本体论思想研究》,复旦大学博士论文,2004 年,第 45 页。

③ [法]让-保罗·萨特:《自我的超越性》,杜小真译,商务印书馆,2001 年,第 15 页。

④ [法]让-保罗·萨特:《存在与虚无》,陈宣良等译,生活·读书·新知三联书店,2015 年,第 87 页。

定,即是否答应该男子的同床的要求。对于旁观者而言,这一认识是清晰明白,简单直接的。然而,她的欲望似乎却不以为然,她现在完全不知道她想要什么。在萨特看来,该名女子是自欺的。她将男子伸出的双手和对他的甜言蜜语理解为仅此而已,只是男子对她单纯的赞美和欣赏。这位女子凭借将她的注意力固定在该男子对他所做的自在存在上,不去追究男子背后的危险信号,而选择忽视该行为的自为存在,即该行为的意义来维持自欺。自欺者通过人的存在的双重结构:事实性与超越性,巧妙地既肯定了二者的区别又实现了它们的统一。

与自欺相反,真诚(good faith)的本质结构如下:是其所是,不是其所不是。真诚在某种程度上像表象一样成为主体的附属物,自我给对象带去了虚无。"由于意识是空空如也,所以,这种绝对的无人称的主观性只有面对着一个被揭示的东西才能确立。"[1]萨特表述的真诚里隐藏着一种虚无,这是乌有带来的否定,或者毋宁说在真诚中有一个裂缝和缺口,而且这个裂缝和缺口正是留给虚无的,在真诚中隐藏了向着虚无的一种力的运动趋势。为什么会出现这种情况?因为人的原始结构是不是其所是,这个原始结构向着是其所是的过渡是艰难的。因此,真正的真诚实则是一种困难。"既然这真诚同时作为不可能来向我们显现,那么我们怎么能指责他人不真诚而又为我们的真诚而高兴呢?……对我来说,在考察自己时,关键在于严格决定我是什么,以便使我直截了当地成为存在——即使我随后还要寻找能使我变化的途径。"[2]于是真诚其实也就是自欺的现象,只不过这是一种独特的自欺行为。人从真诚中很难发现完全的、纯粹的、真实的且和真诚合二为一的东西,人使得真正的真诚撕裂了。

萨特关于真诚与自欺的区别中,有一个关键性的转变:人可以由于真

---

① 杜小真:《一个绝望者的希望——萨特引论》,上海人民出版社,1988年,第65页。
② [法]让-保罗·萨特:《存在与虚无》,陈宣良等译,生活·读书·新知三联书店,2015年,第102页。

诚的东西而转变为自欺的。这里更深层次地体现了人的本质,体现了意识从乌有那里带来的虚无的力量,这个力量深深地扣住了人的自我的存在。从另一个方面说,真诚也不同于自欺。例如,界定在过去境遇中的真诚,人真诚地承认过去的事实或者事物,这种真诚把过去的东西已经当成了自在的存在,所以不会再有虚无和否定。但是这种意义上的真诚被萨特摒弃了,他认为真正的真诚只是现实内在性结构中的真诚。实际上,从真诚到自欺的中间有一个跨越,这个跨越的可能性并不是分离的可能性,不是孤立的真诚是真诚,自欺是自欺,然后在第三者的作用下一下子从真诚成为自欺,毋宁说在真诚中已经涵盖了自欺的结构或者说萌芽和趋势,其中有和自欺同质的东西存在。只有这样,从真诚到自欺的过渡才是可能的,才不是断裂而是连续的,甚至可以说,真诚就是自欺。萨特说道:"人的实在在他的最直接的存在中,在反思前的我思的内在结构中,是其所不是又不是其所是。"①

　　问题在于萨特认为自欺与相信是融合在一个行为中的。是其所是与不是其所是结合成了一个矛盾体,并且在一个行为中。某人一边否定一个东西进而进行自欺,一边又在这种自欺中肯定自欺,让相信来维持自欺,这与意识的本性相符合吗? 这难道不是一种矛盾吗? 在自欺的本性,或者最根本的意识的虚无中,并没有是其所是,只有是其所不是,因此这个自欺的是其所不是的是其所是是从何而来的? 是虚无吗? 但意识本身就是虚无,因此这种虚无显然不是意识带来的那个虚无。在自欺中的这种相信使得自欺理论出现问题。虽然在行为的最后可以通过"恶心"感,即通过一些特殊的情绪来唤醒和摆脱这种自欺状态,但自欺中的这个是其所是的来源仍然是值得商榷的。最关键的是,一个行为对自我自欺和对别人真诚,这是通过哪一种善与恶去判定的? 有什么标准? 萨特也并没有给出明确答案。

---

① ［法］让-保罗·萨特:《存在与虚无》,陈宣良等译,生活·读书·新知三联书店,2015 年,第 106 页。

抛开暂时的问题不谈,可以肯定的是,萨特的自欺理论对于人关于自身存在的思考,尤其是其自身自由的思考,仍然有较大启发。如果将萨特的哲学本体论和伦理学联系起来的话,自欺理论不过是自由视域下的自欺,是从本体论通向伦理学的中介,是对自我处境的反思。上面都是从本体论视角来分析自欺与真诚的。那么,从伦理学上看,自欺是怎样的? 自欺与真诚或本真的关系是怎样的? 本真与自欺是相反的,本真是对自欺的克服。

显然,真诚是不可能的,萨特用一种悲伤的笔调结束了《存在与虚无》中关于自欺这一章节的讨论,而这似乎又注定了他所描绘的伦理学是消极的。但最后的问题是,如果真诚是不可能的,那么自欺有其他替代品吗? 或者说,伦理有可能吗? 萨特认为有,这种替代品就是他所言的"本真性"的态度。我们需要从萨特的《道德笔记》和他之后的著作中寻找答案。萨特在《道德笔记》中指出,从伦理学意义上说,自欺是我们要规避的,我们需要逃离自欺走向本真。"一种新的做自己且成为自己的'本真'方式超越了真诚与自欺的辩证法。"①当主体意识到他不具有本质的实存时,本真就是可能的。拥有本真态度的人,会将自由视为主体实存的惟一价值。

第三节 与他者的关系——冲突

作为主体的我们都是自由的,这就有可能导致主体之间的关系是冲突的。要么我将他者对象化,要么他者将我对象化,这就意味着,人与人之间可以有各种关系,除了主体对主体的关系之外。在分析萨特他者理论的同时,我们不得不谈及对萨特他者理论甚至其哲学产生重要影响的海德格尔的他

---

① Jean-Paul Sartre, *Notebooks for an Ethics*, David Pellauer, trans., The University of Chicago Press, 1992, p.474.

者理论。毋庸置疑,海德格尔关于"共在"(Mitsein)的理论对萨特产生了较大影响。在《存在与虚无》的"与他者的具体关系"一章中,萨特使用了较多笔墨对海德格尔的共在理论进行了批判性分析。

海德格尔在《存在与时间》中追问了"存在"(Sein)问题。他认为,研究存在问题必须从一种特殊的存在者入手,该存在者需要对存在有一种先天的领会,即"此在"(Dasein)。海德格尔希望通过"此在在此"(In-der-Welt-sein)的展开通达存在。在此的展开过程中,此在总是将自身的存在寄托给"常人"(das Man),而陷入沉沦(verfallen)。常人是指一般人而非特殊的个体,是指一切人而非单独的个体。"每个人都是他人,而没有一个人是他人本身。这个常人,就是日常此在是谁这一问题的答案。这个常人就是无此人,而一切此在在共处中又总已经听任这个无此人摆布了。"①对于海德格尔而言,"此在的沉沦"是共在的一种非本真状态,此在由"能在"变成日常之在。作为现身情态的"畏"(Angst)将此在从沉沦中强行拉出,从而使得此在从非本真状态转变为本真状态。

萨特批判了康德和胡塞尔的先验自我的做法,并在意识中取消了自我,他进一步发挥了海德格尔此在的能在概念,从而极大地丰富了人的可能性,至少是意识的可能性。与胡塞尔不同,萨特并未设定先验自我。在萨特那里,我与他者的关系是冲突中的共在。我与他者的交互主体性体现为,在前反思领域我与他者就是不同的, 只不过这种不同没有一个出发点而已, 也就是说,在前反思领域就存在着我与他者的不同,即冲突。而在反思领域,他者对我的注视,将我的世界去中心化,当然我并不会满足于这种去中心化,所以我下决心超越他者的超越,即我通过注视他者将他者的世界也去中心化,从而将他者视为客体。他者就是与我不同的另一个我, 这种内在否定意味着

---

① ［德］马丁·海德格尔:《存在与时间》,陈嘉映、王庆节译,生活·读书·新知三联书店,2017 年,第 149 页。

"在相互否定中构成的两项的综合能动的联系,因此,这种关系将是交互的和双重内在的"①。这充分说明萨特并不赞成胡塞尔的交互主体性理论,即胡塞尔式的"共现"(Appräsentation)理论。在萨特那里,从本体论上来看,在前反思层次上,我与他者是未分化的、统一的,但他者与自我不同,他者具有他异性(otherness)。而在反思层次上,我与他者在注视中构建出来,从而发生冲突。他者是与我一样的非我的存在,我与他者是存在与存在的关系,我们互为主体性。

萨特称赞海德格尔将人与人之间的关系看成是一种存在论关系,然而他并不赞成海德格尔将我与他者之间的合作视为基础的,我与他者处于先验的共在关系中的论断。相反,萨特认为,我与他者之间不存在先验的共在关系,本体论上的主体不是"我们",而是"你"与"我"。主体之间的合作并非先验的合作关系,合作只有通过主体或群体的共同努力才能实现。

萨特提出"他者"问题是为了回答《自我的超越性》中遗留的一个问题,即自我如何通过反思活动构建自身? 在萨特看来,自我最终是不可知的,而且是抓不住的。自我不可知,因为它是作为对象呈现出来的。认识自我唯一的办法就是观察或者体验等,但自我并不是完全纯粹的超越性的对象,还具有某种内在性,它比纯粹的超越性的对象要复杂。因此萨特说,所谓对自己的清楚的认识,不过是虚假的东西,是以他者的眼光看待自我的结果。②从根本上说,"'自我'是逃逸的"③。萨特似乎已经向我们表明,只有通过他者的注视才能使得自我在反思的活动中显现出来。

在萨特哲学中,他者扮演着一个不可或缺的角色。他从我思与反思两个

① [法]让-保罗·萨特:《存在与虚无》,陈宣良等译,生活·读书·新知三联书店,2015年,第318~319页。
② [法]让-保罗·萨特:《自我的超越性》,杜小真译,商务印书馆,2001年,第35页。
③ [法]让-保罗·萨特:《自我的超越性》,杜小真译,商务印书馆,2001年,第36页。

向度阐释他者问题。一是从我思上说,他者与我一样都作为自为存在与世界发生关系;二是在反思层面上,注视使得我与他者之间发生关系。他者的注视使得我的为他的存在显现,即他者将我异化、客体化。"通过他人的注视,我体验到自己是没于世界而被凝固的,是在危险之中、是无法挽回的。"①他者不同于物,他者与自我一样,具有反思的能力。在他者的注视下,"他人应该作为主体直接给予我,尽管这主体是在与我的联系中;这关系就是基本关系,就是我的为他之在的真正类型"②。

偷窥狂的例子是萨特关于注视的一个非常著名的例子。"让我们想像我出于嫉妒、好奇心、怪癖而无意中把耳朵贴在门上,通过锁孔向里窥视。"③此时的自我是自己造就的透过门孔向着里面观看的偷窥狂。此时的世界也是由自我以及门里面的人与物构建起来的。自我赋予周围处境以意义。但是,这种宁静的氛围突然被打破。"然而,现在我听到了走廊里的脚步声:有人注视我。这意味着什么? 这就是我在我的存在中突然被触及了,一些本质的变化在我的结构中显现——我能通过反思的我思从观念上把握和确定的变化。"④他者的注视使得我意识到了自身的为他的存在,即实现了自身的"事实性"(facticity)。我感到了羞耻,我被他者客体化为一个偷窥狂。在这一羞耻的意识中,我并非将自身视为自为存在或自在存在,而是视为为他的存在。

进一步讲,他者的注视异化了我的世界,世界成为为他的世界,我只是他者的世界中的一个微不足道的客体而已。因此,萨特指出,人与人之间的原初关系就是冲突。这也正是萨特在戏剧《禁闭》中声称"他者就是地狱"⑤的原因所在。甚至,他者不在场,我仅仅通过听到他者的"脚步声",也能够使自

① [法]让-保罗·萨特:《存在与虚无》,陈宣良等译,生活·读书·新知三联书店,2015年,第337页。
② [法]让-保罗·萨特:《存在与虚无》,陈宣良等译,生活·读书·新知三联书店,2015年,第320页。
③ [法]让-保罗·萨特:《存在与虚无》,陈宣良等译,生活·读书·新知三联书店,2015年,第326页。
④ [法]让-保罗·萨特:《存在与虚无》,陈宣良等译,生活·读书·新知三联书店,2015年,第327页。
⑤ Jean-Paul Sartre, *No Exit and Other Play*, Lionel Abel, trans., Vintage Books, 1976, p.47.

我产生异化。自我也可以通过注视将他者异化为客体。

萨特在《存在与虚无》中也谈及了"共在"，只是他的"共在"绝不是海德格尔意义上的那种先验的"共在"。我与他者之间的"共在"，即成为"我们"，是有条件的。"这个'我们'是在一些特殊情况中，在一般的为他存在的基础上产生的某种特殊经验。为他的存在先于并奠定与别人的共在(l'être-avec-l'autre)。"①可以看出，萨特将"为他的存在"置于"共在"的关系之上，否认了"共在"的先验性。然而，即使萨特承认"我们"的可能性，也无法抹去他强调主体间的冲突关系，即便浪漫的爱情也可能成为非本真之爱，也就是说，当爱发展到极端时，表现为要么成为受虐色情狂(masochistic)，要么成为性虐待狂(sadistic)。

既然如此，主体间的道德有可能吗？谈论伦理价值是否仍然有意义？答案显然是肯定的。学者们之所以质疑萨特的道德可能性，是因为他在《存在与虚无》中过多强调了注视带来的人与人之间的冲突，而忽视了另一个主体对我的注视不仅具有敌对的注视，而且还有慷慨的注视，萨特将后者忽略了。②"慷慨的注视"(generous look)是萨特要在救赎的伦理学著作中谈论的。"慷慨的伦理学"意味着主体间的合作是可能的，并且主体间的道德也是可能的。萨特在《道德笔记》中指出，主体通过纯粹反思实现了从非本真到本真的转变，该转变使得主体间的相互承认成为可能，使得"本真之爱"(authentic love)成为可能。关于这一点，波伏娃与萨特的观点是一致的，她在《暧昧的道德》中指出："真正地爱他，就是爱他的他性，爱他让其逃脱的自由。然后，爱就会放弃所有的占有，放弃所有的混乱。人们放弃存在，以便存有他所不是的存在。此外，这种慷慨不能代表任何对象而得到行使。人们不能在其独立

---

① [法]让-保罗·萨特:《存在与虚无》，陈宣良等译，生活·读书·新知三联书店，2015年，第506页。

② Thomas C. Anderson, *Sartre's Two Ethics: From Authenticity to Integral Humanity*, Open Court Publishing Company, 1993, p.35.

与其分离中爱纯粹的东西,因为事物没有积极的独立性。如果一个人更喜欢他所发现的土地,而不是占有这片土地;更喜欢一幅绘画或一尊雕像,而不是占有它们的物质存在,那么,在他看来,只要它们向他显现,它们也可以向其他人开放。"①

第四节　"存在的精神分析法"与"道德的前景"

　　萨特以"存在的精神分析法"为出路解决问题,从而很好地展示出从本体论到伦理学的转变。他指出:"存在精神分析法是现象学的方法,这种方法其实用于本体论到伦理学的转化,具有道德描述的特点,保证这种转变的实现。"②他"不仅应该编制行为的、意向的和爱好的清单,还应该辨认它们,就是说应该懂得对它们提出疑问。这种调查只能根据特殊的方法来进行"③。这种特殊的方法就是"存在的精神分析法"。存在的精神分析法的原则是,人是整体而非集合,人的任何一种爱好、习惯和活动都是具有揭示性的。存在的精神分析法的目的是辨认人的经验行为,即弄清楚并且用概念确定任何一个行为包含的启示。而且是要了解被揭示的自由选择,这实际上表现了萨特的现象学描述的特点。④存在的精神分析法的出发点是经验,经验的支点是人对自我拥有前本体论的和基本的理解。特定个体的任何一个基本谋划的行动都是可以理解和把握的。存在的精神分析法的方法是比较,"任何人的行为都按它的方式象征着应该公布于众的基本选择,还因为,任何人的行为

　　①　Simone De Beauvoir,*The Ethics of Ambiguity*,Bernard Frechtman,trans.,Carol Publishing,1948,p.67.

　　②　杜小真:《存在和自由的重负》,山东人民出版社,2002 年,第 302 页。

　　③　[法]让-保罗·萨特:《存在与虚无》,陈宣良等译,生活·读书·新知三联书店,2015 年,第 689 页。

　　④　杜小真:《存在和自由的重负》,山东人民出版社,2002 年,第 302 页。

都把这种选择掩盖在他的偶然个性和历史机遇之下，正是通过比较这些行为，我们使它们以不同的方式表达出来的唯一启示突现出来"①。

萨特存在的精神分析法受到弗洛伊德精神分析法的影响，然而他对弗洛伊德又有所批评。两种分析法既有相同之处又有所不同。相同点表现为五个方面：第一，它们都将"心理生活"可观察到的客观表露看作构成个人总体结构的象征化。第二，它们都认为没有原初的材料，例如遗传的个性。第三，它们都认为人的存在是永恒的历史化，并努力观察这种历史化的意义、方向、显现等。第四，它们都坚持不可能用简单的逻辑定义解释处境中的基本态度。第五，它们都认为主体不应该处在支配对他本身的调查的优越位置，它们需要一种客观的方法，该方法将反思的材料看成是他者的见证同样的证明。

二者的不同之处在于：第一，"就经验的精神分析法规定了它的不可还原的东西而不让这东西本身在直观中显示出来而言，它们是不同的……相反，作为存在的精神分析法的起始点的选择，恰恰因为它是选择，说明了它的原始偶然性，因为选择的偶然性是它的自由的背面。"②与经验的精神分析法不同，存在的精神分析法运用现象学的方法，所以它不允许固定本质的东西出现，事物的显现具有偶然性，它是我们意向选择的结果，而非其他。第二，"存在的调查的最后一项应该是一个选择，这一事实还明确地区别了我们勾勒了其方法和主要原则轮廓的精神分析法；它正是因此不再想在被考察的主体之上假设一个中心的机械行动。这中心只有严格地就它理解了主体、就是说在处境中改造了主体而言才能作用于主体"③。经验的精神分析法

---

① ［法］让-保罗·萨特：《存在与虚无》，陈宣良等译，生活·读书·新知三联书店，2015年，第689~690页。
② ［法］让-保罗·萨特：《存在与虚无》，陈宣良等译，生活·读书·新知三联书店，2015年，第692~693页。
③ ［法］让-保罗·萨特：《存在与虚无》，陈宣良等译，生活·读书·新知三联书店，2015年，第693~694页。

在考察主体之上假设一个机械的中心。相反,存在的精神分析法则认为没有一个机械的中心,我们的存在是由每一个选择构建起来的。经验的精神分析法会设定经验法则,而对于存在的精神分析法而言,任何方法都是个别的、即时地运用的,无法事先规定且不能预料。第三,萨特反对经验的精神分析法,认为该分析法是心理学意义上的。弗洛伊德用潜意识说明人的一切行为,他认为在人的自我之下有一个巨大的潜意识,即在自我状态下有一个更加巨大的自我,这个更巨大的自我是人的意识无法窥探的,它统治着人的所有意识行为。经验的精神分析法更多的是基于经验事实的分析,例如,将做梦与回忆对比,因此该方法完全是科学意义上的,实验意义上的,是不需要加以怀疑的。经验的精神分析法与现象学意义上的存在的精神分析法不同。存在的精神分析法,"调查的目的应该是发现一种选择,而非一种状态,这种调查在所有机遇下都应该记得它的对象不是被埋在潜意识的黑暗中的材料,而是一种自由的和有意识的决定——他甚至不是意识的寓客,而是与这种意识本身合二为一"①。对于萨特而言,意识是半透明的,自我是由意识活动构建起来的,自我最终的状态是无我的状态。

在萨特那里,前反思的意识为自我奠基,存在本身是一个无我的状态,而本质是有一个自我的状态。存在的精神分析法运用的是现象学方法,现象学永远不会以一种固定的姿态去判定某种东西,现象学不会分析这个东西,判定某种东西的固定姿态是科学分析的,现象学只分析事物如何向我们的意识显现。萨特用存在的精神分析法攻击经验的精神分析法是有道理的。因为,经验的精神分析可能会得到有意识的东西和潜意识的东西突然重合的模糊形象,但是它却没有手段确定地设想这种重合的手段。也就是说,不能获得对其所是的东西的意识,不能获得对那个东西的认识。相较于经验的精

---

① 　[法]让-保罗·萨特:《存在与虚无》,陈宣良等译,生活·读书·新知三联书店,2015年,第694页。

神分析,存在的精神分析法能够要求作为决定的这个形象的直观。①对萨特来说,存在的精神分析法本质上试图把握世界上某个特定个体的基本谋划。存在的精神分析法通过对主体的客观分析获得认识,该认识可以被主体用来澄清他自己对自身的反思。这与萨特早期的观点相反,他在早期认为,他者关于我作为客体的认识以及我对这一认识的理解,不可能与我作为主体的自身意识相容。②

尽管存在主义的精神分析法告知个体是如何自由的,以及如何成为所有价值的来源。然而,本体论和存在主义的精神分析法不能给出任何具体的道德规范。因此,萨特在《存在与虚无》的结尾处,写下了标题为“道德的前景”的章节。萨特在此表明了他未来的伦理学计划,他指出本体论本身不能形成伦理学规则,但这并不代表伦理学是脱离其本体论的。恰恰相反,萨特的伦理学思想根植于他的本体论之中,即尽管本体论本身无法提供伦理规范,但它能够表明何种伦理学最能反应处境中的人的实在。③

存在的精神分析法有助于我们发现自身才是价值的唯一源泉,同时还告诉我们人需要“激情”,尽管这种激情是“无用的激情”。生活在世界之中的我们要敢于承认自身的自由,敢于进行选择,并摆脱“自欺”与“严肃精神”(the spirit of seriousness)的诱惑。“严肃精神”与“自欺”都是为了逃避自由选择,它们属于“不自由”的自由选择的道德立场。许多学者认为萨特在《存在与虚无》中所描述的失败是确定无疑的,因为人具有激情,该激情促使人成为不可能实现的“自在–自为”或者说成为“上帝”;因此,即使运用精神分析法,从本体论构建的伦理学也是失败的。正如波伏娃所言,《存在与虚无》的

---

① 杜小真:《存在和自由的重负》,山东人民出版社,2002 年,第 306 页。

② Thomas C. Anderson,*Sartre's Two Ethics:From Authenticity to Integral Humanity*,Open Court Publishing Company,1993,p.38.

③ Thomas C. Anderson,*Sartre's Two Ethics:From Authenticity to Integral Humanity*,Open Court Publishing Company,1993,pp.38–39.

失败既是确定的,也是模糊不清的。"事实上,萨特告诉我们,人使得自身成为欠缺的存在以便存有存在。'以便'一词清晰地表明其意向性。人虚无化存在并非徒劳。多亏了他,存在得以敞开,而他也期许这一敞开。对存在的依附有一种原初类型,其并非'想要成为'而是'想要敞开存在'的关系。注意,这里没有失败,而是成功。人通过使自己欠缺存在而向自己提出的这个目的,实际上是由他实现的。人把自己从世界上连根拔起,使得自身对世界在场,也使得世界对他在场。"①

---

①　Simone De Beauvoir, *The Ethics of Ambiguity*, Bernard Frechtman, trans., Carol Publishing, 1948, pp.12–13.

第四章 《道德笔记》的核心思想

　　萨特一生都在思考道德伦理问题，只不过他在多数作品中都以相对特殊或隐晦的方式谈论道德伦理。在 1947 年至 1948 年间，萨特以笔记形式记下了自己对于道德问题的各种看法，写成《道德笔记》一书。他生前不允许出版这本书，1983 年，他的养女阿莱特·埃尔卡姆·萨特（Arlette Elkaïm-Sartre）才将其发表。《道德笔记》共分为两卷，其中第二卷只写了一半的内容。这本书还有两个附录文章，分别是《善与主体性》和《美国黑人的压迫》，前者阐释善与人的实存的关系，即人将善带入到这个世界中，善既具有主体性又具有客体性；后者尝试从道德伦理的视角探讨美国对黑人的压迫。笔者认为，萨特在《道德笔记》中阐明了两个伦理学计划，并发展了两条思想线索，即暴力与本真。暴力问题贯穿该书始终，萨特就何为暴力、暴力有哪几种类型、暴力问题的渊源等问题展开了讨论。本真问题是萨特伦理学的核心问题，何为本真？自欺与本真的关系如何？如何实现本真？实现本真的过程中与他者的关系是怎样的？前反思意识下的自因的谋划转变为本真的谋划是可能的吗？与此同时，萨特对比了自身同康德的道德哲学。本章就上述主题展开讨论。

　　《道德笔记》是一部思考道德伦理的伦理学著作，探讨了萨特在思考历史和哲学等问题时涉及的伦理问题。我们不能以分析传统的伦理学著作的方式分析《道德笔记》,因为这本书不可能为我们制定一套通用的伦理学规范。萨特的伦理学是在讨论"一种具体的道德"(a concrete ethics),个体具体的道德选择决定了个体本身的道德性。换言之,只有在具体的处境下讨论道德行为的价值才有意义。

第一节 萨特的伦理学计划

准确地说,萨特在《存在与虚无》出版之后原本有三个伦理学计划,只不过他在《道德笔记》中只为我们呈现前两个计划。萨特在《道德笔记》的开始就提到了他的第一个伦理学计划,共包含六点,但并没有明确为该计划设立一个主题。本书认为该计划的第一点以"伦理学的荒谬性与必需性"为主题,其他论点为支撑论点。第二个计划出现在《道德笔记》的"笔记二"①中,以"本体论的伦理学"为主题。第三个计划作为前两个计划的补充,虽被置于"伦理学与历史"的标题之下,但其内容却出现在《真理与实存》(*Vérité et Existence*)一书的附录中。该书是萨特在《道德笔记》的创作之后完成的,后来由芝加哥大学出版社出版。②本节首先阐释分析萨特在《道德笔记》中提出的前两个伦理学计划,探究其提出的目的、内容及意义,其次阐释存在于《真理与实存》一书中的第三个伦理学计划,从而既可以具体地了解作为前两个计划补充的

---

① Jean-Paul Sartre, *Notebooks for an Ethics*, David Pellauer, trans., The University of Chicago Press, 1992, p.468.

② Jean-Paul Sartre: Notebooks for an Ethics, David Pellauer, trans., The University of Chicago Press, 1992, p.x. 原文为"The French text of this plan appears as an appendix to Jean-Paul Sartre, Vérité et Existence, texte établi et annoté par Arlette Elkaim-Sartre(Gallimard, 1989), pp.137-39. A full translation of this volume is forthcoming from the University of Chicago Press."

第三个计划,又可以相对系统地了解萨特完整的伦理学计划体系。

一、"伦理学的荒谬性与必需性"

第一个伦理学计划包含如下六点:一是伦理学的荒谬性与必需性。二是伦理学的不道德性:价值被视为客观性。三是关于原初的错误:客体性是压迫的标志,并被视为压迫;客体性等于掌握世界钥匙的另一个人看到的世界。四是伦理学家的特权地位:他是一个历史人物,他的历史地位使他与被压迫者和受压迫者的距离最大。五是实例分析:领导者和他的价值观。六是尝试解释恶,恶是一个对象——主体的客体性或主体性的客体化。①尽管萨特并未给予第一种伦理学计划以明确的主题,但是我们通过分析显然能够看出,第一种伦理学的目的是发现伦理学本身的荒谬性。因此,本书将第一个伦理学计划的第一点"伦理学的荒谬性与必需性"视为本计划的主题。

在萨特那里,选择是荒谬的,它与自由一样,不受必然性约束。每一个选择都是无条件的、偶然的,没有任何东西能吸引选择,它是荒谬的。因为选择是人的选择,所以人的实存也是荒谬的。因此,荒谬也就成为伦理价值的关键。伦理学是荒谬的,并不意味着它是不必要的,恰恰相反,伦理学对于处在历史境况中的我们而言是必要的,因为有选择就会有价值。谈论价值就会涉及善恶,对于善恶的分析意味着伦理学是必需的。

第一,伦理学的不道德。主观的伦理价值被视为客观的价值尺码的矛盾性。在萨特看来,伦理学是不完美的。我们始终摇摆在"价值转化为趣味",即内在性伦理,与"知善即行善"的超越性伦理之间。我们一直无法在"意向与行为切断"的主观伦理和"意向与结果切断"的客观伦理之间做出选择。没有

———————
① Jean-Paul Sartre, *Notebooks for an Ethics*, David Pellauer, trans., The University of Chicago Press, 1992, pp.8-11.

绝对的道德标准衡量哪种价值选择是善的,哪种是恶的,人们往往运用客观的价值尺度去衡量主体具体行为的伦理价值,这是伦理学的不道德。伦理学是荒谬的,因为人的存在先于本质,没有普遍客观的价值准则告诉我们应该进行哪种选择。主体是自由的,我们是事实性与超越性的统一,也因此我们的道德选择总是徘徊于内在性伦理与超越性伦理、主观伦理与客观伦理之间。就这样,我们不得不处在徘徊中,伦理道德对我们而言是必需的。

第二,关于原初的错误:客体性是压迫的标志,并被视为压迫。对于严肃精神来说,价值被一种非我的、压迫我的意识所占据。自我无法活出自身的价值,因此他者通过压迫我使我变成一个客体。显然,我原初的处境有一种命运或者说本质,并且面对客观化的价值而实存。萨特反对严肃精神,也因此反对完全客观化的价值。自我可以转变这种处境,然而转变是有条件的,转变只是理论上的可能性。转变在理论上的可能性和现实层面上的不可能性使得伦理道德显得极其荒谬。"正如摒弃战争并不能抑制战争一样,不管战争可能达到什么目的。"[1]在萨特看来,真正的转变不仅需要个体发生转变,也需要历史的变迁,即道德是必需且必然的,但绝对的道德转变不太容易实现。

第三,伦理学家是历史人物,他的历史地位使得他最远离被压迫者和压迫者。然而,他仍然是一个压迫者,并且他受到充分压迫,从而认为有必要建立一种没有压迫的伦理学,因此他想到了转变。但问题是,"一个人不可能独自转变。除非人人都有道德,否则道德是不可能实现的"[2]。这句话表明,萨特打算将此声明作为需要考虑的问题。因此,他开始在反思中考虑伦理学。这

---

[1] Jean-Paul Sartre, *Notebooks for an Ethics*, David Pellauer, trans., The University of Chicago Press, 1992, p.9.

[2] Jean-Paul Sartre, *Notebooks for an Ethics*, David Pellauer, trans., The University of Chicago Press, 1992, p.9.

也透露出他之后要完成的将本真性作为一种新型道德生活而构建起来的思想。伦理学家希望克服压迫并构建没有压迫的历史环境,然而正如很多时候暴力在其宇宙中是必需的那样,压迫也是必需的。我们希望扔掉暴力,有时却又需要它。这既是伦理学的荒谬性所在,也是萨特生前没有完成《道德笔记》的重要原因之一,即他没有很好地构想出如何摆脱压迫。基于萨特的伦理学暧昧的本性,完全地摆脱压迫似乎不太可能。

第四,领导者与其下属的关系类似于主人与奴隶的关系。下属和奴隶往往被认为是无关紧要的。领导者和主人却被认为是至关重要的。因此,领导者的价值观被视为高于一切,其结果是自由认为自身是领导者无关紧要的帮凶。①荒谬之处就在于领导者在当今时代却是必要的。"因此……作为超越现实主义的领导者。在无谓的自由之外,他做出了决定。而一种神秘的恩典使他的决定至关重要。"②当然,我们渴望实现真正的道德伦理,从而冲淡主奴式的辩证关系。只有在我们不仅意愿自身的自由,还意愿他者的自由时,真正的道德才是可能的。

第五,恶作为一个对象,是主观的客观性,总是处在与意愿相关的边际。恶不是黑格尔主奴关系之下的恶,也不是反复无常之人所做的不可理解之事。恶相关联于"自为存在"。自为存在是一种欠缺,它在前反思状态下就开始寻求"自在-自为"的统一,在反思状态下我们发现这种追逐是无法实现的。这种意识到价值无法实现的反思是纯粹反思,而非不纯粹反思。不过,纯粹反思后于不纯粹反思。为何不纯粹反思在一半时间内没有发生?这个干扰因素就是"他者"。因为,"在纯粹的反思中,已经有一种召唤,即把他者转化

---

① Jean-Paul Sartre, *Notebooks for an Ethics*, David Pellauer, trans., The University of Chicago Press, 1992, p.10.

② Jean-Paul Sartre, *Notebooks for an Ethics*, David Pellauer, trans., The University of Chicago Press, 1992, p.10.

为纯粹的、自由的主体性,这样就可以抑制裂变了。只是,需要的是他者也这样做,而这是永远不会被给定的,只能是偶然的结果。"①。这时伦理学的荒谬性与必需性就显现了出来:我们需要他者证明自身实存的合理化,我们要与他者打交道,因此伦理就是必需的。

伦理学是荒诞的,也是必需的。荒诞体现在主观的伦理价值却被视为客观的价值尺码。客观性作为压迫的符号,然而克服压迫实现真正的转变又几乎不可能。处在历史的境遇中的伦理学家渴望构建没有压迫的伦理学,可是现实社会仍然需要压迫解决问题。领导者与其下属的关系实则就是主人与奴隶的关系,尽管我们想要打破这种局面,但是领导者在当今时代又是必要的。作为对象的恶是主观的客观性。我需要他者来证实我的客观性,然而他者的恶意志却是我的命运,他的善只是偶然。

"那是一个道德可悲的时代。首先显然是时代的政治家群体在道德上是可悲的。法国的政治家群体在三十年代本来就不怎么出色,已经受到人们普遍的谴责,也许正是由于这种原因,人们才大批地投向共产主义……当时的制度令人失望,有时候简直可悲,不管怎么说,距离人们的希望还隔着十万八千里。"②在萨特眼中,世界是虚无,是偶然,现实中的一切都在无理由地发生。没有绝对的是非对错,更没有绝对客观的价值尺度。与其说伦理学是荒谬的,不如说人生是缺乏根本目的的。然而,伦理又是必需的,我被抛入这个世界中,他者也一样,并且他者使我异化。既然我们是自由的,就要进行选择,而选择就会涉及到责任、价值,即伦理问题。当然我们希望自己是不自由的,自己可以对自己说谎,这样我们就免除了他者的追问,免除了可能面临

---

① Jean-Paul Sartre, *Notebooks for an Ethics*, David Pellauer, trans., The University of Chicago Press, 1992, p.11.

② [法]贝尔纳-亨利·列维:《萨特的世纪——哲学研究》,闫素伟译,商务印书馆,2005年,第574页。

的道德责难。但是,这显然不是萨特想要表达的观点,他认为主动去选择并积极面对自身的处境是我们无法推脱掉的伦理责任。

二、"本体论的伦理学"

萨特将第二个伦理学计划命名为"本体论的伦理学"。该计划共包含如下九点:一是实存是对"存在"和"存在的欠缺"的选择。物化作为最初的本体论现象。二是这种异化是社会层面的物化。我看到那个看到我的他者,我因此被物化。三是被异化的自由。四是所有形式的异化。五是异化世界的描述。六是异化中的自由。七是转变:非同谋的反思。八是诉诸于他者。九是伦理学领域的意义(作为一种创造的意志)。①同第一个伦理学计划关注伦理学本身的荒谬和必需性不同,第二个伦理学计划将道德伦理放在了"他性"的布景之中,开始从社会层次关注异化问题。在萨特看来,假如没有他者,我甚至连死亡都体会不到其意义何在。他反对海德格尔的"向死而生",反对海德格尔只讨论本体论而不谈伦理学的做法。而萨特一生的写作、一生的哲学探讨都与伦理相关联。概言之,萨特第二个伦理学计划旨在阐释个体的异化和本真思想。

个体是自为的,是事实性与超越性的统一。倘若个体只承认自身的事实性,即仅从世界的角度理解自身的话,就会陷入到非本真之中。个体既是为我的存在,又是为他的存在。自我处于世界之中,他者的注视使得自我发生异化,使得自我注意到了我是他者眼中的物,我与他者一样都是世界中的物。因此,"我对于自身而言是他者。异化世界是我们从他者角度思考自身的

---

① Jean-Paul Sartre, *Notebooks for an Ethics*, David Pellauer, trans., The University of Chicago Press, 1992, pp.468–471.

一个世界"①。为了避免他者对自我的异化,我选择自欺。

萨特在《存在与虚无》中,就给出了几类处于自欺状态的人。例如,咖啡馆侍者、初次约会的妇女等,这些人是自欺的,因为他们否定了自身自为存在与自在存在之间的暧昧性的联系。他者的注视使得自身发生了异化,然而处于自欺之中的人也利用了他者的注视来维持这种自欺。对于处在自欺之中的人而言,他们有两种相反的对待他者的态度:第一,被注视的个体尝试重建他们的自由,即被他者的注视所否定掉的自由。他们在这个重建的过程中将他者变为一个对象,即超越了他者的超越。第二,他者被视为自我所呼吁的,因为这种注视摧毁了个体在自欺中想要逃避的暧昧性。他者将个体视为他或她所是的,因而赋予他或她一种本质。②

正是个体与他者之间的这种无法摆脱掉的关系要求个体同时理解他者的自由和客体性。客体性包含了自由的异化,一种人不能逃离的异化。例如,孩子会将他者的看法当作自己的,萨特将其称之为"原罪"(original sin)。他在《存在与虚无》中的分析表明人与人之间面临着一个两难的境地,即要么试图意识到他者作为客体的主观性,要么试图意识到他者作为自由的客体性。然而,由于他者的自由和其客体性的不可分割性,这两种意识都是建立在自身的毁灭之中。

在《存在与虚无》中,人与人之间的关系主要是冲突,这种冲突仅停留在"想象"的层面,萨特并未考虑到"劳动"在人际间关系中的意义。英国哲学家艾丽丝·梅铎(Iris Murdoch)指出:"萨特所描述的情人们一直在猜测对方的态度。这个谋划是专用的,他们的折磨是想象力的折磨。普鲁斯特说,我在所爱的对象面前所获得的是一种我后来发展的消极的东西……在萨特的叙述

---

① Jean-Paul Sartre, *Notebooks for an Ethics*, David Pellauer, trans., The University of Chicago Press, 1992, pp.468–469.

② Linda Bell, *Sartre's Ethics of Authenticity*, University of Alabama Press, 1989, p.76.

中,没有任何迹象表明爱情与行动和日常生活有关,它只是两个催眠师在一个封闭的房间里的一场战斗。"①在《道德笔记》中,萨特逐渐认识到了"劳动"在人际间关系中的重要性。"与他者的真正关系永远不是直接的——通过劳动的中介。我的自由意味着相互承认……我的自为和为他之间的新关系:通过劳动。我通过将自身作为我所创造的一个对象给予他者来定义自身,从而对象就能为我提供这种客观性。"②

我们已经谈到,由于他者的注视,自身发生了异化,然而他者又似乎是我所呼吁的,因为正是他者的注视使得我摆脱我想要逃离自身暧昧性的处境。萨特认为自我与他者一直处在这种关系中。美国学者琳达·贝尔(Linda Bell)说道:"个体与他者的关系处于圆圈中,充其量是一种否定的辩证法——在这个辩证法中,存有摧毁和异化,而非一种关联朝向克服摧毁和异化运动的辩证法。"③处在自欺状态中的个体要求实现为他的存在与为我的存在、事实性与超越性的同一,然而这种要求或者说欲望是无法实现的。

对于萨特而言,自我存有两种异化:一种是社会强加于我们的异化,例如犹太人——社会将他们置于犹太人的处境。倘若要克服这种异化,就需要社会发生根本性的改变。然而,克服社会施加给个体的异化几乎不太可能实现。另一种是个体自身的异化,一般而言,个体的异化不可避免。正如萨特在《圣热内:戏子与殉道者》中所描写的圣热内一样,圣热内在渴望让他者承认自己是小偷的过程中,自身和他者已经发生了变化。圣热内发现自己不是小偷了,他在人群中与所有其他人一样,既不是小偷也不是圣人。他者也因为圣热内的作品发生了改变。由于这种改变,圣热内和他者都发生了异化,他

---

① Iris Murdoch, *Sartre, Romantic Rationalist*, Vintage, 1999, pp.130–131.

② Jean-Paul Sartre, *Notebooks for an Ethics*, David Pellauer, trans., The University of Chicago Press, 1992, p.470.

③ Linda Bell, *Sartre's Ethics of Authenticity*, University of Alabama Press, 1989, p.76.

们不再是原先的那个承认者或被承认者，即他们与自身、与自身的谋划，以及彼此之间都是不同一的。自我是事实性与超越性的统一，既可以自由谋划又不得不坠入这个世界。"因此，每一次胜利都是一次失败。我不再承认我的目的，即我不再承认我自身，我是他者的猎物，不得不承担我不想要的后果。在现实面前，通过其质料，必然会降低我的谋划；命中注定我与自身为敌，我已经堕入了这个世界中。"①

需要指出的是，个体的异化在有些情况下是可以避免的，例如，圣热内在看到自身的自由以及实现自由的处境的限制时，他作为一个失败者赢得了这场游戏，这就是萨特在《圣热内：戏子与殉道者》中所言的，圣热内"在玩儿输者赢的游戏"（is playing loser wins）。②之所以说圣热内输了，是因为他在他者的注视下，成了他者的猎物，无法与自身同一。之所以说圣热内赢了，是因为他在这个"游戏"的过程中，看到了自身的自由甚至承认社会处境对自身实现自由的限制。进一步而言，圣热内在异化中看到了自身的自由，并克服了他者对他的异化，从而实现了自身的本真。"机制乃是如下你想要成为的这样：重新回到其自身的意志和强加其自身于你身上的意志。机制是你的命运。"③

对于萨特而言，个体通过"彻底的转变"（radical conversion）或者说"纯粹反思"拒绝自身的异化。恢复自身的不可能性刺激个体发生转变，从而实现本真。本真之人通过纯粹反思，看到了自身作为自为的存在，并承认自身暧昧性的处境。在萨特那里，本真意味着个体脱离自我的身份，即自身从异化

---

① Jean-Paul Sartre, *Notebooks for an Ethics*, David Pellauer, trans., The University of Chicago Press, 1992, p.437.

② Jean-Paul Sartre, *Saint Genet: Actor and Martyr*, Bernard Frechtman, trans., George Braziller, 1963, p.168.

③ Jean-Paul Sartre, *Notebooks for an Ethics*, David Pellauer, trans., The University of Chicago Press, 1992, p.470.

的世界中逃离。然而,问题在于个体无法摆脱他者的包围和世界的限制。萨特对异化本身持中立而非批判的态度，因为自我与他者本身就处在一种异化关系中。因此,琳达·贝尔将萨特尝试实现本真的做法界定为"幻想"。"如果没有幻想,萨特知道没有什么能拯救他或为他辩护,他自己在《自传》的结尾也达到了一个类似的点,那就是'如果我把不可能的救赎放在礼堂里,剩下什么? 一个完整的由所有人组成,和所有人一样好,但并不比任何人都好'。"[1]正因为理论与实践的无法和解,使得萨特不得不搁置《道德笔记》中的伦理学计划。

需要强调的是,伦理是有限的,个体也是有限的,个体选择也好,不选择也罢,都是自由的体现。正是这种自由的选择,表现出个体创造的可能性,同时也呈现伦理学领域的意义。自我给予自身以意义，并自由承担选择的责任。我是世界的创造者,我所创造的正是我自身所处的这个世界。

三、"伦理学与历史"——第三个伦理学计划?

在《道德笔记》一书中,第三个伦理学计划被置于"伦理学与历史"的标题之下,但其内容却出现在《真理与实存》(*Vérité et Existence*)一书的附录中。该书是萨特在《道德笔记》的创作之后完成的,虽然他仅用了不到三页的内容概括这个计划,但是并不代表该计划不存在或者不重要。我们首先呈现第三个伦理学计划的具体内容:

主题:"伦理学与历史"

1)什么是伦理学

2)道德性的必需性

---

[1]　Linda Bell, *Sartre's Ethics of Authenticity*, University of Alabama Press, 1989, p.103.

3)道德性与历史性:康德、黑格尔、马克思、托洛茨基

——悖论:科技与政治必需性、伦理必需性

4)什么是历史性:主–客

5)道德性(历史化)与历史进程

历史化=具体的道德

具体的将来/抽象的将来

所以,我寻求今天的道德,即总体的历史化。我试图阐明一个人在 1948 年可以为自己和世界做出选择。

这个选择假设:1)本体论视野;2)历史背景;3)具体的未来。

第一部分:本体论视野——纯粹反思。第二部分:历史中的异化。第三部分:具体未来的选择。

在从抽象到具体的运动中产生的三种时间性绽–出。

1)永恒作为本质、本性以及质料的抽象实在。时间性=显现(封建时期的时间测量)。

2)抽象的过去:

——17 世纪的真实过去(封建主义、绝对君主制)。

——投射的过去:希腊人和拉丁人的过去——抽象的。

3)抽象的现在(18 世纪):赢得一种具体的过去。

——现在和分析:综合的时间化。分析本身就是对现在的肯定。

——现在和永恒(高尚的野蛮人)。

——当下的道德。

——具体的现在:(法国)革命临近,旧制度未建立。

4)19 世纪:赢得的具体:我们从真切的过去出发来经历当下的;对十九世纪的人而言,大革命成为具体的过去。大革命的意义在于它赋予

了一个具体的过去：真实的过去与我们对过去的再现重合。

——抽象的未来：无限的进步、历史的终结、孔德的社会，或者说是康德的超越了现象界的无限进步。

20世纪：从对抽象未来的绝望中发现具体未来。（失败揭开了具体的未来作为野蛮的可能性——马克思——等。）

具体的未来或时代的未来：由具体项目（原子能等）所追踪的最遥远的未来来定义。

中产阶级中的平庸是一种怨恨现象。①

概括而言，一方面，萨特想要界定伦理学和历史性，谈论道德性与历史性的关系，强调道德性的必需性等。萨特想要抛弃黑格尔那种绝对精神之下的抽象的伦理观，强调生活在当下的我们可以为自身和世界做出选择并承担相应的责任。另一方面，萨特指出主体的选择假定了三种条件：第一，基于纯粹反思这一本体论视野，纯粹反思使得主体追求本真成为可能。第二，历史中的异化，历史并非一个"大全"，而是"去总体性的总体性"，是具体时间中的历史。萨特所理解的时间是立足于主体当下的体验，时间和主体无法分割开。二战后，萨特开始对战争（原子能）进行反思，他认识到不能像黑格尔一样将恶仅仅理解为运动过程的一个环节，现在只是未来的手段。在萨特看来，现在或者说当下，每个具体的存在者本身都是目的。第三，未来是具体的。萨特强调，生活在20世纪的人们要从抽象未来的绝望中挣脱掉，积极地发现具体的未来。我们可以进一步推断，他想要表明实现人的自由的必经途径是无阶级社会，他开始考虑用马克思理论解决社会问题，这也是《辩证理性批判》的内容之一。

---

① Jean-Paul Sartre, *Vérité et Existence*, Texte établi et annoté par Ariette Elkaïm-Sartre, Gallimard, 1989, pp.137-139.

关于计划三,萨特想要阐明他构想的是伦理现象学,而非精神现象学,伦理现象学会证明对于历史性的理解如何随着时间的推移从所谓抽象的过去到抽象的现在再到具体的现在。该伦理学还会证明,当下已经变得具体,是当代伦理学也必须如此的原因。①黑格尔的"精神现象学"只是精神的。精神是抽象的,它只是立足于思维,且带有本质性。相较于精神,伦理则具体的多,伦理考察人与人之间现实的存在关系,它是在当下直接呈现出来的。不过,我们看到,萨特也将这种伦理看作一个发展过程——这种从抽象到具体的发展过程似乎继承了黑格尔的认识理论。只不过萨特反对一种无限的没有尽头的历史,即19世纪那种历史观,而强调历史在当下具有意义,当下本身才孕育着未来。

因此,与其说萨特想要伦理现象学而不是精神现象学,不如直接说萨特把黑格尔的伦理学视作一种抽象的、总体性之下的伦理学。萨特反对这种黑格尔式的抽象伦理学,而企图构建一种具体的伦理学,一种嫁接在本体论之上的关于人的实存的伦理学。我们可以这样来理解,从精神现象学到伦理现象学,历史与伦理都从抽象变为具体,并关乎到具体个人的生存。萨特渴望将黑格尔的抽象伦理学拉到现实中来,从生存论意义上考察历史与伦理之间的具体关系。

三个伦理学计划的真实目的很值得探讨。显然这三个伦理学计划之间存有一定的张力,这也说明了萨特在构建伦理学理论时内心的一种张力。第一个伦理学计划谈论"伦理学的荒谬性和必需性",旨在发现伦理学本身的荒诞之处;伦理学之所以是荒谬的,是因为我们既是自由行动的主体,又受制于历史和他者的限制。第二个伦理学计划则把伦理思考放置在"他者"的维度之中,旨在发现个体、社会层面的异化,以及实现本真的可能性;个体从

---

① Jean-Paul Sartre, *Notebooks for an Ethics*, David Pellauer, trans., The University of Chicago Press, 1992, p.xvii.

一出生就面临着异化，我们必然遭遇他者，他者的行动使得作为主体的自我发生了异化，当然我们可以在这种异化中看到自身的自由并追求本真。第三个伦理学计划旨在从生存论意义上发现伦理与历史之间的具体关系；伦理与历史是无法分割的，二者相互渗透。个体只有在具体的历史中才能实现自身的道德价值。相应地，历史也是由无数个个体建构的。因此，从上述三个不同的伦理学计划来看，萨特的内心世界一直存在激烈的争斗，这恰恰也是他哲学暧昧性的体现。

第二节　暴力

自 20 世纪后半叶以来，萨特关于暴力问题的讨论便引起了学界强烈关注。例如，德国学者汉娜·阿伦特（Hannah Arendt）在《论暴力》（On Violence）一文中把萨特的暴力批判为一种"新的自欺"[1]。当然，也有学者为萨特的暴力理论进行辩护。以色列学者莉娃·戈登（Rivca Gordon）在《回应汉娜·阿伦特对萨特暴力问题的批判》（A Response to Hannah Arendt's Critique of Sartre's Views on Violence）一文中明确指出，阿伦特对萨特暴力的批判是无效的，萨特的暴力并非是自欺的，萨特也并非"暴力的新的传教士"[2]。美国学者迈克尔·弗莱明（Michael Fleming）在《萨特论暴力：真的不那么暧昧吗？》（Sartre on Violence: Not So Ambivalent?）中指出："我认为，通过强调结构性暴力，我们有可能重新理解萨特是如何看待暴力的，从而证明萨特的工作仍然

---

① Hannah Arendt, *On Violence*, Harcourt, Brace & World, 1970, p.20.

② Rivca Gordon, "A Response to Hannah Arendt's Critique of Sartre's Views on Violence", *Sartre Studies International*, Vol.7, No.1, 2001, pp.69—80.

是一个有用的指南针,指引着我们在充斥着暴力的世界中定位自身。"①不过,学者们对萨特暴力问题的关注大多是从其《存在与虚无》《辩证理性批判》抑或是从萨特为法农(Fanon)《天下可怜人》(*Wretched of the Earth*)作的序言来讨论的,很少关注萨特在《道德笔记》中是如何论述暴力问题的。

法国哲学家杰拉德·沃什耶在《建立现象学的伦理学?〈伦理学笔记〉中的暴力和伦理问题》②一文中,尽管分析了萨特研究暴力问题的起因,却未细致阐释其暴力内容,进而从整体上系统地描述萨特的暴力理论,并得出对其的看法。美国学者罗纳德·E.桑托尼在《萨特论暴力——奇特的暧昧性》一书中谈及了萨特《道德笔记》中的暴力问题,他从对"droit"一词的分析开始,为我们对萨特《道德笔记》中暴力问题的研究做了指引。他指出萨特在这里坚定地将暴力定位为本体论上"与他者的关系类型",并将其当作"在对他者的毁灭中肯定自身"的关系。暴力"指向他者的自由"③,显然,桑托尼指出了暴力问题有其本体论支撑,遗憾的是他也未曾对萨特在《道德笔记》中所论述的暴力问题做出相应的系统论述并给出自己的看法。虽然沃什耶和桑托尼等对《道德笔记》中的暴力问题展开了研究,不过他们都未对其进行细致的阐释与分析,有的只是对其背景以及内容的简单勾勒。

一、暴力的定义

萨特首先指出,"暴力"这个概念是从"力"的概念中衍生出来的。"力按

---

① Michael Fleming, "Sartre on Violence: Not So Ambivalent?", *Sartre Studies International*, Vol. 17, No.1, 2011, pp.20–40.

② Gérard Wormser:《建立现象学的伦理学?〈伦理学笔记〉中的暴力和伦理问题》,复旦大学当代国外马克思主义研究中心编:《"萨特与当代思想"国际学术讨论会论文集》,2005年,第38~54页。

③ Ronald E. Santoni, *Sartre on Violence: Curiously Ambivalent*, The Pennsylvania State University Press, 2003, p.21.

照事物的本性行事而带来积极的效果。换言之,及是积极运行的时刻的超越统一,或是按其积极性来考虑的种种时刻的超越统一。"①相反,暴力是一种否定。他以剑为例,我将剑放置到剑鞘中,剑顺势滑入其中,这表现了我的一种力,这次操作符合剑和剑鞘的本性,所以说在这里不存在暴力。暴力存在于某种被破坏的状态中或某种被摧毁的形式中,例如空的剑鞘和放在桌子上的剑。暴力产生于力不足的地方,当使用力无法达致目的时,暴力就产生出来。例如,"如果我打开瓶子,这是力——如果我打断了它的脖子,那就是暴力"②。再例如说,如果我通过劝说的方式说服了反对者的反抗,这是力。如果我通过武力压制了反对者的反抗,那就是暴力。

"因此,'暴力就是软弱'这一观点是部分正确的。"③暴力暗指虚无主义,它是摧毁性的,可以通过一切手段来实施。暴力的格言是"目的证成手段","暴力不是达成目的的手段之一,而是蓄意选择以任何手段达到目的"④。换句话说,在暴力具有摧毁一切的特性上,它不是达成目的的"日常手段",而是一种摧毁了任何手段的"手段"。或者说,人们一般不会通过暴力去达成手段,而当想通过任何手段达成目的的时候使用了暴力。暴力本身具有自己的证成,它通过自己声称有暴力的权利。暴力意味着每一个组织和立场都是毫无价值的。事物都是双面性的,一方面是障碍,另一方面是工具,暴力是把事物当作了障碍。在暴力面前,宇宙也是一个障碍。暴力是自由的无条件的肯定。它肯定的是纯粹的虚无化自由,该自由假定人们可以摧毁世界。然而,

---

① Jean-Paul Sartre,*Notebooks for an Ethics*,David Pellauer,trans.,The University of Chicago Press,1992,p.170.

② Jean-Paul Sartre,*Notebooks for an Ethics*,David Pellauer,trans.,The University of Chicago Press,1992,p.171.

③ Jean-Paul Sartre,*Notebooks for an Ethics*,David Pellauer,trans.,The University of Chicago Press,1992,p.171.

④ Jean-Paul Sartre,*Notebooks for an Ethics*,David Pellauer,trans.,The University of Chicago Press,1992,p.172.

"矛盾在于,世界作为一个被虚无化的障碍,是永远必要的。"①。这也正是萨特将暴力称之为"奇特的暧昧性"②的一个方面的体现。萨特指出,暴力是"对他者的要求"③,不过这里有一个矛盾:一方面暴力要求他者,我自己具有神圣的权利,我是自身甚至他者承认的一种合法性的存在,在这种情况下我是绝对的自由的运用;而另一方面他者也可以阻碍我,阻碍我实现自身的自由。这就涉及到了暴力的本体论意义及其依据。

为了说明萨特的本体论依据,我们首先需要指出萨特对暴力的定义,"暴力是一个暧昧的概念。我们可以这样来定义它:利用他者的事实性和外在的客观性来确定主观性,将其转变为达到客观目的的非必要手段"④。关于暴力的本体论基础,萨特在《道德笔记》中并未明确给出,只是在论述过程中指出,暴力是把"世界的对象当作纯粹的密度来摧毁"⑤。由此我们能够推断出萨特暴力的本体论基础应该是自为与自在的关系。萨特在《存在与虚无》中,区分了"自为存在"与"自在存在",前者是其所不是,不是其所是,后者是其所是。意识是一种自为存在,它不同于自在存在,又与自在存在处于不可分割的整体之中。而自在存在与自为存在之间的区分是我们理解萨特暴力问题的基础。桑托尼指出:"萨特在《存在与虚无》中对自在存在与自为存在的关系的基本且普遍的区分以及在标志着我们与他者的本体论关系的冲突中,存有永恒的潜在暴力的分析,为之后出版的《道德笔记》铺平了道路。萨

---

① Jean-Paul Sartre, *Notebooks for an Ethics*, David Pellauer, trans., The University of Chicago Press, 1992, p.175.

② Jean-Paul Sartre, *Notebooks for an Ethics*, David Pellauer, trans., The University of Chicago Press, 1992, p.176.

③ Jean-Paul Sartre, *Notebooks for an Ethics*, David Pellauer, trans., The University of Chicago Press, 1992, p.177.

④ Jean-Paul Sartre, *Notebooks for an Ethics*, David Pellauer, trans., The University of Chicago Press, 1992, p.204.

⑤ Jean-Paul Sartre, *Notebooks for an Ethics*, David Pellauer, trans., The University of Chicago Press, 1992, p.176.

特在这里将暴力定位为本体论上'与他者的关系类型',并将其作为'在对他者的毁灭中肯定自身'的关系。暴力'指向他者的自由'。"①从这里我们可以清楚地看到,萨特暴力问题的本体论依据来自于《存在与虚无》,《道德笔记》是在前者的基础上对暴力展开研究的。这也就意味着,萨特在《道德笔记》中谈到的暴力并非没有本体论依据,是随性而写的。"从人出现的那一刻起,暴力就作为纯粹可能性显现在世界中。然而,为了清楚说明这一点,在进一步讨论之前,我们必须描述一个人与另一个人之间的真实关系,以便将暴力置于适当的本体论层面,而不是将其作为原罪或犯罪,而是作为与他者的关系类型。"②

萨特以强奸以及父母对孩子的命令为例来阐释暴力的"奇特的暧昧性"特征。强奸、父母对孩子的命令等暴力行为之所以能够开展,是因为暴力具有自身的伦理学原则,它使自身合法化。甚至为了使其合法化,而否定了时间。以强奸为例,在强奸中,施暴者物化、否定他者的自由。对女孩的强奸是瞬时地、立即地拥有女孩的身体。倘若要与女孩长期保持一段关系,就会破坏这种可能性。只有在瞬间,显现与现实才是一回事。通过这种瞬间的永恒,男子将女孩固定在绝对中,也因此造成了自身的摧毁。因此,我们会说暴力对某些更糟糕的事情有信心。

日常关系中的暴力则体现为父母直接命令孩子。在父母看来,这是一种绝对命令,小孩儿则是一种绝对禁止。在这个意义上,父亲认为孩子的自由是"较弱的自由",自己可以进行压制,孩子的自由要接受先验目的的贬低。萨特指出这种行为会体现为以下两点:第一,父亲的自由压制孩子的自由,

① Ronald E. Santoni, *Sartre on Violence: Curiously Ambivalent*, The Pennsylvania State University Press, 2003, p.21.

② Jean-Paul Sartre, *Notebooks for an Ethics*, David Pellauer, trans., The University of Chicago Press, 1992, p.215.

这里涉及到责任问题,也就是希望自己并不希望的事物,服从父亲的命令,责任是自由的异化。另外,单纯的父亲的暴力实际上并不能实施,这里还存在着孩子的共谋,即孩子的承认。孩子以一种不注视父亲的方式对自己的注视进行了放弃。第二,暴力并不单单停留在口头的、命令式的程度上,倘若孩子并没有顺从父亲的命令,父亲则会借助于力,这时候的力就不是力了,而演变为一种暴力,由此,暴力关联善。在某种程度上,我们假设善已经实存,我们既定地生活在这个世界中,善规定着当下的秩序,这里的教育在于塑造既定的形式,这种形式是摧毁性的,孩子摧毁这种善就是暴力,对孩子的这种摧毁的组织其实也是暴力。另一种善则是后天培养的,但是孩子并不能清楚地认识善,需要借助于工具,这时他们可以借助父母对其进行认识。从上述分析可以看出,所谓暴力,其实是人对他者与世界谋求支配权的行动,而这一行动其实包含了一个基本前设:人具有裁决他者与事物在哪个层面上以及以哪种方式向人显现的权力。

二、暴力的三种类型

我们已经看到,在萨特那里,暴力具有"奇特的暧昧性",属于自我与他者的一种关系类型。那么,暴力有几种类型?我们还需要进一步追问,由此种方式确立的暴力究竟是怎样的?

"关于暴力的论述必须包括三个描述:第一,进攻性暴力;第二,防御性暴力(作为对非暴力行为的暴力防御);第三,反暴力。"[①]强奸、父母对孩子的命令以及说谎等都是进攻性暴力。说谎也是另外一种暴力形式,在说谎中,也体现了暴力"奇特的暧昧性"的特征。"因此,在说谎时,我将自身置于他者

---

① Jean-Paul Sartre, *Notebooks for an Ethics*, David Pellauer, trans., The University of Chicago Press, 1992, p.207.

的自由之中。因为我陈述了事实,所以就我所说的以及我把此事实归于我自身而言(即就我已自由地进行了一些有价值的行动而受到赞扬而言),我要求双重地被承认为自由的。"①我将他者物化、客体化,要求他者承认我的自由,我利用了他者的自由,同时又否定了他者的自由。

萨特区分了防御性暴力与反暴力。"反暴力是对某些侵略行为或努力的反击,从而通过武力保证(国家的)安全,而防御性暴力则是针对非暴力过程的暴力求助。"②我们先分析一下防御性暴力,例如,在与他者讨论一个问题时,我不想与他讨论,突然间我中断了讨论,这里的暴力是通过拒绝发生的,它体现在对原有程序和进程的突然终结。而我实际上并没有告知他者,我这样做是为了保护自己的观点。在这种防御性暴力中,"我一下子让他遇到了他的事实性与我的事实性的对峙(他的声音无法穿透这堵墙),以及他作为事实的无能为力,即意识的被给予的分离(虚无化的纯粹存在)"③。显然,进攻性暴力的武力形式一般强于防御性暴力的武力形式。

反暴力则通过如下两种方式发生:第一,我拒绝与他者的关系。例如,将自身变成一块儿石头。第二,我拒绝时间,而接受暂时性,我在先地排斥每一种可能让我改变的手段。总而言之,"我肯定了我与我自身的同一性,我否认了成为真理,成为任何投射和变化。我是纯粹的存在,我的实存意味着与他者并肩站在一起,与他们没有任何关系。我们所拥有的是固执"④。通过拒绝,我使自身从人类社区中退出。我通过摧毁与他者的关系,实现了这种反暴力。

---

① Jean-Paul Sartre, *Notebooks for an Ethics*, David Pellauer, trans., The University of Chicago Press, 1992, p.195.

② Jean-Paul Sartre, *Notebooks for an Ethics*, David Pellauer, trans., The University of Chicago Press, 1992, p.207.

③ Jean-Paul Sartre, *Notebooks for an Ethics*, David Pellauer, trans., The University of Chicago Press, 1992, p.208.

④ Jean-Paul Sartre, *Notebooks for an Ethics*, David Pellauer, trans., The University of Chicago Press, 1992, p.214.

　　无论是进攻性暴力、防御性暴力抑或反暴力，其最终的结果都是摧毁性的，针对这一点，桑托尼指出："暴力的最终图解是'以暴制暴'。"①任何形式的暴力展现出来的都是"双重否定"，是对人类现实的排斥与摧毁。暴力的产生源于人与人之间处境的不对称，正是这种不对称，产生了压迫。虽然萨特在一开始谈论暴力的时候并未谈及压迫，但这并不意味着压迫无关紧要，压迫实则是暴力的一种形式，而且是极其重要的一种形式。萨特在《道德笔记》中指出了压迫的五个本体论条件："第一，压迫来自自由……第二，压迫来自多样的自由……第三，一种自由只有通过另一种自由才能受到压迫，只有一种自由可以限制另一种自由。第四，压迫意味着奴隶和暴君都不能从根本上认识到自己的自由……第五，压迫者和受压迫者是共谋的。"②那么，在压迫这一与他者的关系中，"产生出了作用于他者身上的不同种类主张：祈祷、呼吁、期望、提议、要求以及他者的回应：拒绝或同意，威胁，蔑视"③。这些形式其实是为暴力服务的权利形式，是体现暴力的方式。

　　祈祷、要求等是向他者请求的类型，拒绝、接受等是他者对祈祷、要求的回应。"祈祷意味着接受。我们先验地承认一种可操作的自由及其运作。"④这就意味着我在祈祷中服从于决定，并悬搁其结果。他者处在绝对自由的处境中，我是在向他祈祷。一般来讲，祈祷表现为向他者祈祷，这个他者可能是人也可能是上帝。在祈祷者的这一立场，自己的自由被悬搁了，"我从一开始就接受自由等级制度。我自由的目的是次要的与无关紧要的。它们不能建立

　　① Ronald E. Santoni, *Sartre on Violence: Curiously Ambivalent*, The Pennsylvania State University Press, 2003, p.27.

　　② Jean-Paul Sartre, *Notebooks for an Ethics*, David Pellauer, trans., The University of Chicago Press, 1992, p.325.

　　③ Jean-Paul Sartre, *Notebooks for an Ethics*, David Pellauer, trans., The University of Chicago Press, 1992, p.215.

　　④ Jean-Paul Sartre, *Notebooks for an Ethics*, David Pellauer, trans., The University of Chicago Press, 1992, p.216.

世界的秩序。我的自由只能接受这个秩序，要么通过屈服于主要自由来维持秩序，要么顺便扰乱秩序"①。祈祷者是自欺的，这种自欺表现为服从，祈祷者请求获得自由，不过是在虚无化自身的能力基础之上的。因此萨特将祈祷称之为"诗意的祈祷"："其模糊性来自诗人没有决定如下事项：它是某种将要成为的事物还是一个实存，无论如何，祈祷者都知道他的欲望在任何情况下都找不到位置……我同时还通过建立和承认一种自由的等级体系——这个自由体系将给予引入自由的存在，将存在引入实存——来摧毁作为自由意志之间的协议的人类秩序。祈祷的行为就像封建效忠，是两个人对由建立在世俗权力之上的等级制度的承认。"②这就意味着祈祷者幻想在一个想象的世界中，向着一个全能者去祈祷，他向着"没有权利者的权利"去祈祷。萨特将祈祷称之为诗意的，就意味着我们需要将自由之人重新放置到我们面前，而非将自由悬搁，我们需要他者的拒绝将我从想象的世界中拉回来，于是要求就产生了。

　　萨特首先考察了要求的原初来源，究竟是普遍、无条件的义务还是在一个人对另一人的要求中诞生的？要求意味着绝对命令。命令无视处境，是绝对的。"因此，命令并不是从内部并通过处境被修改的（即通过手段）。"③命令相关实现它的手段与目的。在谈及手段与目的的关系时，萨特批评了某种行事的本体论与分析的方法，这种方法将人原初地封闭在自身的整体即世界中。人先天地具有目的性，世界只是人去实现这些目的的无关紧要的手段。"人在世界之中并通过超越世界走向世界来构成自身，那么，目的及其一切手段都

---

① Jean-Paul Sartre,*Notebooks for an Ethics*,David Pellauer,trans.,The University of Chicago Press, 1992,p.217.

② Jean-Paul Sartre,*Notebooks for an Ethics*,David Pellauer,trans.,The University of Chicago Press, 1992,p.237/229.

③ Jean-Paul Sartre,*Notebooks for an Ethics*,David Pellauer,trans.,The University of Chicago Press, 1992,p.238.

变得不可分辨。"①谈及目的，就会涉及价值、自由。目的是价值，因为目的欠缺我，我也欠缺它。同时它是我自身必须成为的东西。不过"它被返回到我的价值所萦绕，即被我的这一价值投射到存在所萦绕"②。然而，萨特接着指出："价值不是一种存在的要求，也不是一种存在的权利。尽管价值是对'存在'的一种主张，但它是一种完全不同的类型。"③也就是说，我们追求的是目的而非价值，价值处在我目的的乐观的远处，我们看到的、实现的只是目的。

　　萨特以主奴关系为例谈论了要求的基础，要求的态度，要求与自由的关系等。自由诞生于要求的基础之上，要求的存在是那个被称之为"一"的存在。"要求首先作为他者的自由和我的自由的直接关系……要求不是我自由的结构，不是我投射的目的可以承担的形式，而是通过他者而走向我……正是这种独特的散居形式，使我和他者一起显现，正是这种形式使我的意志成为他者的对象，而他者成为我的对象，从而必然构成了要求的基础。要求的原初形式是命令。"④可见，要求必然涉及他者，要求意味着我与他者一同出现。然而，由于我们永远在异化，这种异化的自由好比责任，自身是非人格化的，"责任伦理就是奴隶的伦理"。要求者是自欺的，因为要求具有如下两个双重特性："一是使我服从（在与被要求的目的相关联时，我是手段）；二是拯救我免于被抛弃（目的在实存中支撑其自身，甚至反对我；我是优先的手段，我没有责任使其作为目的而存在，而只是在世界中意识到它），所以任何要求都没有踪迹可寻。"

① Jean-Paul Sartre, *Notebooks for an Ethics*, David Pellauer, trans., The University of Chicago Press, 1992, p.241.

② Jean-Paul Sartre, *Notebooks for an Ethics*, David Pellauer, trans., The University of Chicago Press, 1992, p.248.

③ Jean-Paul Sartre, *Notebooks for an Ethics*, David Pellauer, trans., The University of Chicago Press, 1992, p.249.

④ Jean-Paul Sartre, Notebooks for an Ethics, David Pellauer, trans., The University of Chicago Press, 1992, p.261/258.

①萨特认为要求是对服从的要求，在要求之中，具体的个人消失了，有的只是整体。它会让我们产生一个整体意愿，好像这种意愿是我们每个个人的意愿那样，个人在要求中被异化了，被蒙骗了，要求意味着不使用暴力，意味着对完善的"一"的绝对服从就可以达到目的，这就是所谓的"责任伦理学"。然而，这是无法实现的，在有些情况下我们必须诉诸暴力才能解决问题。进一步讲，从暴力的三种形式可以看出，施暴者只追求从事物中寻求投合自身的意愿与形式的方面，只是单方面地欲求权力，尽管施暴者在否定他者自由的同时也肯定了他者的自由，但这只是一种必然且无为的结果。

三、暴力问题的理论渊源

对于萨特来讲，暴力是我们与他者的一种关系类型，在我们与他者本体论关系的冲突中，存有永恒的暴力可能性。前面我们已经分析了暴力的内涵、暴力的本体论基础、暴力的类型以及体现暴力可能性的形式，那么，暴力问题的渊源在哪里？此外，我们还需要追问萨特谈论暴力问题是否有价值？

关于暴力问题的渊源，我们前面已经谈到了萨特以"主奴关系"为例谈论了要求的基础，要求的态度，要求与自由的关系。可见，主奴关系理论在萨特谈论暴力问题时充当了一个十分重要的角色。而谈到主奴关系，我们不得不谈到黑格尔，因为萨特的主奴关系理论是在批判、借鉴黑格尔主奴关系理论的基础上建立起来的。科耶夫在《黑格尔导读》中指出："人类实在的'出现'只有在并通过'斗争'才能实现，这一斗争的高潮则是主奴关系。人类实在必然是根植于冲突或相互对立中的主人或奴隶的。"②无论主人还是奴隶

---

① Jean-Paul Sartre, *Notebooks for an Ethics*, David Pellauer, trans., The University of Chicago Press, 1992, p.250.

② Alexandre Kojève, *Introduction to the Reading of Hegel: Lectures on the Phenomenology of Spirit*, Allan Bloom, ed. James H. Nichols Jr., trans., Basic Books, 1969, p.12.

都要求得到他者的承认。在黑格尔看来，主人的意志在奴隶那里得到彻底贯彻，奴隶没有自己的意志，他也绝不可能命令主人。主人在奴隶那里看不到另一个自我意识，他看到的只是自己的自我意识。主人不直接面对世界，而是通过奴隶的劳动来满足自己的欲望，奴隶直接和世界打交道。奴隶的权力不是来自对主人的命令（意志），而是来自对世界的改造，对物质的塑形。所以它的权力和主人无关。主人间接地依赖奴隶的劳动来实现自己的欲望，在这个意义上，主人依赖于奴隶。

从萨特关于暴力的分析中，我们看到了黑格尔的主奴关系理论对萨特产生的影响，正是在这种主奴关系理论的根基上，萨特才得以建立其暴力的理论。不过这绝不意味着萨特完全支持黑格尔的主奴关系理论，而是对其进行了批判。萨特反驳道，"我描述了我与他者的关系。但是还有第三个要素：他者。在任何情况下，我都不是单独面对君主。第一，领导者或君主，他的助手或直接下属，通过相互承认在我眼前创造出一个无条件的自由环境（这是黑格尔忘记的一个层面，而且在此也无需描述。我只想说，在一个建立在压迫基础上的社会中，永远不会缺少相互承认自由的理想）"①。简言之，萨特认为黑格尔在谈论主奴关系时，忘记了一个维度，即他者。因为我们无法独自地面对君主或者领导者，所以我们需要相互承认自由的理想，正是这种相互承认产生了无条件自由。萨特接着指出："黑格尔的本体论乐观主义主张，我发现我的意识在另一种'我=我'的形式下不会改变。但是我已经证明，实际上通过转换有一个彻底的改变……操作的结果将纯粹是他者的统治。"②所以这种黑格尔式的通过主奴关系所构建的整体性在萨特那里是无法实现

---

① Jean-Paul Sartre, *Notebooks for an Ethics*, David Pellauer, trans., The University of Chicago Press, 1992, p.268.

② Jean-Paul Sartre, *Notebooks for an Ethics*, David Pellauer, trans., The University of Chicago Press, 1992, pp.270–271.

的，即黑格尔忽视了他者的他性。我们在《道德笔记》中也看到了萨特在论述暴力时，指出了施暴者在施暴时是自欺的，他对被施暴者采取的行动是对其否定、物化，不过在摧毁他者自由的同时，相应地也证明了他者的自由。这在黑格尔的主奴关系理论中是没有的。

承接上述分析，我们需要指出《存在与虚无》中的他者问题。因为萨特在《道德笔记》中指出黑格尔忘记了他者的维度，即忽视了我们与他者的"共在"，同时也忽视了他者的他性，这些理论实则源于《存在与虚无》中萨特对我与他者冲突关系的思考。萨特指出："人的实在无法摆脱这两难处境：或超越别人或被别人所超越。意识间关系的本质不是'共在'而是冲突。"①冲突是为他存在的原初意义。由于他者的注视，我发现了我与他者之间的冲突。"通过他人的注视，我体验到自己是没于世界而被凝固的，是在危险之中、无法挽回的。"②他者的注视使我的世界去中心化，我发现自身被对象化，成为他者眼中的一个对象，这使我体验到了在我之外与我的世界相异的世界的存在，我自身也发生了异化，我的存在此刻变成为他的存在。然而我不会满足于这种被对象化的局面，我也会注视他者，使他者的世界去中心化，使他成为为我的存在，简言之，就是超越他者的超越。这时，我们就可以通过实施暴力来实现对他者的超越。

关于萨特在《道德笔记》中对暴力问题的讨论与其《存在与虚无》中的与他者之间的冲突问题的分析，笔者同意桑托尼的分析，"对于我/他者'偷窃'、吸收、同化或恢复我/他者之自由的企图，萨特在《存在与虚无》中并未使用'暴力'一词来描述，但很显然，这些彼此间的侵犯配得上这个词，因为从词源的角度来说，侵犯（violare）——在这种情况下，侵犯自由的、有意识的主体——是'暴力'一词的词根（读者不妨回想一下，一种旨在恢复个人自由的

---

① ［法］让-保罗·萨特：《存在与虚无》，陈宣良等译，生活·读书·新知三联书店，2015年，第524页。
② ［法］让-保罗·萨特：《存在与虚无》，陈宣良等译，生活·读书·新知三联书店，2015年，第337页。

态度和方法甚至会谋划他者自由的'死亡')。事实上,根据我的判断,下述观点并不是很极端:暴力处于我'原初的堕落'和我原初的'为他的存在'的核心位置(这里把萨特的两个最令人难忘的陈述给统一起来了)。……不过,在继续之前,我想重申一点:前面对冲突的分析是基于萨特在《存在与虚无》中的说法,但他后来将这部作品称为'转变前的本体论',它'理所当然地认为转变是必然的'。甚至在《存在与虚无》后半部分的一个脚注中,他声称之前的分析'并不否认一种关于拯救和救赎的伦理学是可能的',而这种可能性'只有经过彻底的转变(我们在此无法探讨)之后'才会出现。"①。在这个世界上我不是孤独一人,还有他者的存在。我和他者若相遇,就会有冲突,因为他者将我看作他世界的一个客体,当然我也会将他视为一个客体。他者通过注视使我发生了异化,因此冲突是我与他者之间关系的本质。正因为这种冲突的本质,才使得萨特谈论暴力问题成为可能。不过,我们不得不承认,暴力是必要的,也可能是正当的。对于想要构建本真伦理学的萨特而言,我们在面对他者的威胁时,解决如何给自己的人生选择有道德的立场是十分必要的。我们在追求本真的过程中必然要承认他者的自由并促进其实现。

四、暴力问题的研究价值

在回答萨特谈论暴力问题是否有价值这个问题之前,我们首先需要证明的是《道德笔记》一书是否有价值,他写作这本书的目的是什么。萨特曾在《存在与虚无》的末尾谈到将写一部关于现象学的大约五百页的书,不过是要从伦理学角度来谈,这本书就是萨特在《存在与虚无》出版之后的四五年时间写成而生前却未发表的《道德笔记》。萨特使用"笔记"一词,是否意味着

---

① Ronald E. Santoni, *Sartre on Violence: Curiously Ambivalent*, The Pennsylvania State University Press, 2003, pp.19–20.

在萨特的《道德笔记》一书中没有成系统的体系,有的只是零散的想法,很显然答案是否定的。美国学者安德森在《萨特的两种伦理学:从本真到完整的人》中,指出"未出版的将近六百页的《道德笔记》依然是最全面的来源,我们从中可以发现萨特的第一种伦理学。"①《道德笔记》相较于《存在与虚无》一个最大的不同是萨特对意识的分析,《道德笔记》中的意识不再是一种纯粹的意向性,而是一种浸入式的,位于世界之中的意识。行动也是在世界之中的对物质世界的改变,而非仅停留于抽象的层面上。因此,萨特的《道德笔记》是对伦理学的一种新的尝试,它为我们提供了一种新的伦理学轨迹。美国学者索尼娅·克鲁克斯在《萨特的〈道德笔记〉:伦理学中失败的尝试还是新的轨迹?》中指出:"对我们来说,《道德笔记》不仅仅是萨特眼中的死胡同,也是一种新的哲学和政治轨迹的开创性表达。"②

暴力问题在《道德笔记》中又处于怎样的一种位置呢? 显然,研究暴力问题是延续《存在与虚无》中"为他的存在"的分析。萨特想要做的是,让我们理解"从人出现的那一刻起,暴力就作为纯粹可能性显现在世界中"③。暴力是自我与他者的一种关系类型,是揭露自我与他者之间关系的一种途径。我们通过分析暴力问题可以清晰地看到暴力是暧昧的, 施暴者在否定他者自由的同时,也肯定了他者的自由。美国学者派洛尔教授在《道德笔记》的译者导言中,指出了萨特这本书的三大主题分别是:历史问题、压迫与异化的区别及自由的辩证法。其中第二个主题中的压迫就是暴力的一种类型,因此研究暴力问题对《道德笔记》一书的整体勾勒是十分必要的,它在整本书中处于

① Thomas C. Anderson, *Sartre's Two Ethics:From Authenticity to Integral Humanity*, Open Court Publishing Company, 1993, p.43.

② Sonia Kruks, "Sartre's Cahiers pour une Morale:Failed Attempts or New Trajectory in Ethics?", *Social Text*, No.13-14, 1986, pp.184-194.

③ Jean-Paul Sartre, *Notebooks for an Ethics*, David Pellauer, trans., The University of Chicago Press, 1992, p.215.

一个关键的位置,暴力问题既开启了萨特对历史的分析,又为自由辩证法的提出做了铺垫。

在萨特那里,暴力具有"奇特的暧昧性",是自我与他者的一种关系类型。暴力是一种否定,它源于力又与力存在区别。自为存在与自在存在的区别是暴力得以产生的本体论基础。暴力有三种展开形式:进攻性暴力、防御性暴力、反暴力。而祈祷、要求等是体现暴力的方式,同时也是对他者的要求,他者对其的回应是拒绝、接受等。萨特谈论暴力问题源于对黑格尔主奴关系理论的分析与发展,从而暴力这一与他者的关系类型,既有与黑格尔式的主奴关系相同的地方,也有其不同。萨特在《道德笔记》中谈及暴力,与《存在与虚无》中的我们与他者的"冲突"关系是密不可分的。正是"冲突"的存在,才有分析暴力问题的可能性。在我们看来,萨特谈论暴力问题是非常有价值的,尽管他在《道德笔记》中所谈论的暴力内容冗杂,论点分散,但经过仔细分析、提炼我们还是能够看出萨特在此向我们所展示的相关思想:暴力是一种否定,但更准确地说,它是片面的肯定。从暴力的形式,例如,强奸、父母对孩子的指令来看,其要求他者与事物只是以其自身意愿的形式呈现,这等于截断了他者与事物存在的其他向度向其显现的可能性。

第三节 本真的实存

本真是萨特和海德格尔等哲学家思想的核心概念。尽管他们每个人都强调本真这种现象的不同特征,但他们对本真的看法却又有很多相似之处。"本真"(Eigentlichkeit)意为"实在的、存有的",这个词本身就有本体论的意味。伦理学主要探讨的是行动的标准问题,但应该以存在论为基础,有何种存在的预设就有何种行动的价值尺度。"本真"是海德格尔的本体论尤其是

《存在与时间》中的核心概念之一。对于海德格尔而言,本真既是具有虚无可能性的"此在"(Dasein),又是此在的诗意之在,从而成为连接海德格尔前后期思想的重要线索。

需要指出的是,尽管萨特的本真思想与海德格尔的本真思想有相似之处,但也有不同之处。萨特关于本真的讨论有一个发展过程。萨特在《存在与虚无》中所描述的人与人之间的关系是冲突的,每个人都渴望成为上帝,渴望将他者客体化。因此,萨特一开始是在意愿个体的本真,并未勾勒出真正意愿他者本真的伦理学。意愿他者本真是萨特后期著作要完成的工作。二战后,萨特越来越多地参与到战争中,通过文字和行动向当时的世界呐喊,因此他的哲学渐渐地尝试让所有人通过自身对世界的介入(commitment)来实现自身的自由。萨特意识到了他者的重要性,尤其是在《道德笔记》中,主张个体通过从非本真到本真的转变,不再追求成为上帝,而人与人之间的关系也没有必要停留在冲突上。

本真可以说是萨特伦理学的核心。何为萨特式的本真?本真与自欺、自因的关系如何?如何实现本真?在实现本真的过程中自我与他者的具体关系如何?前反思意识下的自因的谋划转变为本真的谋划如何可能?萨特在《道德笔记》中对这些问题进行了分析与阐释。

一、萨特对海德格尔本真理论的诘难

海德格尔在《存在与时间》中重拾自柏拉图以来被哲学家们遗忘的"存在"(Sein)问题,他运用现象学的方法,从具体的存在者出发追问存在。这个特殊的存在者就是海德格尔所言的"此在",它对存在有先天的领会。进一步讲,此在即原始状态下的人的存在。他指出,作为此在的人又可常见两种状态:本真状态与非本真状态。关注存在问题就是对本真的关注。"对这种存在者来说，关键全在于（怎样去）存在……因为此在本质上总是它的可能性，所有这个存在者可以在它的存在中'选择'自己本身、获得自己本身；它也可能失去自身，或者说绝非获得自身而只是'貌似'获得自身。只有当它就其本质而言可能是本真的存在者时，也就是说，可能是拥有本己的存在者时，它才可能已经失去自身，它才可能还没获得自身。"①

在海德格尔看来，本真与非本真（Uneigentlichkeit）总是联系在一起。"存在有本真状态与非本真状态……两种样式，这是由于此在根本是由向来我属这一点来规定的。但是，此在的非本真状态并不意味着'较少'存在或'较低'存在。非本真状态反而可以按照此在最充分的具体化情况而在此在的忙碌、激动、兴致、嗜好中规定此在。"②此在既可以是本真的，也可以是非本真的，而且多数时候，此在的存在处于非本真状态中。非本真是一种常态，我们总是陷入到这种状态，即陷入"沉沦"（verfallen）中。如何从非本真过渡到本真？海德格尔告诉我们，此在的存在需要"良知的声音"，即需要良知呼唤本真，从而回到"事物本身"。海德格尔的本真意味着此在能够超越在场的时间去面向虚无的可能性。良知建立在"向死而生"的存在结构中，对虚无的"畏"（Angst）将此在从其沉沦状态中强行拉出，使得此在承担自我的存在，对这个存在有所作为并创造自身的意义与价值。总体而言，海德格尔从此在出发，但是由于人与人之间先验的"共在"（Mitsein），而且这种共在是非本真的，我们总是受到常人（das Man）的诱惑，从而会陷入沉沦。海德格尔呼吁个体要摆脱沉沦，听从良知的召唤，从非本真状态回到本真状态中。

对于海德格尔而言，本真意味着此在的诗意存在是达到澄明之境的见证。对于萨特而言，实现本真更是他存在主义伦理学的意义所在。萨特与海

---

① ［德］马丁·海德格尔：《存在与时间》，陈嘉映、王庆节译，生活·读书·新知三联书店，2017年，第50页。

② ［德］马丁·海德格尔：《存在与时间》，陈嘉映、王庆节译，生活·读书·新知三联书店，2017年，第51页。

德格尔一样,都强调主体回到或者过渡到本真状态的重要性。但萨特的本真理论与海德格尔的本真理论不尽相同。萨特从如下三个方面对海德格尔的本真理论进行了批判:

第一,海德格尔的本真更多的是从本体论视角分析的。在萨特看来,"海德格尔正是把这种对我们固有偶然性的直觉看作是从事实性到事实性过技的最初动机。这种直觉是忧虑,是意识的呼唤,是罪恶感。真正说来,海德格尔的描述再清楚不过地表明他对于建立从本体论出发的伦理学的关注,虽然他声称对此并不感兴趣, 就像他十分注意要把他的人道主义与超越者的宗教方向调合起来一样"①。海德格尔不太关注伦理学问题,但是他的本真概念确实与伦理学问题相关联。本真状态意味着人直面自己向着死亡存在的不可逃避的境地,死亡将此在的存在结构显现出来。人们必死可又在此时活着,那就必须要对自己有所作为。这就涉及了伦理问题,即主体如何行动的问题。但海德格尔并未对诸多的伦理原理进行探讨,而是认为应该遵循本真的召唤,进一步讲应该遵循那些内心情绪的声音,这就是萨特所言的焦虑和罪恶感。我们在这里可以看出,依萨特所见,海德格尔的本真涉及伦理学层面,不过大致来讲,这种本真是一种存在论层次的问题。海德格尔认为对于这种存在的探讨比纯粹伦理学问题的探讨要重要。然而,萨特更多地从伦理学视角分析本真,本真是作为主体的我们要追求的伦理学目标。

第二,海德格尔的本真建基于我与他者之间先验的"共在"关系。由于先验的共在,此在在谋划自身的过程中,总是将自己的存在寓与常人,从而陷入非本真状态中。他从先验意义上探讨此在与他者之间的先验与质性关系。然而,对于萨特而言,我与他者的关系不是"共在"而是"冲突"。萨特的"注视"(look)理论与海德格尔的"共在"理论不同,他者的注视是他者出现以及

---

① [法]让-保罗·萨特:《存在与虚无》,陈宣良等译,生活·读书·新知三联书店,2007年,第115页。

我与他者发生关系的途径。我与他者之间处于原初的冲突之中,他者的注视将我客体化,使得我与自身发生了异化。也正因为这种看似否定的注视,刺激了主体不停地进行自由选择, 不停地行动去超越他者的超越。关于这一点,美国学者约瑟夫·卡特拉诺(Joseph S. Catalano)在《真诚及其他随笔:萨特伦理学的视角》(*Good Faith and Other Essays:Perspectives on a Sartrean Ethics*)一书中肯定了萨特的本真理论,并批判了海德格尔的本真理论。在卡特拉诺看来,海德格尔先验式的共在之下的本真态度会造成行动的被动性,而萨特的注视为我们提供了理解人与人之间关系的另外一种可能性,"只有注视才会穿透海德格尔式的'共在',以及各种形式的自身之间的神秘结合,这些结合往往会证明消极主义是帮助他者的一种方式"①。萨特对海德格尔"共在"理论的批判是有道理的。海德格尔批判共在,共在是非本真的。萨特对共在则持中立态度,注视理论给予他者存在一种合法的地位,给予共在一种可能性。萨特批评海德格尔先验地假定了合作的可能性,即"我们"的可能性。萨特认为海德格尔忽视了具体的处境,这种假定是抽象的和消极的。

第三,海德格尔本真的实现需要此在"向死而生";在他看来,死亡是此在的一种独特可能性,此在就是"向死而在"。此在朝向死亡的谋划使得此在的存在实现了自由死亡。萨特指出了海德格尔式死亡的荒谬性,萨特认为选择死亡与其他选择一样,不过是一种选择。因此此在对死亡的选择也是一种偶然性,这种选择并没有些许独特地位。他写道:"因此,在死亡面前的焦虑,毅然的决心或逃离到非本真性中去,都无法被认为是我们存在的基本谋划。相反,它们只能在活着这原初谋划的基础上,即在我们的存在的原初选择上被理解。因此,在任何情况下都应该超越海德格尔解释的结论而朝向仍然是

---

① Joseph S. Catalano,*Good Faith and Other Essays:Perspectives on a Sartrean Ethics*,Rowman and Littlefield,1996,p.32.

更基本的谋划。"①萨特认为死亡没有特殊性,其意义与其他选择的意义一样,均需要用多元自为本体论来理解。死亡只是多元自为本体论的一种现象。我们无法朝着死亡谋划自己,这只是一种可能性与事实性。相较于海德格尔的"向死而生",萨特更重视主体"活的"(lived)基本谋划。"个体的基本谋划是他的人生历程,是他为克服自己的基本选择所界定的自身欠缺而做出的不懈努力。"②萨特将自为视为一种谋划。基本谋划是将人的一生视为不断发展的面向未来的过程。

二、本真与自欺

萨特在《存在与虚无》的结尾处以及书中的脚注中,都表明了他要结束自在-自为这一价值统治,从而本真地将自由视为价值。这是从自欺的谋划朝向谋划本真的转变。我们在自欺的谋划中隐藏自身的自由。而谈论本真,就要首先谈论与本真相关联的一些思想与概念,例如,本真与自欺、自因以及他者之间的关联。

20世纪后半叶以来,作为萨特哲学体系尤其是其伦理学的重要组成部分的本真理论,引起了学术界的强烈关注。学者们对"本真"理论持有不同看法,大致可以归结为以下两种:部分学者认为萨特的本真伦理学是"唯我主义"的,以美国学者阿拉斯代尔·麦金太尔为代表;部分学者则对萨特的本真伦理学给予了肯定与辩护,例如美国学者斯托姆·赫特认为萨特的本真伦理学有其客观维度。

麦金太尔指出:"萨特……把自我描绘成完全不同于他可能碰巧承担的

---

① Jean-Paul Sartre,*Being and Nothingness:An Essay in Phenomenological Ontology*,Hazel Barnes,trans.,Philosophical Library,Inc.,1956,p.564.

② Gary Cox,*The Sartre Dictionary*,Continuum International Publishing Group,2008,p.89.

任何特定的社会角色……对萨特来说，核心的错误是他将自我与其角色等同起来，这一错误带来了道德上的自欺和理智上的困惑。"①麦金泰尔认为，萨特的本真伦理学是伦理主观主义的，因为所有的信仰与评价都是同等非理性的；这就使得行为者在特定处境下选择坚持哪种立场以及实现哪种承诺似乎并不清楚。赫特教授则指出，麦金泰尔对萨特本真理论的看法属于典型的标准观点。该观点认为，"本真乃是一种主观的道德标准，包括以热情和反思行事。根据这种观点，衡量一个人生活方式的唯一道德标准是内在一致性"。赫特认为萨特的本真伦理学与标准观点不同，绝不是"唯我主义"。他看到了"处境"（situation）对萨特伦理学的意义，这就意味着本真伦理学有其客观维度，并且"只有当一个人承认自我塑造是一个需要在自我的主观维度和客观维度之间进行协商的社会过程时，他才会表现出自身意识"②。更为重要的是，赫特指出："本真之人必须有尊重他者自由的倾向。本真之人不得以牺牲他者自由为代价追求自己的自由。"③我们并非单独的个体，而是生活在世界之中和他者之间。我们需要获得他者的承认（recognition），承认理论将存在主义推向了社会伦理范畴，而非"唯我主义"。

事实上，萨特的本真伦理学绝非"唯我主义"，而是具有客观维度。唯我论者由于误读了萨特的本体论，从而认为萨特从意识出发的本体论必然导致主观主义的伦理学。然而，萨特的意识不仅是主观意识，而且是一种关系，这种关系虽然是意识的关系，但是显然已经超出了意识的层面。认为萨特的本真伦理学存有客观维度的那些学者，只是看到了伦理学层面的他者体现

---

① Alasdair Macintyre, *After Virtue: A Study in Moral Theory*, University of Notre Dame Press, 2007, p.32.

② T. Storm Heter, *Sartre's Ethics of Engagement: Authenticity and Civic Virtue*, Continuum International Publishing Group, 2006, pp.78–79.

③ T. Storm Heter, *Sartre's Ethics of Engagement: Authenticity and Civic Virtue*, Continuum International Publishing Group, 2006, p.87.

了客观维度,却并未看到本体论层面的东西。萨特本真伦理学的客观维度具有双重性。一方面,他的本体论是关系的本体论。虽然这种关系的本体论仍然从意识出发,但它并非唯我论的哲学,而是客观性的本体论的阐释。另一方面,正如部分学者所言那样,萨特本真伦理层面的客观维度涉及他者,承认他者的自由也是其客观维度的体现。自我需要他者的承认,反之亦然。本节旨在探讨萨特本真理论以及本真与自欺的关系,并为其本真理论进行可能的辩护。

萨特在《反犹分子与犹太人》一书中为本真下了定义,该书是他讨论本真问题的经典著作。萨特认为:"很明显,本真在于对处境有清醒和真实的认识,承担处境所要求的责任和风险,以骄傲或谦逊、有时甚至带有恐惧和仇恨的态度呈现自身。"①显然,萨特在这里列出了本真存在的两个条件:清醒意识和接受责任,反之则是非本真的。如果说个体对自己的处境具有清醒的意识并主动地承担责任是本真的话,那么个体否定或者逃离自己的处境则是非本真的。反犹分子的态度是非本真的,他们表达出来的恐惧是"对人的境况的恐惧"②。犹太人又如何呢?是不是说他们一定是本真的呢?显然不是。犹太人也会采取非本真的态度,从而逃离他们作为犹太人的处境。无论是犹太人还是非犹太人,他们如何逃离自身的处境?对于萨特而言,主体通过"自欺"逃离自身的处境。

萨特似乎在《反犹分子与犹太人》中指出,本真的存在仅需要拥有清醒意识和接受责任。美国学者安德森断言,萨特的这部著作允许本真的杀手、本真的纳粹分子存在③,因为他们这些人在行动时符合萨特所言的两个条

---

① Jean-Paul Sartre, *Anti-Semite and Jew*, George J. Becker, trans., Schocken Books, 1948, p.110.

② Jean-Paul Sartre, *Anti-Semite and Jew*, George J. Becker, trans., Schocken Books, 1948, p.54.

③ Thomas C. Anderson, *Sartre's Two Ethics: From Authenticity to Integral Humanity*, Open Court Publishing Company, 1993, p.55.

件。萨特并未证明关乎他者的本真条件的正当性。但是,正如赫特所言,大多数人像安德森一样忽视了萨特在这本书中隐含的本真的第三个条件:尊重他者。"存在主义的本真不允许本真的连环杀手或本真的纳粹。如果《反犹分子与犹太人》的核心道德标准被证明是认可其所要谴责的行为,那将是一个可怕的失败!《反犹分子与犹太人》一书的主要目的是表明反犹太主义(以及更普遍的种族主义)在伦理上是恶的。"①

萨特在《存在与虚无》和《道德笔记》中也谈及了本真理论。萨特曾在《存在与虚无》的一处脚注中写道:"如果个体处于真诚的或自欺的之间没有区别,那是因为自欺重新把握了真诚并溜进那个真诚的原初谋划之中,这不是要说人们根本不能逃避自欺。但是这假设了被它本身败坏了的存在的自我恢复,我们名之为本真,而这里还不是说明它的地方。"②他肯定了个体从自欺转变为本真的可能性。个体可能把自身从自欺的倾向性中解脱出来,实现个体的本真。在萨特看来,个体应该将自身从自欺中跳出来,尝试寻找一种本真的生活方式。萨特在《道德笔记》中更加清晰地阐释了本真伦理学。"本真表明,唯一有意义的谋划是做的谋划(不是存在的谋划),并且做某事的谋划本身在没有坠入抽象事物中(例如,要做善事以及总说实话的谋划,等等)时不是普遍的。一个有意义的谋划就是作用于一个具体的处境并且用某种方式来修改它。这个谋划意味着从属的行为形式:它可能意味着不逃跑,或者切断手腕而不说话……因此,本真最初在于拒绝任何存在的追求,因为我永远都是虚无。"③本真涉及到个体不断选择自身是什么,而非永久地成为所

---

① T. Storm Heter, Sartre's Ethics of Engagement: Authenticity and Civic Virtue, Continuum International Publishing Group, 2006, p.77.

② Jean-Paul Sartre, *Being and Nothingness: An Essay in Phenomenological Ontology*, Hazel Barnes, trans., Philosophical Library, Inc., 1956, p.70.

③ Jean-Paul Sartre, *Notebooks for an Ethics*, David Pellauer, trans., The University of Chicago Press, 1992, p.475.

是的某物。本真之人承认自由、承担责任等。本真与自欺是相对的,是对自欺的克服。

萨特认为,自欺是一种本体论状态,它与自由密不可分。对于个人而言,我们无时无刻不在经受自欺的引诱;我们尝试通过自欺逃避绝对自由带来的责任、逃避选择的痛苦。因此,萨特认为人们大多数时候都在自欺,真诚实则也是一种自欺。在真诚与自欺中,我们都是在尝试成为一种自在存在,即使在真诚中我们也是在逃离自身真正的实存。萨特式的伦理学是自由的伦理学,本真是所有人都要追求的最根本的价值,是萨特伦理学的核心。

尽管萨特并未对自欺下一个明确的定义,不过本真与自欺息息相关。在分析萨特谈论本真的原因之前,我们需要交代一下他对自欺的界定以及自欺与本真之间的关联。对于萨特而言,自欺与自由相关:"人们必然是自由的,或者正如萨特所言,人们'命定是自由的'。自为永远不能放弃其自由。"[1]自由相关联于自为。自为在本体论的层面不得不去选择,而选择就意味着自为不得不是自由的。自由是自为实存的一个必要属性,自为永远不能放弃其自由。追求自由意味着承担相应的责任,但是自由也会给我们带来焦虑,为了逃避焦虑,我们总是受到自欺的诱惑,从而逃避责任。从萨特的《存在与虚无》《反犹分子与犹太人》以及《道德笔记》等著作来看,我们有两种理解自欺的方式:第一,从本体论上说,自欺是不可避免的,自欺是自为的一种本体论状态,我们注定是自由的。作为自由的主体,人会产生恐惧和逃避自由,即我们有自欺的选择,这也是一种自由。第二,从伦理上说,追求本真的伦理学在规避自欺。不过,倘若自欺作为自为无法逃离的一种状态,追求本真将是无比困难的。自欺因而成为我们实现本真路上的绊脚石。

然而,很多学者并未注意到自欺这两个不同的层面。例如,美国学者林

---

① Gary Cox, *The Sartre Dictionary*, Continuum International Publishing Group, 2008, p.85.

森巴德曾说过："《道德笔记》要求并试图回答的一个基本问题是，'考虑到我们对成为自因的自欺谋划的本体论趋势，本真如何可能？'"①虽然林森巴德在这里指出，自欺在萨特那里是一种本体论状态，并且我们原初就具有自欺的谋划，但是他强调萨特想要克服这种自欺状态从而走向本真。萨特的"自欺"是一种本体论状态，是无法克服的，它与自由不可分。我们应该从本体论和伦理学这两个不同维度分别谈论萨特的自欺，林森巴德在这篇论文中并没有清楚地看到自欺的不同维度的差异，他更多地从本体论角度关注自欺的消极层面。关于自欺与本真的关系，部分学者只看到了萨特自欺理论的消极一面，即自欺是无法克服的本体论状态，而并未注意到自欺既是一种本体论状态，又是一种自由选择的谋划，这就意味着我们还有选择其他谋划的可能性。美国学者安德森指出："如果自欺是一个自由的决定，就必然意味着自欺既非必要的也非无法避免的。太多人错过了萨特的分析中这个积极的一面，这一点是令人惊讶的。的确，萨特在这几页中声称，真诚和诚恳（企图成为所是的）本身都是自欺的形式。然而，萨特也谈到了其他选择的可能性，这也是同样真实的。最重要的是，萨特在《存在与虚无》的脚注中断言，'从根本上摆脱自欺是可能的。但是这假设了存在的自我恢复，我们称之为本真。'……本真意味着必须让个人愿意承认他或她既是自由又是事实性。"②萨特在《道德笔记》中指出，从伦理学意义上说，自欺是我们要规避的，它是一种非本真的生存方式，我们需要逃离自欺走向本真。

---

① Gail Evelyn Linsenbard, *An Investigation of Jean-Paul Sartre's Posthumously Published Notebooks for an Ethics*, University of Colorado, 1996, p.138.

② Thomas C. Anderson, *Sartre's Two Ethics: From Authenticity to Integral Humanity*, Open Court Publishing Company, 1993, p.16.

三、本真与自因

自欺是实现本真路上的绊脚石,但是,我们同样不能忽略的是主体原初自因的谋划(the project of the Causa Sui)。在伦理学层面上,本真与自欺是相反的,本真是对自欺的克服。自因的谋划是自欺的,我们需要通过反思来克服意识在前反思下所追求的自因的谋划,从而追逐本真的谋划。

萨特在《存在与虚无》的导言中写道:"不滥用'自因'的表述是完全明智的,因为自因总是假设一种进展,一种'自因'对'自果'的关系。干脆说意识是自己存在的,这会更准确些。"①也就是说,意识是自己存在的,是自己对自己的规定,而非一种自因的生成。因为有"因"就必须有"果",所以相对于意识而言,存在并不具有这种因果决定论的性质。意识具有虚无性,这种虚无导向能够揭示存在本身的欠缺,即非存在。萨特在《道德笔记》中明确对自因进行定义,"从一开始,'自因'就不能使我们脱离开存在:正是一个存在,它作为存在,它自己是自己的原因。在其自身中为了自在而引发出自身的自在……自在自身的自因是如下存在,其本质暗含了实存或者说必然实存"②。萨特认为自因是纯粹思想中的构造物,他甚至指出:"作为非自在而是自为的意向性与从该意向性中流溢出来的自在的关系还有待理解。我们必须回过头来考虑自因的观念。"③这就意味着,萨特考察自因,并不是说自因理论本身多么有意义。恰恰相反,在萨特看来,自因学说本身存在悖谬。萨特之所以谈及

---

① [法]让-保罗·萨特:《存在与虚无》,陈宣良等译,生活·读书·新知三联书店,2015 年,第 13 页。

② Jean-Paul Sartre, *Cahiers pour une Morale*, Gallimard, 1983, p.158. 参见英译本 Jean-Paul Sartre, *Notebooks for an Ethics*, David Pellauer, trans., The University of Chicago Press, 1992, p.527. 由于英译本此处有误,在此采用法文本。

③ Jean-Paul Sartre, *Notebooks for an Ethics*, David Pellauer, trans., The University of Chicago Press, 1992, p.150.

自因,是因为要通过对照自因学说构造自身的从意向性出发的自为本体论,从而更好地阐释自为与自在的关系。

萨特考察了亚里士多德、笛卡尔、斯宾诺莎、康德等对自因理论的见解。亚里士多德在《形而上学》中提到,"明显地,'理性既以预拟为自身不作运动'这当致想于最神圣最宝贵的事物而不为变化……理性'神心'就只能致力想于神圣的自身,而思想就成为思想于思想的一种思想"①。这个不动的推动者就是上帝。在萨特看来,自因如同亚里士多德所说的上帝或者神,他无法在自身中发现创造自身之外的任何东西存在的动机。自因是一种纯粹的主观性本质,是从对自身的提取中存在的,其目的仅是为了表达"人对其作为自己基础的谋划"②,也就是说,自因与因果世界关联在一起,无法分离。

传统形而上学认为,上帝是自因的,是纯粹的存在者,上帝构建世界上的其他存在者。在中世纪,自因概念通常在否定意义上加以使用,该概念本身是一个矛盾概念。到了近代,笛卡尔第一次从正面意义上谈论自因,并且直接将其等同于上帝。上帝"不需要任何帮助而被保存,因此他在某种方式上是自因的"③。笛卡尔的自因概念出现在《第一哲学沉思集》中神学家卡特鲁斯与阿尔诺二人对笛卡尔理论的批评中。他们批评了笛卡尔的如下观点:如果一切存在者的存在都需要原因,并且上帝也是一个存在者,那么上帝的存在也需要原因,这与基督教中将上帝视为无需原因的完美者相矛盾。即使上帝是自身存在的原因,那也是不合理的。"一切原因都是结果的原因,一切结果都是原因的结果;从而在原因和结果之间有着一种互相的关系:而只有在两个东西之间才可能有一种互相的关系。"④笛卡尔的因果性原理告诉我

① [古希腊]亚里士多德:《形而上学》,吴寿彭译,商务印书馆,1995 年,第 254 页。

② Jean-Paul Sartre, *Notebooks for an Ethics*, David Pellauer, trans., The University of Chicago Press, 1992, p.527.

③ [法]勒内·笛卡尔:《第一哲学沉思集》,庞景仁译,商务印书馆,1986 年,第 238 页。

④ [法]勒内·笛卡尔:《第一哲学沉思集》,庞景仁译,商务印书馆,1986 年,第 212 页。

们,原因和结果是不同的,原因不能等同于结果,因此似乎笛卡尔仍然是在肯定的意义上讨论自因的。

笛卡尔似乎将上帝视为原因,而将自然或者人类世界视为结果,这显然违背了基督教中对上帝的看法,即上帝是完美的,它无需原因。"现在让我们看看所产生的存在不得不是什么。该存在不能处于无差别的惰性中,即不能继续作为偶然存在。这就是笛卡尔认为的持续创造的意义……被创造的存在与自因的存在具有相同的本质。创造的起源是其自身的原因。"①可见,萨特对笛卡尔的自因理论持一种反驳的态度。他认为笛卡尔意义上的自因意味着自在与自为的统一,自在导致虚无,虚无又导致存在,二者无法分离。然而从对于人的存在过程来看,二者是不可能统一的,其统一本身就是一种矛盾,所以自因概念本身是虚无的,因果概念本身就包含着一条无法弥补的裂缝。

在继承与批判笛卡尔的自因概念基础之上,斯宾诺莎直接将上帝等同于自因,从而使自因概念成为近现代形而上学的理论根基。他在《伦理学》中是这样定义"自因"的:"自因(causa sui),我理解为这样的东西,它的本质(essentia)即包含着存在(existentia),或者它的本性只能设想为存在着。"②由此可以看出,斯宾诺莎将自因等同于本质包含着实存的实体,也就是作为自因的存在的上帝。与笛卡尔不同,斯宾诺莎并未将作为自因的上帝视为超越的,而是视为自然万物的"内在原因"。也就是说,斯宾诺莎完全将上帝当作唯一的、在自然界中的实体,其他样式都是上帝产生的。萨特指出,对于斯宾诺莎而言,一切存在都是必然的,因为斯宾诺莎认为事物得到了严格确定和预先安排。斯宾诺莎要谈存在如何演变成各种各样的事物。也就是说,自在的实体与自因的存在一样,没有否定性,无法否定自身。对于斯宾诺莎的自

---

① Jean-Paul Sartre, *Notebooks for an Ethics*, David Pellauer, trans., The University of Chicago Press, 1992, p.152.

② [荷]斯宾诺莎:《伦理学》,贺麟译,商务印书馆,1997 年,第 3 页。

因思想,萨特也持反驳态度:只有自为的否定性与匮乏性才能使得存在走向样式。这就意味着,尽管斯宾诺莎在一定程度上批判了笛卡尔"自因"的概念,却并未解决自因概念本身的悖论。"至少从逻辑上说,斯宾诺莎并没有正面回应自因概念的明显自相矛盾和悖谬性……正像前文所提到的,阿诺德正是通过这个简单的反驳迫使笛卡尔放弃了将上帝最终解释为动力因意义的自因的努力,转而诉诸形式因。表面上看,斯宾诺莎似乎完全无视阿诺德的这一批评,但是这并不意味着后者所揭示的困难就自动消失了。"①

继笛卡尔、斯宾诺莎之后,许多哲学家都放弃了自因这个矛盾重重的概念,康德便是其中之一。康德的因果性原理并非类似于形而上学的上帝这一自因的存在,而是应用于经验世界的因果性法则,不过康德是假定理智直观的。"康德关于理智直观的假设尤其是荒谬的,因为该假设有必要预先设定产生自身而非自身的意识。"②尽管康德并不认为人有理智直观,理智直观只有上帝才会具有,但是康德认为上帝是自因的。康德并不断定上帝是否存在,但他会不断假定上帝,并且用上帝的观念作为参照来审视人的认识与道德。例如,康德肯定人有先验感性直观,但是却否定人有理智直观,就是因为后者只有上帝才有。就像否认上帝存在一样,萨特从根本上否认康德提出的理智直观的存在。上帝死了,人要成为自身的上帝。萨特指出:"自为是上帝,因为如果它决定存在有意义,那么,存在对自为来说就有意义。但由于自为是一个绝对的主体,所以它绝对确信存在是有意义的。"③

萨特在对这些哲学家的观点进行分析与批判之后,在《道德笔记》中明

---

① 吴增定:《自因的悖谬——笛卡尔、斯宾诺莎与早期现代形而上学的革命》,《世界哲学》,2018 年第 2 期。

② Jean-Paul Sartre, *Notebooks for an Ethics*, David Pellauer, trans., The University of Chicago Press, 1992, p.525.

③ Jean-Paul Sartre, *Notebooks for an Ethics*, David Pellauer, trans., The University of Chicago Press, 1992, p.485.

确谈及了自己对自因理论的态度。对于萨特而言,自因的自在带来自身的否定,自因本身不具有逻辑必然性。自因的自在无法与无差别的外在性的非存在相关联,因为这种无差别外在性的非存在是偶然的,而非必然的。"自因本身作为自身的虚无而存在,以便从自身中抽离出来。"①萨特指出,产生于自由的即将到来的存在为过去已经是的存在提供了理由,这个偶然存在为了产生自因而使整体得到辩护。自因意味着所引起的自身与自身是同一个东西,也就是说,自因无法创造超出自身之外的存在。自因预先设定了在自身到来之前就已经有原因,自因先验地维持自身。对于自因的存在而言,该存在是其自身的创造者而非创造物,这个自因的存在,即上帝是创造中的上帝,而非创造物。这就是萨特所说的自因的谋划。自因的谋划企图将存在归于自身,由于我们感到自身是自由的,所以我们在面对世界时会感到焦虑。自因的谋划就是为了逃避自由与焦虑,该谋划"重点在于原初活动上,而不在于其产物上"②。因此自因的存在是存在的充盈,所以原因与结果作为自因的存在互为因果。自因的存在是原因必然引起的结果,其存在是被限定好的,所以萨特接着说道:"我们会否定存在的无所不能。"③自因的存在最终会陷入到不可能性中,即自身无法从其虚无中抽离出来。由此可以看出,自因是无法实现的。萨特眼中自因本身具有自相矛盾的特性,主要表现在三个方面:

第一,自因欠缺基础的存在,"因此,归根结底,在自身的原因中,我们并未发现产生存在的虚无,而发现了将自身把握为欠缺基础的存在,即一种将

---

① Jean-Paul Sartre, *Notebooks for an Ethics*, David Pellauer, trans., The University of Chicago Press, 1992, p.150.

② Jean-Paul Sartre, *Notebooks for an Ethics*, David Pellauer, trans., The University of Chicago Press, 1992, p.516.

③ Jean-Paul Sartre, *Notebooks for an Ethics*, David Pellauer, trans., The University of Chicago Press, 1992, p.519.

偶然性转化为必然性的谋划"①。这个从偶然性到必然性的谋划充分表明作为自因的存在是欠缺意向性的,或者说欠缺自为的否定性,而意识的意向性或者说自为的否定对于萨特而言是至关重要的,自为的否定是其构建整个本体论的基础。与自因的自在不同,自为作为出发点只是"去存在"(to be)的一种意向性谋划,其本身并无任何本质性的基础,毋宁说这种基础是它后来塑造出来的。

第二,自因所引起的自身与自身是同一个东西。我们知道,"在我创造自身的程度上,我逃避了自身,因为我作为被创造的存在,不得不摆脱创造者无根据的非存在"②。因此,在创造自身成为上帝即成为自因的存在的时候,我们必须将自身创造为他者,在自因那里,存在尚未实存,且没有任何东西可以超越,那么超越就会变得不可能,这种返回到自身的活动就是不可能的。与此同时,如若将自因视为纯粹活动,这种活动是在没有预先实存的模式基础之上给予自身存在的,那么这一原初选择便是纯粹无理性的。③

第三,自因预先设定了原因,但是在实际过程中存在往往会偏离预先设定的轨道。与自因的谋划不同,自为的谋划(the project of the For-Itself)没有任何必然性。自为的谋划是一个过程,实存者在这个谋划的过程中放弃"自在-自为"(in-itself-for-itself),实存者通过后天来维持自身,实存者接受的是弥散存在的模式,这就意味着该存在建基于偶然性而非绝对必然性之上,从而重新获得自身。④因此,对于萨特而言,谋划是一个过程,不是一种状态,而

---

① Jean-Paul Sartre, *Notebooks for an Ethics*, David Pellauer, trans., The University of Chicago Press, 1992, p.151.

② Jean-Paul Sartre, *Notebooks for an Ethics*, David Pellauer, trans., The University of Chicago Press, 1992, p.440.

③ Jean-Paul Sartre, *Notebooks for an Ethics*, David Pellauer, trans., The University of Chicago Press, 1992, p.516.

④ Jean-Paul Sartre, *Notebooks for an Ethics*, David Pellauer, trans., The University of Chicago Press, 1992, p.479.

自因恰恰就是萨特所反对的那种状态。

既然萨特已经看到自因本身的自相矛盾性,那么他为何要在其作品中,尤其是《道德笔记》中,频繁使用自因概念呢?在萨特那里,自因的存在等同于自在-自为,或者说上帝。"我们已看到,这个存在就是'自在-自为',它变成了实体的意识,变成了自因的存在,就是上帝-人。"[①]而人始终朝着成为上帝的方向努力。"人的实在的存在根本上不是一个实体而是一种被体验到的关系。"[②]那么,萨特所说的存在实则就是欲望所欠缺的存在,欲望就是像这样自己努力着的,欲望努力实现价值,实现这种"自在-自为"或者说成为自因的存在。上帝是一个自因,是一个永远的目标。而人永远在过程当中,在欲望的趋向之中。人是一种匮乏与欠缺,人永远在欠缺的过程中追求上帝,走向自因,这是人的自然欲望。只不过人是不同于这个实体的过程而已。欲望努力实现这种自因理念,即"自在-自为"的价值。

萨特谈论自因问题的原因大致分为三个方面:第一,从萨特以自为作为出发点的本体论来看,我们需要澄清欠缺的三位一体结构。萨特不认为有自因,而自因又是一种永远的欠缺,或是一种根本的欠缺,甚至是一种值得追求的价值。第二,从萨特企图勾勒伦理学体系的目的来看,他又将自因与"创造"(creation)思想联系在一起。然而这种创造却毫无新奇的特性,这种创造类似于黑格尔的"我=我"(I = I)模式,没有产生任何新的东西,这是一种从原型出发的创造,自因的存在想要成为它的那个我的源泉,想要成为创造世界的那个存在,然而这种创造毫无意义与价值。第三,从萨特企图勾勒伦理学体系的目的来看,他还将自因与"本真"(authenticity)思想紧密相联。我们在此主要分析萨特谈论自因问题的第三个原因,即自因与本真之间的关联。

---

① [法]让-保罗·萨特:《存在与虚无》,陈宣良等译,生活·读书·新知三联书店,2015年,第609页。

② [法]让-保罗·萨特:《存在与虚无》,陈宣良等译,生活·读书·新知三联书店,2015年,第697页。

"本真在于通过非存在的模式来揭示存在。"①这是萨特所声称的本真实存的必要条件之一。非存在意味着存在让自身欠缺，欠缺意味着否定与可能，也意味着人是自由的个体。当谈及自因与本真这个问题的时候，我们不得不涉及自欺(bad faith)。从伦理学层面上，本真与自欺是相反的，本真是对自欺的克服。自因的谋划是自欺的，我们需要通过反思来克服意识在前反思下所追求的自因的谋划，从而追逐本真的谋划。本真是审慎且持续的谋划，个人在此谋划中肯定自己的自由。

意识在前反思下会追求自因的谋划，并将自身转化为"自在-自为"，从而获得或占有存在。意识或者说自为追求自因是因为我们感到自身是自由的，所以我们处在焦虑中，而自因的谋划是我们逃避焦虑与自由的方式。在萨特那里，原初的谋划是自因的谋划。不过，在反思意识状态下，不纯粹反思会刺激纯粹反思的出现。二者的转变意味着人们进入到了道德层面，从非本真向着本真的实存过渡，也意味着从自因的谋划走向本真的谋划。那么，自因的谋划与走向本真的揭示的谋划有何不同？我们如何实现走向本真的揭示的谋划呢？

自因的谋划作为虚无的自为给予自身以存在，从而自身变成"自在-自为"的整体。与之相反，在揭示的谋划中，存在与自为同时被给予。揭示存在的谋划与自因的谋划是相对的。在自因的谋划中，自在给予自身以自为，自因通过该谋划重新获得而非失去自身。也就是说，对于自因而言，自在与自为是一个整体，自因预设了原因及其结果。存在在自因中陷入无差别的外在性中，这就意味着存在同时不存在。在揭示的谋划中，自为在虚无化自身的过程中重新获得自身，自为是偶然的，在揭示存在的过程中产生了存在。在自因的谋划中产生存在的不是自为，而是自在，"不是自为产生存在，正是存

---

① Jean-Paul Sartre, *Notebooks for an Ethics*, David Pellauer, trans., The University of Chicago Press, 1992, p.474.

在在想要重新捕获自身时失去了其存在"①。朝向本真意识的转变就能实现从自因的谋划到揭示的谋划的过渡。本真的意识便意识到其在世界面前是"慷慨的"（generous），其涌现就是世界的创造。

四、本真与他者

美国学者赫特教授认为，本真是存在主义伦理学的主要道德美德。对于萨特而言，本真是一个深刻的社会谋划，除了超越自欺之外，还需要尊重他者。②人必须去意愿自由，从而使得自身的自由成为谋划的部分本质。我只有在承认自身是自由的，承认自由是其存在的最根本的部分，才能称得上是自由的。此外，我还需要承受自由随之而来的责任。从本体论上说，人是自由的。人在创造意义与价值的过程中需要承认这一点，这是实现本真的必要条件。从伦理学上说，本真是萨特伦理学的目标。个体在努力追求本真的过程中，必然会遇到他者，而他者的存在是我们实现本真路上的绊脚石。追求自由意味着承担相应的责任，但是自由也会给我们带来焦虑，为了逃避焦虑，我们总是受到自欺的诱惑，从而逃避责任。对于萨特而言，总是处于自欺之中的我们使得本真的伦理学很难实现。

萨特的伦理学是自由的伦理学。自由具有绝对的价值。谈论本真逃不掉自由，本真之人需要承认自身的自由，同时也要承认他者的自由。个体需要他者证明自身的正当性，同时实现本真需要自身与他者建立积极的关系。本真不仅包括承认自身的自由，也包括尊重他者。以往标准观点对萨特式本真

① Jean-Paul Sartre, *Notebooks for an Ethics*, David Pellauer, trans., The University of Chicago Press, 1992, p.483.

② T. Storm Heter, *Sartre's Ethics of Engagement: Authenticity and Civic Virtue*, Continuum International Publishing Group, 2006, p.75.

的解读只是注意到了本真对自身自由的承认。萨特在《存在与虚无》中，将人与人之间的关系描述为冲突的。"人是一种无用的激情"，在前反思状态下我们都会追求自在–自为的原初谋划，即意愿成为上帝。那么，此时我与他者的关系不外乎两种：要么我被他者客体化，从而使我自身变成像物一样的东西，完全受他者支配；要么我逃离这种被支配的处境而客体化他者，从而将他者客体化，使得他变成为我的对象。

我们处在世界之中和他者之间，他者的出现异化了我。我们在实现自由、追求本真的过程中，总是免不了受到他者的注视。例如，在他者的注视下，我成为偷东西的小偷，他者的注视固定化了我的本质，此时的我想要将他者作为对象逃脱他对我的注视。我之所以依然意愿他者的自由，目的是为了从他者这一令人异化的意识中解脱出来，并且正当化自身。"创造必然意味着客体化，而客体化只能由他者带来。"①然而，为了避免自因的矛盾，我成为自身之外的东西，在我的主体性朝向客体性时，我的主体性从我身上被偷走了。

萨特在随后著作中渐渐弱化了人与人的冲突。贝尔纳–亨利·列维在《萨特的世纪——哲学研究》一书中指出，萨特说："我是被别人迫使的。青年时期，我是在'没有相互性的意识'，或者更准确地说是在'没有别人的意识'中寻找道德基础的。让每一个个人都'过分地独立'，或者即使有束缚，也是将个人束缚在融合集团或誓言的'博爱–恐怖'中。然而，我现在知道，这是没有意义的。我知道我的意识不仅与别人的存在联系在一起，也受别人的存在，甚至是别人的不存在的限制，我的意识是由别人的存在和不存在形成的。这是一个新的信念；是一种新的观念，认为意识充满了由于别人的迫使而产生的东

---

① Jean–Paul Sartre, *Notebooks for an Ethics*, David Pellauer, trans., The University of Chicago Press, 1992, p.128.

西;是一种直观,认为心灵可以毫无分别地成为主体或客体"①。萨特认为他逐渐发现了人与人之间存有这种无法分割、同为自由的智慧。

　　萨特在《道德笔记》中不再将他者视为敌对之人,他认识到实现本真需要他者的保证。没有他者的介入,世界也不会向我显现,我的本真也会成为无稽之谈。尽管他者使我产生异化,却恰恰是他者使我的存在甚至我的价值有了意义。就此而言,他者拯救了我。他在《道德笔记》中指出,我们要揭示他者的实存,追求本真之爱。"揭示他者的在世之在,接受这种揭示,并将这种存在置于绝对之中;在不占有该存在的前提下,为它感到高兴;根据我的自由来给它以安全,并且仅在朝向他者的目的时超越它。"②本真之人促使我们揭示他者并服务他者。我们追求本真,意愿他者的自由,而并非仅将意愿他者的自由作为正当化自身的途径。"他者的自由既是我的自由在他性维度上的延伸——既然它与我都追求相同的目的——同时也把这个目的与我区分开,接受并维持它。但从冲突的角度来说,它并没有与我区别开——这种冲突是一种对立,其中每个自为都否认自己是他者,并将他者构成为对象;就它否认他者是它而言,这是一种主动的否定,而就他者否认与它的同一性而言,这是一种被动的否定。……实际上,具体地承认他者的自由,就是根据它自己的目的(以及它所经历的困难,它的优先性)来承认它,它是要领会它。"③美国学者约瑟夫·卡特拉诺指出:"我们需要其他人发现我们是如何在世界上出现的;事实上,我们需要他者而变成一个人,以获得我们的那个自身性。"④简言之,我自身具有社会维度,我与他者之间的交互主体性关系使得

---

　　① ［法］贝尔纳–亨利·列维:《萨特的世纪——哲学研究》,闫素伟译,商务印书馆,2005 年,第793 页。

　　② Jean–Paul Sartre,*Notebooks for an Ethics*,David Pellauer,trans.,The University of Chicago Press,1992,p.508.

　　③ Jean–Paul Sartre,*Notebooks for an Ethics*,David Pellauer,trans.,The University of Chicago Press,1992,pp.280/283.

　　④ Joseph S. Catalano,*Good Faith and Other Essays*,Rowman and Littlefield,1996,p.20.

我要做本真的自己,我必须在承认自身自由的同时承认他者的自由,并且尊重他者。正是他者使我成为我自己。我的自身性甚至自由都需要他者的承认。

　　萨特的哲学是一种"介入"哲学,因此关于他者问题的讨论,是其存在主义伦理学的重要问题之一。波伏娃指出,存在主义伦理学"并不能比科学或艺术提供更多药方。我们能做的只是提出一些方法"①。萨特与波伏娃的看法相似,尽管存在主义伦理学不是药方,但是却可以为我们提供行动的方针,那就是承认自由。要想通达本真,个体必须首先将自由视为绝对价值,并且尊重自身的自由选择,当然也要尊重他者的自由选择。只有在他者实存的情况下,个体的实存才有其正当性。萨特在《道德笔记》中所描绘的伦理学是关于本真的伦理学,更是将自由视为根本价值的伦理学。至此,我们对待他者的态度发生了转变。与在《存在与虚无》中将他者视为冲突的敌对之人不同,我们更多的是尊重并积极地实现他者的自由。但矛盾之处在于,意愿他者的自由必然会意味着我自身的异化,问题恰恰就在这里,对于追求本真的自身而言,异化没有任何帮助,反而是个障碍。因此,我们说萨特在《道德笔记》中并未走出这个死胡同。

　　本真之人不仅承认自身的自由,而且承认他者的自由。那么,如何实现这种相互承认自由的本真的人际关系?萨特在《存在与虚无》的一处脚注中指出:"这些考虑并不排除拯救和救赎伦理的可能性。"他补充道:"但这只能在彻底的转变之后才能实现,我们在这里不能讨论。"②萨特在《存在与虚无》的"道德的前景"一章提出了一些问题,这些问题相关联于纯粹而非关联于不纯粹反思,而且这些问题只能在道德层面找到答案。③显然,萨特对于彻底的转变本质以及纯粹反思的描述是留给他的伦理学工作的。转变是必要的,

① Simone De Beauvoir, *The Ethics of Ambiguity*, Bernard Frechtman, trans., Citadel Press, 1948, p.134.

② Jean-Paul Sartre, *Being and Nothingness:An Essay in Phenomenological Ontology*, Hazel Barnes, trans., Philosophical Library, Inc., 1956, p.412.

③ [法]让-保罗·萨特:《存在与虚无》,陈宣良等译,生活·读书·新知三联书店,2015年,第757页。

因为自为具有"逃离的"与非本真的自然态度。我们需要通过纯粹反思实现从自因的谋划转变为本真的谋划，从而成为本真之人。

五、纯粹反思与转变

对于萨特而言，纯粹反思涉及伦理问题，纯粹反思使得意识朝向道德层面的转变成为可能，即实现本真。萨特在《自我的超越性》中指出，纯粹反思对于构建积极伦理学是必要的，纯粹反思揭示出主体是自由的，是世界上价值的唯一源泉，而不是像不纯粹反思那样，将主体视为缺乏能动性的物。总体而言，纯粹反思描述行为，不纯粹反思构建知识。《存在与虚无》中的纯粹反思是积极造就自身的反思，将自身揭示为一个虚无化的过程，而不纯粹反思企图陷入自欺，隐藏自身的自由选择与相应的责任。概言之，纯粹反思是原始的时间性，是自为的存在方式，是自我虚无化的过程。不纯粹反思是心理的时间性，是作为自在的被反思者，是自我种种心理状态的勾勒。

与在《自我的超越性》和《存在与虚无》中一样，萨特在《道德笔记》中也区分了两种反思，尤其是对纯粹反思的重点描述呼应了他在《存在与虚无》结尾处的期望。他写道："（1）反思首先是不纯粹的，不是就其结果而言，而是就其意向而言，后者分有了非反思者的不纯粹性，因为反思源自非反思。（2）不纯粹的反思是纯反思的动力。不纯粹的反思在原初的意义上是自欺，因为它不想看见自己的失败。但只有自欺才能处在真诚的源头。纯粹的反思是真诚，因此它呼吁他者的真诚。"[1]对于萨特而言，"向着纯粹反思的过渡"刺激自为朝向对本真性的转变或者转换，萨特将本真描述为"认识到自身是出神的自为"[2]。意

---

[1]　Jean-Paul Sartre, *Notebooks for an Ethics*, David Pellauer, trans., The University of Chicago Press, 1992, p.12.

[2]　Jean-Paul Sartre, *Notebooks for an Ethics*, David Pellauer, trans., The University of Chicago Press, 1992, p.10.

识从不纯粹反思到纯粹反思的过渡,并未给意识本身增添任何新的东西。正是通过该转变,意识反思地认识到它本体论上是虚无的。

在《道德笔记》中,萨特主要借助"转变"这一概念,分析主体如何通过"纯粹反思"的手段实现本真的过渡。他主张,"每一个行动的谋划都是创造的谋划。我们通过转变把握自身并接受自身是不合理的。与此同时,我们把握了我们的自由,建立了自为与其谋划之间(外部/内部)的一种新关系"①。在萨特看来,纯粹反思推动了朝向本真的转变。"向纯粹反思的过渡必然激起一种转变:我与我的身体的关系。接受并主张偶然性。偶然性被视为一种机会。我与世界的关系。澄清存在本身。我们的任务:使存在得以实存——真正意义上的'自在-自为'。我与自我的关系。主体性被视为是自我的缺失。因为自我就是'是'(心灵)。我与他者的关系。"②其实萨特在《自我的超越性》中便注意到了纯粹反思对于构建积极伦理学的意义。以该书中的阐释为基础,萨特在《道德笔记》中主要从两个方面阐释纯粹反思实现本真伦理学的方式:

第一,萨特指出:"在纯粹的反思中,已经有一种召唤,即把他者转化为纯粹的、自由的主体性,这样就可以抑制裂变了。"③纯粹反思是实现本真的一种手段,因为在纯粹反思下,我们不仅承认自身的自由,也呼吁他者的自由。"一个人不可能独自转变。除非人人都有道德,否则道德是不可能实现的。"④我们不仅将他者视为使自身异化的冲突之人,也承认我的为他的存在,正是因

---

① Jean-Paul Sartre, *Notebooks for an Ethics*, David Pellauer, trans., The University of Chicago Press, 1992, p.508.

② Jean-Paul Sartre, *Notebooks for an Ethics*, David Pellauer, trans., The University of Chicago Press, 1992, p.12.

③ Jean-Paul Sartre, *Notebooks for an Ethics*, David Pellauer, trans., The University of Chicago Press, 1992, p.11.

④ Jean-Paul Sartre, *Notebooks for an Ethics*, David Pellauer, trans., The University of Chicago Press, 1992, p.9.

为他者的注视,我在世界中的意义与价值才会正当化。波伏娃指出:"意愿存有存在也是意愿存有人,世界通过这些人并且赋予这些人以人类意义。人们只能在其他人揭示的基础上揭示世界。任何谋划都不能被定义,除非它与其他谋划相互干涉。使存在成为'存在'就是通过存在与他者交流。"①

萨特在《道德笔记》中阐释的伦理学最能代表其伦理学思想,这种伦理学是本真的伦理学。主体通过纯粹反思从非本真转变为本真。本真之人通过转变意识到我与他者之间不一定是对象与主体的关系。本真之人是慷慨(generosity)的,他们不仅意愿他者的自由,而且帮助他们完成其自由选择的谋划。本真之人不再仅仅将他者对象化,他们开始接受自身的"为他的存在",接受他者对自身的客体化。萨特将这种方式称之为"本真之爱"(authentic love)。

第二,在《道德笔记》的正文结尾处,萨特断言,"显然同谋的反思只是原始谋划中非设定性自欺的延续,而纯粹反思是与这种谋划分离,并构成了一种以自身为目的的自由。因此,尽管人们在以自身为目的的自由层面上生活会更加有利,但大多数人都难以做到这一点……"②这就意味着,我们在纯粹反思下无视前反思意识下追求"自在-自为"的谋划或者自欺的谋划,反而追求成为本真之人。萨特在《道德笔记》中所阐释的纯粹反思与《存在与虚无》中的描述相同,纯粹反思都是作为自为的存在,即相较于不纯粹反思,纯粹反思承认意识在本体论上的虚无以及虚无对于存在的意义。

我们需要彻底的转变,通过纯粹反思,从前反思的追求上帝的自因谋划转变为追求本真。安德森指出:"纯粹反思意味着个人'拒绝'和'放弃'成为上帝的不可能的理想和目标(必然的自因实体),并真正意识到他或她的自身是一种无实体的、不必然的、未得到辩护的、无缘无故的自由。人们不仅通

---

① Simone De Beauvoir, *The Ethics of Ambiguity*, Bernard Frechtman, trans., Citadel Press, 1948, p.72.

② Jean-Paul Sartre, *Notebooks for an Ethics*, David Pellauer, trans., The University of Chicago Press, 1992, p.560.

过纯粹反思认识到这一点,他们还接受并愿意接受它,从而对他或她的实存承担全部责任。"①相较于不纯粹反思,纯粹反思是实现本真的手段,具有一种道德维度。纯粹反思不仅将自身视为自由的,也将他者视为自由的。纯粹反思不仅承认个体以及他者的自由,而且认为要承担自由选择的责任。

我们可以发现,"对于萨特来说,本真性是根本价值,全部个体都应该渴求关于本真性的理想。本真性构成萨特式存在主义伦理的核心"②。关于本真与伦理的关系,笔者同意林森巴德的如下论断:"本真为道德提供必要但非充分的条件。例如,萨特对本真的犹太人的讨论,尽管犹太人在个人层面上实现了本真性的转变,而在历史层面上仍然被异化。"③萨特的本真概念关乎先天层面,或者里面层面,类似于康德所说的纯粹应当,而这个东西要实现出来,需要一个外部环境的保障,例如法律与政治体制,所以说本真对于道德的实现是必要非充分的。简言之,本真就是道德,但这个本真的道德是在形而上学的层面上谈的,它类似于历史社会性的东西,需要外部环境来得以实现。犹太人之所以在个人层面上能够实现本真的转变,而在历史层面仍被异化,则是由于外部环境。犹太人作为人,在本质上是自由的,但是由于历史原因,他们到处被驱逐,看起来相当不自由。总体而言,本真的自由几乎很难实现,萨特非常强调个体的绝对自由,但他也注意到现实层面的外在约束。

针对萨特《道德笔记》中的本真问题的分析,比较有趣的是王春明博士《〈存在与虚无〉和〈道德札记〉中的礼物问题及其道德内涵》一文,他指出在《道德笔记》这本书中,萨特试图解决"自由如何通达本真"这一道德问题。并以此为依据提出一种"存在论道德"的可能性。在他看来,萨特的关乎自由之

---

① Thomas C. Anderson, "Beyond Sartre's Ethics of Authenticity", *Journal of the British Society for Phenomenology*, Vol.33, No.2, 2002, pp.138-154.

② Christine Daigle, *Jean-Paul Sartre*, Routledge, 2010, p.71.

③ Gail Evelyn Linsenbard, *An Investigation of Jean-Paul Sartre's Posthumously Published Notebooks for an Ethics*, University of Colorado, 1996, p.158.

本真的道德问题就是萨特的礼物问题。他的"存在论道德"就是一种礼物道德，同时这种道德作为规范性道德具有内在的局限性。"虽然强调自由主体为了通达本真需要弃绝某种非本真的存在筹划之外，并未交代实现这种弃绝的现实前提和路线。这一中断意味着萨特问题意识的又一次变化，意味着在认识到以规范性礼物道德为实质的存在论道德具有内在局限后，他试图转而具体考察作为自由主体的人之具体的、现实的历史处境。"①基于现实的历史处境的伦理学是《辩证理性批判》和其他著作要完成的任务。

可以肯定的是，萨特的本真伦理学解决了一些传统伦理学家所承认的伦理问题。美国学者琳达·贝尔指出："萨特提供了一种在进行道德判断时的普遍性主张的方法，该方法既没有采用康德的人类理性的观点，也没有将未得到证实或未被忍受的'绝对'价值……进入其伦理学中。"②那么，如何保证萨特道德伦理的"普遍性"呢？我们通过上述分析可以看出，"普遍性"指的是生活在世界之中且居于他者之间的主体具有一般化特定行为的能力，并始终具有这种一般化。这种普遍性指的是无论我们做出何种选择都要为之负责。

我们也要注意到，纯粹反思是促成从非本真转变为本真的手段。萨特在《道德笔记》的一开始就写道："现在我必须展示纯粹反思如何可能从不纯粹反思开始。问题不在于展示纯粹反思如何从不纯粹反思中产生，而在于展示纯粹反思如何能够从不纯粹反思中产生。"③尽管如此，他并未指出意识在什么时刻能够从不纯粹反思转变为纯粹反思。这不得不说是萨特伦理学的一个缺憾。但是萨特认为并不存在"本真的自我"，也没有办法做到所谓"本真的自我"。自我没有本质，它一直是"去存在"(to be)，我们应该活在自己模棱

---

① 王春明：《〈存在与虚无〉和〈道德札记〉中的礼物问题及其道德内涵》，《哲学动态》，2017年第12期。

② Linda Bell, *Sartre's Ethics of Authenticity*, University of Alabama Press, 1989, p.176.

③ Jean-Paul Sartre, *Notebooks for an Ethics*, David Pellauer, trans., The University of Chicago Press, 1992, p.5.

两可的自由中,从而发展自己的人性化。"如果你为了本真而追求本真,你就不再本真。"①但倘若自我认清了这一点,既承认自我对自身的理解是不牢靠的,又承认这种理解本身及其所导致的选择又真实地成就了自我,这就做到了本真。本真之人承认自身的偶然性,承认自身不可逃脱的暧昧处境。就像英国学者安东尼·曼瑟(Anthony Richards Manser)在《萨特—— 一种哲学研究》(Sartre:A Philosophic Study)一书中所言,本真只能体现在承认这一事实,即我们正视其"不可能的不存在",并且注定要失败的这一处境,而不是找到出路。我们不需要一个解决办法。②有趣之处就在于,萨特的本真伦理学是暧昧的,其暧昧之处可能在于:一方面,萨特渴望绝对,因此他似乎可以提供一条达致本真的道路;另一方面,萨特的形而上学立场又认为我们只需要承认自身的暧昧性并努力与之共存。

第四节　自由与价值

　　纯粹反思是原始的时间性,是虚无化的过程,是反思的理想形式。纯粹反思是连接萨特的本体论与伦理学的纽带,同时也是萨特自由理论和价值理论的基础。不同于不纯粹反思,纯粹反思既承认自身的自由也承认他者的自由并主动承担选择的责任。在萨特那里,自由作为行动的首要条件,分为本体论的自由与实践的自由,本体论的自由几乎等同于意识的自由,是抽象的自由;实践的自由更多的是处境中的自由,是具体的自由。萨特的自由观一直处于发展中,是一个从抽象走向具体的过程,在这个过程中,他越来越

---

　　① Jean-Paul Sartre,*Notebooks for an Ethics*,David Pellauer,trans.,The University of Chicago Press,1992,p.4.

　　② Anthony Richards Manser,*Sartre*,*A Philosophic Study*,Althone Press,1966,p.165.

<<<< 147

注意到具体处境对于主体自由选择的重要性。

　　存在主义哲学是自由的哲学。人注定是自由的，人从一出生就会有所欲望，欲望在行动中实现某种价值。价值理论与"欲望"（desire）的本体论学说有关，即与欠缺的三位一体结构有关。价值属于该结构中的一个层面，即所欠缺者。萨特将价值与"严肃的精神"（spirit of seriousness）态度进行对比，持有"严肃的精神"之人将价值视为先验的、固定的、客观的。相反，对于萨特而言，价值是偶然的实存，是主体自由选择的结果。萨特在《存在与虚无》中就已经区分了前反思的价值与反思的价值。意识在前反思状态下渴望成为上帝，追求"自在-自为"的价值，不过，这一追求是非本真的，并且注定会失败。反思意识又分为纯粹反思与不纯粹反思，不纯粹反思依然将上帝视为自身的首要价值，然而不纯粹反思刺激了纯粹反思，纯粹反思承认自身而非上帝才是价值的源泉，我们需要将自由视为价值的源泉，进而从非本真转变为本真。萨特在《道德笔记》中将慷慨原则放置在价值体系的顶端，自由馈赠他者以慷慨，持有慷慨原则的人不仅意愿自身的自由，也意愿他者的自由。

　　萨特告诉我们，人的自由创造了价值，自由是最高的道德价值。主体一旦创造了自由的价值，就要对自由的行为负责。针对萨特的自由价值理论，学术界一直存有争议，争论点在于萨特的自由价值理论有无客观主义维度，针对此争论学者们各执一词。我们认为，萨特的自由价值理论必然存有客观主义维度，是主观主义与客观主义维度的统一，自由作为首要的道德价值很好地体现出这个统一。

　　总体而言，萨特的哲学是自由的哲学，萨特的伦理学是本真的伦理学，自由是它首要的道德价值。价值与自由不可分，价值萦绕着自由，但是价值无法实现。自由是萨特的伦理学所认为的基本价值，本真之人会将自身作为价值的唯一来源。

一、自由

  萨特在本体论著作《存在与虚无》中综合了胡塞尔的现象学（"意向体验是对某物的意识"）和海德格尔的本体论（"此在在此"的展开通达存在），因此《存在与虚无》的副标题是"论现象学的本体论"。胡塞尔的现象学，准确地说是胡塞尔的意向性学说，对萨特哲学产生了非常重要的影响。萨特在《想象物》开篇就阐明了胡塞尔现象学意识理论的重要性。只不过实际上，萨特更多的改造了胡塞尔的意向性学说。对于萨特而言，意向性首先是一种超越意向性，意识总是投射到异于它自己的事物上，例如，"心理影像"自然也具有这个特征，它首先是一种超越性意识，总是超出自身，是对某一个想象主体的意识。

  萨特称赞胡塞尔意向性理论给哲学带来的震撼，无论在《自我的超越性》中还是在《存在与虚无》中，萨特都坚持"意识总是对某物的意识"的这一意向性定义，但是他反对胡塞尔的"悬搁"（epoché）理论。在《自我的超越性》中，萨特一方面同意胡塞尔承认有一个心理身体的自我，另一方面又反对胡塞尔进行的先验还原（transzendentale reduktion），从而还原出一个先验自我。这个先验自我的光线落在每一个体验上，胡塞尔通过先验还原得到一个先验自我。针对于此，萨特批评胡塞尔没有走出意识，萨特认为意识实际上是半透明的，只是意向性地指向一个对象，甚至都没有自我，自我只是状态、行为和性质的统一。归根结底是意识造就了自我，而不是自我造就了意识的行动。在一定程度上，萨特的意识与存在处于同等意义上，或者说二者是同时性的，不能说一个比另一个更重要。他在《存在与虚无》中与在《自我的超越性》中对胡塞尔的指责大致相同，他批评胡塞尔将目光的重点都放在意识行动上，却忽视了现实存在的世界。总之，对于萨特而言，胡塞尔用事物的客观性取代事物的实在性，这种悬搁外部现实世界存在的现象学方法太过于理想化了。

海德格尔比胡塞尔更重视存在。他在《存在与时间》中从"此在"出发追问存在。他运用现象学方法，从具体的在者入手重构存在，从而走向了存在主义的视域。在海德格尔那里，此在与世界不是彼此外在、相互独立的关系，而是不可分离、相互依存的关系。世界与此在是一种整体性关系，世界通过此在的在此之在自行显现出来。海德格尔的此在在世思想给予萨特启发，萨特主张"哲学不能仅仅从抽象物出发，由此而言，认识并非仅是一种意识的抽象判断（对笛卡尔和胡塞尔的批评），而应该像海德格尔那样从人的在世这个具体的现象出发。同时这也就意味着，哲学需要从作为自为的存在的意识出发，而谈论认识也就必须以思考意识现象为前提（对海德格尔的批评）"[①]。在萨特看来，海德格尔的存在理论在肯定存在的同时，使得意识本身黯然无光，即在存在与意识的天平两端，胡塞尔选择偏向意识，海德格尔则选择偏向存在。遗憾的是，他们都没有使得天平两端处于平衡状态。萨特的伟大之处就在于他综合了胡塞尔的现象学理论和海德格尔的本体论学说。

萨特用他独特的现象学的本体论阐明了意识的本质，也表明自由是如何必要的。自由作为人的基本谋划，人"命定是自由的"。自为是自在的纯粹虚无，自为的自由与其否定特性是同一的。自由是处境中的自由，自由选择意味着要承担相应的责任，个体逃避自由选择带来的焦虑会陷入自欺。

许多批评家认为萨特的自由理论太过于自由，仿佛自由允许我们做任何想要做的事情，为了达到目标可以采用一切手段，甚至是恶的手段。仿佛自由不受他者的制约，自由仅仅是自我选择的自由，没有客观的标准可以用来确定行动的对与错。美国新墨西哥大学的布瓦洛（Kevin Craig Boileau）博

---

① 贾江鸿：《萨特论认识：反思意识，还是非反思意识？》，《河北学刊》，2017 年第 1 期。

士指出,在实用主义哲学家伯恩斯坦(Richard Bernstein)看来,萨特的自由理论,"对于一种而不是另一种价值、目的、选择或者行动来说,从来没有或可能有任何基本理由或辩护"[1]。不可否认,批评家们对萨特自由理论的批判有一定道理。《存在与虚无》时期的萨特对于处境的重要性关注不够。波伏娃指出:"我坚持认为从萨特定义的自由……的角度出发,并非每种处境都同样有效。"[2]

"人是一种无用的激情",作为自由的主体会选择将上帝作为渴望追求的价值目标。尽管萨特看到了自由本身的重要性,例如,他写道:"一个要求自由的自由,事实上就是不是其所是和是其所不是的存在,这个存在把是其所不是的存在和不是其所是的存在选择为理想的存在……自由由于把本身当作目的,它逃避了一切处境吗? 或者相反,它仍然在处境中? 或者,它越是作为有条件的自由把自己投入焦虑中,越是作为世界赖以存在的存在者收回它的责任,它就越是明确地、个别地处在处境中吗? "[3]但是,萨特并未详细说明自由将自身而非上帝作为目标和最高价值的具体情况,而是坦言所有这些问题的答案只能从道德的角度去寻找,因此我们说萨特将此问题延伸至他的伦理学,渴望从伦理学中寻找答案。

萨特的本体论的自由几乎可以等同于意识的自由,该自由没有给予处境应有的重视,没有承认他者的自由,那时的自由更多的是个体的绝对自由。不过萨特的自由理论一直处于发展中。尤其是在《道德笔记》中,萨特已然看到具体处境对于自由选择的限制。"如果我们把自由看成是对它的处境漠不关心的话,我们就会陷入神秘的境地。"[1]《道德笔记》中的自由是具体

---

[1]　Richard Bernstein, *Praxis and Action*, University of Pennsylvania Press, 1971, p.152.

[2]　Simone de Beauvoir, *The Prime of Life*, Peter Green, trans., Cleveland: World Publishing Co., 1962, p.434.

[3]　[法]让-保罗·萨特:《存在与虚无》,陈宣良等译,生活·读书·新知三联书店,2015年,第756~757页。

的、实践的自由。此时的自由不再仅仅是意识的自由,萨特在这里将人带到现实中,人是超越的,是超越自身的谋划的创造。人的劳动是礼物(gift),而礼物的基本结构之一就是承认他者的自由。本真的道德就是礼物的道德,礼物的道德蕴含慷慨的自由观,它不仅承认自身的自由,也承认他者的自由。礼物是一种时机,自由是做某事的权力,即将给予转化为另一种创造或另一种礼物。②

与《存在与虚无》中将他者异化、客体化不同,萨特在《道德笔记》中承认他者的自由,并指出即使是被压迫者也是自由的,"他不仅仅是一种力量,也是一种自由,因为他通过力量带来的东西也必须被视为他自由的表达。"③自由是本真的核心特征。本真之人认识到主体实现本真需要他者的保证,我们的自由不再是抽象的自由,而是具体的自由。二战后的萨特逐渐意识到纯粹的本体论意义上的自由将导致伦理的主观主义。因此,萨特的伦理学中的自由是具体的自由。由于萨特的伦理学是试探性的,所以部分观点前后不一,尤其是对他者的义务应该建立在相互承认的价值基础上的论点并未有完全令人信服的论据支撑。部分学者依然批评萨特的自由观甚至萨特的伦理学是主观主义的,例如,伦理学家麦金泰尔认为萨特的自由观会导致伦理主观主义,但从某种程度来说,他的分析是欠妥当的。他并未看到二战后的萨特强调了具体的自由观, 即他们忽视了萨特伦理学的他者维度、社会维度。

萨特在《道德笔记》中强调了他者对主体本真实现的重要性,他借鉴了

---

① Jean-Paul Sartre, *Notebooks for an Ethics*, David Pellauer, trans., The University of Chicago Press, 1992, p.91.

② Jean-Paul Sartre, *Notebooks for an Ethics*, David Pellauer, trans., The University of Chicago Press, 1992, p.169.

③ Jean-Paul Sartre, *Notebooks for an Ethics*, David Pellauer, trans., The University of Chicago Press, 1992, p.143.

黑格尔的"承认"(recognition)学说,并在此基础上延伸或者改造了黑格尔的承认理论。黑格尔的"承认"学说,或者更进一步讲"主奴关系辩证法"为萨特的相互承认的自由伦理学给予了启发。祈祷(prayer)、呼吁(appeal)等是使相互承认成为可能的现象学术语,它们是萨特《道德笔记》中的重要内容。以祈祷为例,我现在祈祷意味着接受有一个事先承认自由的操作和运行。他者是在绝对的自由处境中,我是在向他祈祷。一般来讲,祈祷表现在向他者的祈祷。在祈祷者的这一方,自己的自由被悬搁了,我从一开始就接受了自由的等级制度,我自由的目的是次要的和无关紧要的。对于萨特而言,向着他者的祈祷注定是"诗意的"。

萨特认为黑格尔在谈论相互承认或者主奴关系时忘记了他者这一维度。因为我们无法独自面对君主或者领导者,所以我们需要相互承认自由的理想,正是这种相互承认产生了无条件自由。"一个自由想要的东西必须被其他自由所接受,仅仅因为该自由是需要它的一种自由。"①主体的自由需要呼吁他者的自由,即本真之人呼吁他者承认自身的自由,他者也是如此,这种呼吁是相互的。"但如此一来,我就处于这样一种位置,即我承认他者的自由却没有被他者的注视所刺穿。实际上,我假定他的目的是我的目的,但不是因为该目的是无条件的目的,或者是我首先设定的目的。"②呼吁是一种慷慨,一种馈赠。我的行动不能单靠我来实现,我需要他者保证我行动的正当性,他者的行动也是如此。

《道德笔记》中提出的自由充分地将具体处境的重要性考虑进去,并且承认处境对于成为何种人具有重要性。例如,同样是监狱中的囚犯,萨特在

---

① Jean-Paul Sartre, *Notebooks for an Ethics*, David Pellauer, trans., The University of Chicago Press, 1992, pp.274-275.

② Jean-Paul Sartre, *Notebooks for an Ethics*, David Pellauer, trans., The University of Chicago Press, 1992, p.279.

《存在与虚无》中可能会讲,这个囚犯与监狱长具有同样的自由选择;而他在《道德笔记》中会承认,关在监狱中的囚犯已经不能同监狱长那样向他喜欢的女孩表白。也就是说,囚犯的部分自由被限制了,所以此时的自由不再是绝对自由,而是我们对当前具体处境下的自己做些什么,我们要利用自身的优势适时转换在世界中参与的方式。对于本真的伦理学而言,个体不仅要本真地肯定他者自由的存在主义真理,而且肯定他者的自由就是本真的,也就是说,伦理是与他者相关的本真。①

　　事实上,伯恩斯坦的上述分析有待进一步商榷。在萨特哲学中,自由取代上帝作为道德的首要价值,成为上帝只是其中一种选择的价值。萨特在《存在与虚无》的结尾处就给我们暗示过这一点,"自由可能把自己本身当作为所有价值的泉源的价值"②。进一步讲,萨特的伦理学具有客观主义维度。一方面,萨特已经告诉我们,"存在主义……这种学说还肯定任何真理和任何行动既包含客观环境,又包含人的主观性在内"③。人的自由是处境中的具体自由,相应的价值也是具体的价值。另一方面,我自身具有社会维度,我与他者之间的交互主体性关系使得我要做本真的自己,我必须在承认自身自由的同时承认他者的自由,并且尊重他者。正是他者使我成为我自己。我的自身性甚至自由都需要得到他者的承认。对于萨特而言,意愿自身是道德的与意愿自身是自由的是一回事。萨特的伦理学是自由的伦理学,自由具有绝对的价值。自由是价值的源泉,是首要的价值。

---

① Gary Cox, *The Sartre Dictionary*, Continuum International Publishing Group, 2008, p.153.

② [法]让-保罗·萨特:《存在与虚无》,陈宣良等译,生活·读书·新知三联书店,2007 年,第 756 页。

③ Simone De Beauvoir, *The Ethics of Ambiguity*, Bernard Frechtman, trans., Carol Publishing, 1948, p.24.

二、价值

萨特在《存在与虚无》中将价值理论与"严肃的精神"态度进行对比,持有"严肃的精神"之人视价值为先验的、固定的、客观的。他们认为任何价值都是现成的或无法改变的。"笛卡尔说,人类之所以不快乐,首先是因为他还是个孩子。事实上,大多数人所做的不幸的选择只能用这样一个事实来解释:这些选择都是建立在童年的基础上的。孩子的处境的特点是,他发现自己被抛入一个宇宙,这个宇宙不是他帮助建立的,是在没有他的情况下形成的。在他看来,这个宇宙是绝对的,他只能服从它。在他的眼中,人类的发明、语言、习俗和价值观都被赋予了事实,就像天空和树木一样不可避免。"①这并不意味着孩子本身是严肃的,相反,孩子可以自由、快乐地度过他们的童年。之所以说孩子具有严肃的精神,是因为当孩子心甘情愿地接受这些固有的价值,并将父母或老师的指令当作神圣不可侵犯的法规时,孩子将这些价值固化,并且成功地逃脱了自由选择带来的责任。严肃的精神拒绝一切改变这个世界的尝试,而只是尝试满足自身存在的需要,例如,牛奶是可欲求的,因为我们必须活着,也因为牛奶是有营养的。

在萨特看来,价值与严肃的精神不同。价值是世俗的、被创造的,内在于人的行动且没有先验性可言。价值超越存在,是无条件的规范。人命定是自由的,人从一出生就会欲望在行动中实现某种价值。萨特的价值理论与"欲望"(desire)学说密切相关。欲望学说是萨特现象学的本体论中非常重要的学说,该学说相关联于许多重要概念,价值概念就是其中之一。萨特通过欲望学说,证明人的实在是一种匮乏与欠缺,自为存在虚无化自身,人永远在欠

---

① Simone De Beauvoir, *The Ethics of Ambiguity*, Bernard Frechtman, trans., Citadel Press, 1948, p.35.

缺的过程中追求价值,走向上帝,这是人的自然欲望。只不过人是不同于这个实体的过程而已。欲望努力实现价值,即"自在–自为"的整体,只是价值是不可能实现的这一合题。

我们需要首先澄清欠缺的三位一体结构。"在所有的内在否定中,最深入于存在的否定,在其存在中构成它用以作出这个否认的那个存在与它所否认的那个存在的否定,就是欠缺。"①只有人才具有这种欠缺,它与人的实在的涌现一起显现在世界中。"欠缺以一种三位一体的东西为前提:欠缺物或欠缺者,欠缺欠缺物的东西或存在者,以及一种被欠缺分解又被欠缺者和存在者的综合恢复的整体:即所欠缺者。人的实在的直观所面临的存在永远是它所欠缺的东西或者是存在者。"②简言之,欠缺的三位一体的东西分别是:存在者、欠缺物及所欠缺者。萨特以月亮为例来加以说明。一轮新月是存在者,这轮新月所欠缺的四分之三是欠缺物,处于满盈状态的月亮,即满月是所欠缺者。满月是一个被欠缺分离开,而后又通过欠缺物与存在者的统一而复合的整体。人就是这种欠缺,是其自己的欠缺,并且向着所欠缺者的这一整体超越存在。而人之所以有欲望,正是因为人作为自为存在具有欠缺。只是与作为自在存在的满月不同的是,价值或者说"自在–自为"的合题永远无法像满月那样得以实现。

那么,价值与欠缺之间存在什么样具体的关系?在萨特看来,价值是"自在–自为"的整体,是一个理念的领域,而欠缺物是可能,是存在者欲望的可能。价值与欠缺的三位一体结构息息相关,萨特通过探讨价值使我们弄明白自为是如何发现自在的原始结构的。价值萦绕着自由,但价值却是无法实现的,价值希望带来"自在–自为"的整体,这个目的是可欲求的,价值来自虚无的目的,在自因直觉的存在中涌现出的自由伴随着该虚无。

---

① [法]让-保罗·萨特:《存在与虚无》,陈宣良等译,生活·读书·新知三联书店,2015年,第123页。
② [法]让-保罗·萨特:《存在与虚无》,陈宣良等译,生活·读书·新知三联书店,2015年,第123页。

正是在这个意义上,萨特指出"人是一种无用的激情",人向往成为宗教中自因的自在,人的激情是向往达到"自在-自为"整体的激情,向往上帝的激情,而这种激情无法到达。无用的激情是一种欲望或向往,是对价值的向往,对上帝的向往,而价值是永远无法实现的。因为自为总是在自我否定,所以它永远也不可能达到真正的上帝那种状态。萨特作为无神论者,他从来不认为上帝是存在的,主体所追求的成为上帝,是成为自身的上帝。主体成为上帝的谋划,也旨在通过自由行动创造自己的价值。在萨特的本体论中,自因的上帝概念是不存在的,当然在他的伦理学中也是如此。

对于萨特而言,本体论和存在主义精神分析法"应该向道德主体揭示,他就是各种价值赖以实存的那个存在。这样,他的自由就会进而获得对自由本身的意识并且在焦虑中发现自己是价值的唯一源泉,是世界赖以实存的虚无"①。因此,萨特在《存在与虚无》的结尾处谈到了他要结束早期的价值追求,这既是他构建伦理学的任务,更是他在《道德笔记》需要探讨的论题。不过,意识在前反思状态下渴望成为上帝,自为追求上帝是因为我们感到自身是自由的,所以我们处在焦虑中,而成为上帝的谋划是我们逃避焦虑与自由的方式。反思意识分为纯粹反思与不纯粹反思,不纯粹的、同谋的反思将追求上帝视为自身的首要价值,而这一过程注定要失败,向往成为上帝之人是非本真之人。不过这种失败刺激纯粹反思将自身作为价值的源泉,即从追求上帝转变为对自身自由的谋划,从而成为本真之人。

萨特在《道德笔记》中对价值进行分类,真正的自由给予他者馈赠(to give),体现馈赠的慷慨原则位于价值分类体系或者说道德分类体系的顶端。"对于慷慨的受助者来说,他们的目的往往是使这种帮助尽可能轻松地实现,成为

---

① [法]让-保罗·萨特:《存在与虚无》,陈宣良等译,生活·读书·新知三联书店,2015年,第756页。

实现他者目的的有效施事者,以肯定自己的激情。"①对于萨特而言,慷慨不仅意味着我们意愿自身的自由,而且意味着我们承认他者的自由,并积极地帮助他者完成谋划。

萨特在《道德笔记》中区分了价值和目的,二者虽然不同却无法分割。每一个目的都有价值,目的位于我们意向谋划的末端,是操作的谋划结果。我们可以直觉到目的,但却无法直接直觉到价值,因为我们无法看到价值,价值始终处于目的的乐观的远处。我们无法实现价值,却可以实现目的。②价值是无法超越的超越性,自我向着目的超越自身,价值在这种超越中得到显现,每一个人类活动都被价值所缠绕。

那么,价值来源于何处呢?萨特告诉我们,人类摆脱了固有的价值观,人的自由创造了价值,并且自由是最高的道德价值。"除非他是自由的,否则幸福就没有价值。"③针对萨特在后期是否将自由本身视为最高价值,学术界存在不同的声音。美国学者琳达·贝尔在《萨特的本真伦理学》(Sartre's Ethics of Authenticity)一书中指出:"人应该以某种方式尝试成为上帝,即使这一目标难以达到。"④安德森教授在《萨特的两种伦理学:从本真到完整的人》一书中反对琳达·贝尔的上述观点,"我已经指出过,这样类似的观点与萨特在《道德笔记》中的观点相反,并且在《存在与虚无》的结尾处,萨特就表明,'结束这一价值的统治'。事实上,《道德笔记》明确地将任何象征性成为上帝的

---

① Jean-Paul Sartre, *Notebooks for an Ethics*, David Pellauer, trans., The University of Chicago Press, 1992, p.286.

② Jean-Paul Sartre, *Notebooks for an Ethics*, David Pellauer, trans., The University of Chicago Press, 1992, p.249.

③ Jean-Paul Sartre, *Notebooks for an Ethics*, David Pellauer, trans., The University of Chicago Press, 1992, p.202.

④ Linda Bell, *Sartre's Ethics of Authenticity*, University of Alabama Press, 1989, p.122.

企图都冠以非本真的标签"①。安德森的分析是恰当的,因为萨特指出人是自由的,人自由地谋划自身,而非依靠上帝保证谋划自身或者实现上帝的谋划这一价值。追求上帝是同谋的反思而非纯粹反思所做的事情。萨特指出:"当人的谋划重新加入"自在-自为"并且在自身中识别它时,简言之,就是要成为上帝和他自己的基础,并同时假定预先设定的善时,他的谋划就是非本真的。"②本真之人必然将自由而非上帝视为自身的首要价值。

三、作为首要道德价值的自由

萨特在《存在与虚无》中,将上帝作为主体欲求的首要的价值目标,价值源于自为的欠缺,其本身不实存。部分学者指出,萨特《存在与虚无》中的价值观是彻底的主观主义(subjectivism)。美国学者赫特断定,萨特从未放弃过《存在与虚无》中的主观主义价值观。但他在二战后的著作中确实遏制了早期价值理论所暗示的道德主观主义倾向。③美国学者德特默认为,萨特在《存在与虚无》中提出了一种有点儿古怪的价值观,认为"欠缺"是不存在的,并在很大程度上基于这种价值观捍卫了一种相当极端的伦理主观主义形式。④德特默发现二战后的萨特不再将上帝视为首要价值,而是将主体的自由视为最高的道德价值。萨特看到了主体间相互承认的重要性,从而保证道德价

---

① Thomas C. Anderson, *Sartre's Two Ethics: From Authenticity to Integral Humanity*, Open Court Publishing Company, 1993, p.180.

② Jean-Paul Sartre, *Notebooks for an Ethics*, David Pellauer, trans., The University of Chicago Press, 1992, p.559.

③ T. Storm Heter, *Sartre's Ethics of Engagement: Authenticity and Civic Virtue*, Continuum International Publishing Group, 2006, p.147.

④ David Detmer, *Freedom as a Value: A Critique of the Ethical Theory of Jean-Paul Sartre*, Open Court Publishing Company, 1988, p.176.

值的社会性,即客观性。德特默指出萨特的价值并非完全主观主义的,并且断言,"萨特最常代表其发表客观主义主张的价值是自由"①。

德特默看到了萨特伦理学中的价值理论的客观维度,这一点符合萨特思想的原义。然而,《存在与虚无》中的价值理论是否完全是主观主义的,依然存有疑问。萨特在《存在与虚无》中过于强调意识的自由,主体间的冲突,价值的欠缺等,可以说当时的他确实具有主观主义倾向。反对者的一致看法是,萨特在意识中寻求自由、价值等的基础,在意识的半透明性中分析自由与价值,这种做法实则将人等同于意识,相应地,自由与价值都是抽象的。但是,我们不能完全同意他们的看法。萨特固然具有主观主义的倾向,但他并非是完全彻底的主观主义者。即使在《存在与虚无》中,萨特也看到了现实中个体不可否认的客观性维度,"我的身体,我的过去,我的已经被他人的指示决定的立足点,最后是我与他人的基本关系"②。因此,简单地将萨特的价值理论等同于彻底的主观主义,将人等同于意识是不恰当的。这一看法忽视了他关注"自为的事实性""处境"和"身体"等的维度,割裂了其哲学的完整性。

可以肯定的是,萨特的价值理论必然具有客观主义(objectivism)维度。他在《战争日记》中就明确地表达了对现象学家马克斯·舍勒(Max Scheler)的价值客观主义的看法:"舍勒让我明白到如下价值的实存:第一,具有作为权利之实存的具体自然,并称之为价值;第二,这些价值,无论是否被宣扬,都规范着我的每一个行为和判断,根据它们的性质,它们是应然。"③当然,波伏娃也断定萨特的价值理论有客观维度,而决不是完全的主观主义、相对主

---

① David Detmer, *Freedom as a Value: A Critique of the Ethical Theory of Jean-Paul Sartre*, Open Court Publishing Company, 1988, p.179.

② [法]让-保罗·萨特:《存在与虚无》,陈宣良等译,生活·读书·新知三联书店,2015年,第594页。

③ Jean-Paul Sartre, *The War Diaries: November 1939/March 1940*, Quintin Hoare, trans., Pantheon Books, 1984, p.88.

义。波伏娃问萨特:"从广义上讲,你如何定义你称之为善的东西以及你称之为恶的东西?"①萨特回答道:"基本上,善是对人类自由有用的东西……恶是对人类自由有害的东西,它将人们视为不自由,例如,社会学家在某一时期创造的决定论。"②

萨特的存在主义学说是无神论学说,有神论认为上帝是人类存在的规定者,上帝规定了存在的内涵和本质,所以本质先于存在。萨特作为无神论者,主张上帝并不存在,他借用俄国作家陀思妥耶夫斯基(Fyodor Mikhailovich Dostoevsky)的"如果上帝不存在,什么事情都将是容许的"③。这句话表达自己的无神论立场。萨特的自由和价值理论也并非决定论,"人是自由的,人就是自由"④。我们生而自由,所有价值都是自由选择的结果。存在主义的核心思想就是自由选择,自由承担责任。人的行动构成了自身,当然也构成了人的价值。因此,存在主义并非纯粹的主观主义,萨特告诉我们,"存在主义……这种学说还肯定任何真理和行动既包含客观环境,又包含人的主观性在内"⑤。人的自由是处境中的具体自由,相应的价值也是具体价值。萨特进一步否定了上帝的实存,同时推进了自由作为首要的道德价值这一观点。他批判基督教用上帝的眼光看自己的做法,指出上帝是不在场的,并且"上帝的缺席并不是关闭而是无限的开放。上帝的缺席比上帝更伟大,

———————

① Simone De Beauvoir, *Adieux:A Farewell to Sartre*, Patrick O'Brian, trans., Pantheon Books, 1984, p.439.

② Simone De Beauvoir, *Adieux:A Farewell to Sartre*, Patrick O'Brian, trans., Pantheon Books, 1984, p.439.

③ [法]让-保罗·萨特:《存在主义是一种人道主义》,周煦良、汤永宽译,上海译文出版社,2017年,第12页。

④ [法]让-保罗·萨特:《存在主义是一种人道主义》,周煦良、汤永宽译,上海译文出版社,2017年,第13页。

⑤ Simone De Beauvoir, *The Ethics of Ambiguity*, Bernard Frechtman, trans., Carol Publishing, 1948, p.24.

比上帝更神圣"①。上帝死了,人就是自己的上帝。人的自由创造了一切价值。

对于萨特而言,为什么自由高于快乐或者幸福? 在笔者看来,大致有三点原因:第一,人的实在本身有意义的前提是世界和存在有意义,世界和存在的意义源于我们自由地创造,人倘若没有自由,创造就无法谈起,价值更无处可寻。第二,萨特告诉我们,"我的自由是首要开始,而不是某一个开始。自由同时实现了自为的原初谋划:自由诞生于需求的基础之上。我的自由的存在是被要求成为一的自由的存在。"②除非个体是自由的,否则不管是快乐还是幸福,都不会有价值。快乐、幸福等显然不是所谓首要的道德价值,而是现实自由的评价。"幸福必须是对现实的自由评价。"③第三,价值要求基础,"然而,在任何情况下这个基础都不会存在,因为任何将其理想的本质建基于其存在的价值都会停止成为价值"④。自由恰恰是尚未存在但不会离开存在的存在,是所有价值的基础。

与萨特一样,波伏娃也主张"自由是所有意义和价值的源泉。它是一切实存的正当性的原初条件……自由必然会被其所建立的价值所召唤,并通过价值设定自身。自由不能否认自身,否则就会否定任何基础的可能性"⑤。自由是一切实存、意义和价值的正当源泉,主体必须重视自由本身,选择其他价值的时候必然包含对自由价值的选择。对于萨特而言,"严格的一致态度"(strictly consistent attitude)决定了主体将自由视为首要的道德价值,"我

---

① Jean-Paul Sartre,*Notebooks for an Ethics*,David Pellauer,trans.,The University of Chicago Press,1992,p.34.

② Jean-Paul Sartre,*Notebooks for an Ethics*,David Pellauer,trans.,The University of Chicago Press,1992,p.257.

③ Jean-Paul Sartre,*Notebooks for an Ethics*,David Pellauer,trans.,The University of Chicago Press,1992,p.202.

④ Jean-Paul Sartre,*Notebooks for an Ethics*,David Pellauer,trans.,The University of Chicago Press,1992,p.246.

⑤ Simone De Beauvoir,*The Ethics of Ambiguity*,Bernard Frechtman,trans.,Carol Publishing,1948,p.24.

没有理由说你为什么不应当这样做,但是我主张你在自我欺骗,而且只有严格意义上的一致的态度才是诚实的态度。我可以宣布一项道德判断。因为我主张自由,所以就具体的情况而言,除掉其本身外,是不可能有其他的目的的;而当人一旦看出价值是靠他自己决定的,他在这种无依无靠的情况下就只能决定一件事,即把自由作为一切价值的基础"①。萨特通过严格的一致态度将自由视为首要价值。安德森对于萨特的这种做法给予了辩护。在安德森看来,一旦个体意识到萨特的如下主张,即若只是因为自由这些才是价值,那么选择自由(而不是快乐,名誉或自欺)作为其终极价值便与这种状态一致。由于自由在本体论上内在于所有作为快乐等来源的价值中,所以任何价值及全部价值的选择在逻辑上都包含优先选择自由。②

萨特的一生就是自己自由选择的一生,他意识中的选择是绝对自由的,但在现实行动中却荆棘丛生,很难实现,但他没有放弃,继续选择他愿意选择的。萨特的哲学是自由选择的哲学,他的整个哲学体系围绕自由展开。他的伦理学将自由视为首要的道德价值,并且将主体对他者自由的相互承认视为他的本真伦理学的最重要的体现。人是自身的立法者。萨特的伦理学是人道主义的伦理学,该伦理学否认上帝,肯定人的自由与创造。自由是它首要的道德价值,本真是它要实现的理想。

第五节　萨特对康德道德哲学的批判

康德与萨特,前者生活于 17 世纪的德国,后者生活于 20 世纪的法国;

---

① Jean-Paul Sartre, *Existentialism and Humanism*, Carol Macomber, trans., Yale University, 2007, p.48.

② Thomas C. Anderson, *The Foundation and Structure of Sartrean Ethics*, The Regents Press of Kansas, 1979, p.46.

前者开创了影响后世的德国古典主义哲学，后者攀登了现代存在主义的巅峰。然而，在萨特眼里，康德是他一直与之斗争的"敌人"，因此他发起了对康德哲学的批判。通过比较分析这两位哲学家的思想，我们可以更加深入理解萨特的伦理学。然而，关于康德的道德哲学，萨特究竟是明显抵制还是些许赞同，学术界对此长期意见不一。这一点尤其需要引起我们的注意。我们在回顾康德道德哲学的基础上，挖掘萨特对其的批判，并最终得出结论：萨特的伦理学更多的是"黑格尔式"的。

一、康德的道德哲学

康德总是讨论所有原则背后的普遍规律，而很少提及具体原则。康德要寻找一切现象背后的统一性或者全体的统一性。相应地，康德的道德哲学要求"绝对命令"（der kategorisch Imperative ）。与目的论不同，康德的道德哲学是义务论的，他的先验哲学从行为的动机来定义道德，将普遍的道德准则视为出发点，从而远离了功利主义。义务道德必然包含一条超越我们感性本性且我们必须有责任服从的无条件标准。这样一种无条件标准就是绝对命令，是所有具有理性之人的内在要求。个体只有遵从绝对命令，才能做出道德上正确的抉择，从而采取善的行动。

对于康德而言，"人是目的，而非手段"，这也是绝对命令所派生出的三条原则之一。该原则旨在强调，无论他者是何种人，我们都要尊重他的人格。尊重他者就是要促进实现他者自由并创造性地参与到工作中去。促进他者自由的命令是一个绝对命令，因为我们生活在一个群体的、共享的世界中。在这个世界中，我们每个人都可以有自身的谋划。康德的理性原则要求所有人都必须自愿服从绝对命令，因此这样一种道德律是无条件的、绝对的。

康德贯彻自身哲学的先验方法,因此在道德领域中强调普遍性法则。①
他认为,如果我们观察自己的理性反思,我们就会发现一个超越我们特殊性
的纯粹理性的普遍法则,我们必须回应这一法则。康德的绝对命令要求你意
愿你的行为准则成为永恒的普遍法则,这也是绝对命令派生出的另外一条
道德原则。他把绝对命令表述为:"不论做什么,总应该做到使你的意志所遵
循的准则永远同时能够成为一条普遍的立法原理。"②那么,这样一种道德律
如何可能呢?康德在《道德形而上学的奠基》中给出的答案是"自由意志"
(der freie Wille)。与动物不同,人有自由意志,然而自由意志究竟是否真正存
在,我们无法证明,也不能否认。对于康德来讲,自由意志是超验的,无法根
据经验来证明它是否真的存在,我们只需要假定它。正因为人具有自由意
志,所以我们才能根据个体行为的逻辑一致性来判断该行为是否道德。

康德的普遍法则生效的前提或者假设是,人是自由的,可以自由地行动,
我们可以通过人的自由行动对其进行道德判断。对于康德而言,"将法律责
任归于个人的假设就是同一性。自由和同一性都是道德判断的重要前提"③。
我们首先需要指出的是,康德的自由是服从自己的义务,并不考虑追求和目
的。如果把对乐趣和满足的追求看作自由的话,就不是康德所谓的自由了。
康德的自由根本不考虑后果,所以无所谓快乐和满足。因此,林森巴德对康
德自由理论的分析是欠妥当的,他错误地阐释道:"对于康德来说,尽管我们
可以在我们的意志与上帝的意志或理性一致的情况下自由地作出选择,但
我们理性上却不能自由地选择我们自己的价值或设定我们自己的目的;因

---

① 王建军:《普遍性与相互性——论康德的义务论与功利主义伦理学的分野》,《安徽大学学
报》,2004 年第 5 期。

② [德]伊曼努尔·康德:《实践理性批判》,邓晓芒译,人民出版社,2016 年,第 30 页。

③ Sorin Baiasu, *Kant and Sartre: Re-discovering Critical Ethics*, Sorin Baiasu, trans., Palgrave Macmillan, 2011, p.18.

此,很难想象我们如何能从自由中获得如此的快乐与满足。"①康德哲学中有个概念"永福"(die Seligkeit),"德性的神圣性已经被指定给它们当作此生中的准绳了,但与之成比例的福祉,即永福,却只是被表现为在永恒中才能达到的:因为前者在任何情况下都必须永远是他们行为的范本,而朝它前进在此生中已经是可能的和必要的了,但后者在现世中却是根本不可能以幸福的名义达到的(这取决于我们的能力),因此只能被当作希望的对象"②。永福是由自由道德而来的幸福,它绝不是指康德之前所定义的由感官世界而来的幸福。这种幸福就是一种自由道德意义上的快乐和自我满足。由此看来,林森巴德已然误读了康德的自由理论。

个体会随着时间的推移意识到自身的同一性。但是,这并不意味着要事先假定一个相同实体的存在,而后我在流动的时间中通过该实体意识到我的这一数的同一性。康德指出:"在这方面,为了证明这种同一性,单是凭'我思'这个分析命题是办不到的,而是需要建立在给予直观之上的各种综合判断。"③道德本身是要靠自由来确定、去判断的法则,真正的道德只能是自由的道德。而且,自由即自律,同一性是对个体行为进行道德判断的重要依据,"自由不仅仅是一个点,……而是一条无限延伸的线,一个保持自身同一的过程(人格的同一性),所以它是自己为自己立法,自己为自己负责,它是'义务'"④。自由不是任意,不是随心所欲。在你想做什么就做什么的时候,你以外物为转移,你的行为是不连贯的。外物总是经验的,带有偶然性。但是在理性的法则里,外物追求普遍的形式同一。因此,一切行为都是自身同一的,都

---

① Gail Evelyn Linsenbard, *An Investigation of Jean-Paul Sartre's Posthumously Published Notebooks for an Ethics*, University of Colorado, 1996, pp.90—91.

② [德]伊曼努尔·康德:《实践理性批判》,邓晓芒译,人民出版社,2016年,第160页。

③ [德]伊曼努尔·康德:《纯粹理性批判》,邓晓芒译,人民出版社,2015年,第294页。

④ 邓晓芒:《康德道德哲学的三个层次——〈德形而上学基础〉述评》,《云南大学学报(社会科学版)》,2004年第4期。

是基于理性的自我立法之上。这种理性的自我立法纯粹出于理性,而人不能总是贯彻理性,所以这种理性对于人是命令,因而也是一种义务。

对于康德而言,同一性与义务密不可分。义务道德是抽象、不具体的,又是无条件的。义务是抽象的,这意味着自由之人采取行动随之而来的责任和要求是预先给定且先验的。义务是无条件的,首先假定了一种理想化的人性观,即人是理性的。例如,不撒谎是一种无条件的义务。在康德那里,说谎是绝对被禁止的,无论个体出于何种道德决定都不容许说谎。

绝对命令派生出的第三条命令形式遵从如下理念:"作为普遍立法意志的每个有理性的存在者的意志。"①这就是意志的"自律"(Autonomie)原则。康德所言的"目的王国"(Reich der Zweck)是一个由有道德的成员组成的共同体,他们的意志都是普遍立法的意志。在这样一个目的王国中,个体作为有理性的存在者自觉遵守普遍法则,尝试克服自然王国的干扰,从而自觉地将自己立的法则视为上帝的命令。该命令不以任何目的为条件,是实践理性自身规定自身必然要这么做。不过,这绝不像林森巴德所言那样,对于康德来说,"我们在道德上行事的性情不是来自我们,而是来自上帝……道德律源于上帝的意志,因此必须'充满活力'并'表达其自身的合法性条件'"。②事实上,尽管康德的确把人的自律能力类比于上帝。但自我立法才是他的观点,上帝立法只是传统的观点。

综上所述,神圣意志和有理性存在者的意志在康德那里是不同的。前者是理性的、必然的,规定意志;后者不必然,体现为命令。前者关联于上帝,后者关联于人。因此,只有对于人而言存在绝对命令的说法,对于上帝来说则是不需要的。康德的确总是在类比上帝来设想人的道德生活,或者说把上帝

---

① [德]伊曼努尔·康德:《道德形而上学原理》,苗力田译,上海人民出版社,2002年,第49页。

② Gail Evelyn Linsenbard, *An Investigation of Jean-Paul Sartre's Posthumously Published Notebooks for an Ethics*, University of Colorado, 1996, p.84.

作为一个涉及人类伦理生活的理想参照。然而，即便如此，说康德哲学强调人要与上帝一致则是毫无依据、荒谬可笑的。最起码这种说法违背了康德道德哲学的最高原则——自律和自由。康德的道德是义务道德，该道德是抽象的、不具体的。因为在康德看来，责任限制人类的自由，所以义务道德或者说绝对命令真实地彰显了个体的意志自律和道德原则的普遍有效性。

二、"先验自我"之质疑

萨特在《自我的超越性》中拒绝了康德与胡塞尔的"先验自我"。在他们那里，所有的意识行动中都有一个先验自我去构建对象。具体而言，胡塞尔的"先验自我"是他现象学还原后的剩余物，是比笛卡尔的"我思"更加纯粹的理论基点。"先验自我"是先验的，所以无论我在思还是未在思，这个"自我"一直存在。康德的先验哲学通过自身的反思而追求一种纯粹的先验主体，并通过这个主体来构建和综合整个世界。在康德那里，"先验自我"是本体的自我和潜在的自我；"先验自我"站在经验自我的背后，这种自我使得主体不受自然界的因果关系的限制，这种自我是自由的。倘若将人视为道德行为者，我们则需要从先验自我的角度看待人，并认为人可以为自身的行为选择负责。

萨特认为意识中没有自我，意识是纯粹的，只有一种自我，不存在康德所谓的经验自我与先验自我的划分。我们是在实际活动中，在直观中把握到自我的，这个自我实际上来源于我们的反思。自身意识是非反思的、非位置性的意识，反思意识是一种位置性的意识，自我就是在反思中出现的。前反思意识中没有自我，自我是在意识之外的，前反思的意识活动没有明确将自身视为对象，因此不存在"自我"的意识。确切地讲，只有在"纯粹反思"的时刻，我们才会完全承认自我是创造价值的源泉，从而从自欺态度转变为本真态度,进而构建一种有效的人际间关系。

自我是超越的,在世界中进行选择,在世界中采取行动,并不存在康德的那种可以做出与普遍性法则相符合的先验自我。另外,萨特在《自我的超越性》中提出的非常重要的一个观点是,我和世界是互相依赖的,因此萨特现象学的意识理论可以为其伦理学提供依据。《道德笔记》更进一步强调了萨特对康德道德哲学的抽象本质的不满。萨特在这本书中依然坚持拒绝康德的"先验自我"。在萨特看来,自我处于创造之中,"存在与自我创造完全一样。自在存在是自我创造的不透明凝固。对象(在想象的范围内)完全是其自身,但却完全是一种创造。行动是质料"①。对于萨特而言,自我并非先验的,自我处在意识之外、世界之中,而世界之中的自我与他者是伦理问题得以可能的必要条件。

康德的先验自我是一种形式,起着统摄经验自我的作用。先验自我是创造者、观察者,但自身却不能被创造、被观察。在萨特看来,尽管康德也强调要尊重他者并将他者视为目的而非手段,但他的这种相互承认是抽象的。康德对先验自我与经验自我的区分,最终会导致抽象的人际间关系。对于萨特而言,道德必须根植于现有人类社会的实践中,他取消了这种先验自我和经验自我的二元性,并且只承认一个自我,即具体的处于世界之中的自我。

萨特认为康德的道德哲学建基于主体性,而他拒绝这种主体性的道德,他想要构建一种建基于主体间性上的道德。他指出:"任何将义务(责任)仅仅建立在主体自由之上的企图都是注定要失败的。事实上,个体自由在考虑自身处境的同时,也向自身提出了其目标。"②康德所言的尊重的基础是自我

---

① Jean-Paul Sartre, *Notebooks for an Ethics*, David Pellauer, trans., The University of Chicago Press, 1992, p.447.

② Jean-Paul Sartre, *Notebooks for an Ethics*, David Pellauer, trans., The University of Chicago Press, 1992, p.239.

与他者之间的具体且相互依赖的关系。我们应该承认他者的自由，因为自我需要他者承认自身的自由。只有在社会认可他者的基础上才能客观地了解我们是谁，以及我们是何种人。萨特将康德的先验自我之间的关系变成具体的处于经验之中的我们的关系。"意识的创造，就是把一个功能性的'我'，如康德的'我思'，转化为一个具体的'我们'（"我们"就是这个"我"的具体化，或"我"就是这个"我们"的压缩）。意识的选择的原初目标，这就是'一'在极限处显现的原因。"①萨特在《道德笔记》中与在《自我的超越性》中对待康德先验自我的态度是一致的。他认为康德的先验自我是不存在的，个体是一种冒险，处在永恒的冒险之中。"对存在来说，是一种出神的冒险；对人来说，却是一种内在结构。人向自身探寻存在的意义不是一时兴致：人不过是存在的这种冒险。"②个体作为主体不会将自身交付给先验世界。萨特认为没有抽象的个体，当然也不存在抽象的人际间关系。因此，尽管康德道德哲学中的他者不仅是一种手段，但是其之下的自我与他者的关系却是抽象的。

萨特认为康德哲学中的具有意识的先验自我是不存在的，存在的只有具体的处于经验世界之中的自我，意识只能是具身化的意识。在萨特的理论中，伦理必须建立在具体的社会基础之上，而非所谓的先验基础之上。相应的，伦理价值是世俗的而非先验的。与康德相反，萨特坚持认为不存在先验的自我，当然也不存在普遍性法则。道德行为准则是在个体进行道德选择的过程中、在具体的处境中选择的而非先验的。

然而，我们有必要为康德的先验哲学简单正名。康德很少讨论自我与他

---

① Jean-Paul Sartre, *Notebooks for an Ethics*, David Pellauer, trans., The University of Chicago Press, 1992, pp.130–131.

② Jean-Paul Sartre, *Notebooks for an Ethics*, David Pellauer, trans., The University of Chicago Press, 1992, p.449.

者的人际间关系,他的先验哲学更多的关注主体的认知以及行动的结构等。他也会在其著作中讲到人与人之间的"共同感",要站在他者的位置思考等,但是他最终的落脚点依然是内省的。因此,我们很难讲萨特对康德的批评究竟是否正确或者是否合适,我们只能沿着萨特的思路探索他的伦理学。

三、"普遍性法则"之诘难

谈起康德哲学,我们就会将其与道德普遍性(allgemeinheit)关联在一起。英国道德哲学家黑尔(Richard M. Hare)是道德普遍性原则的忠实维护者,也是康德义务道德的捍卫者。他在《普遍性》(Universalisability)一书中,构建了一段发生于"康德主义者"和"存在主义者"之间的对话,在对话中,他把这一切说得非常清楚。相关对话内容如下:

> 存在主义者:"你不应该那样做。"
>
> 康德主义者:"所以你认为一个人不应该做那种事?"
>
> 存在主义者:"我不这么认为;我只是说你不应该那样做。"
>
> 康德主义者:"难道你不是在暗示,像我这样的人在这种情况下不应该做这种事,而相关的其他人都是这样的人吗?"
>
> 存在主义者:"没有;我只是说你不应该那样做。"
>
> 康德主义者:"你在做道德判断吗?"
>
> 存在主义者:"是的。"
>
> 康德主义者:"在这种情况下,我无法理解你使用'道德'这个词。"[1]

黑尔维护了康德哲学中的普遍性概念。在黑尔看来,只要有人说"我应

---

[1] Alisdair MacIntyre, "What Morality Is Not?", *Philosophy*, Vol.32, No.123, 1957, pp.325-335.

该做某事"，我就是在遵循"一个人应该做某事"的格言，对于他者也同样如此。与康德不同，萨特否认普遍性原则，只提倡个体在选择过程中的"一致性"要求。麦金泰尔与黑尔的分析不同，他似乎更加支持萨特的道德理论，他认为康德普遍性原则在某些具体处境下并不适用。关于这一点，我们可以用萨特《存在主义是一种人道主义》中的一个例子来加以阐明。

萨特描述了一个来找他的学生。学生的父亲当了法奸，哥哥又在战争中英勇牺牲了。在这种情况下，他应该留在家里照看他的母亲还是去英国加入自由法国军队？①萨特这样回答道："你是自由的，所以你选择吧——这就是说，去发明吧。没有任何普遍的道德准则能指点你应当怎样做：世界上没有任何的天降标志。天主教徒会说：'啊，可是标志是有的！'很好；但是尽管有，不管是什么情形，总还得我自己去理解这些标志。"②萨特告诉我们，他无法给予他的学生一个明确的选择，因为没有客观标准可以供他参考并做出这样或那样的选择。这位年轻人要自己做出选择，而无需诉诸外在的普遍准则或规范。对于萨特及其他存在主义者来说，只有我们自身才是行动的创造者，我们在特定的处境下自由地做出选择，并且承担相应的责任。进一步讲，"这位年轻人来找他时，自己已经做出了决定，因为他知道该期待何种建议。如果他需要不同的建议，他会去找一个牧师或一个共产主义者。因此，我们在考虑或排练原因之前就做出决定。事实上，萨特认为选择和意识最终是同一事物"③。

萨特对康德普遍性法则的批评在《存在与虚无》中就有所体现。他在这

---

① ［法］让-保罗·萨特：《存在主义是一种人道主义》，周煦良、汤永宽译，上海译文出版社，2017年，第14页。

② ［法］让-保罗·萨特：《存在主义是一种人道主义》，周煦良、汤永宽译，上海译文出版社，2017年，第17页。

③ Alvin Plantinga, "An Existentialist Ethics", *The Review of Metaphysics*, Vol.12, No.2, 1958, pp. 235-256.

本书中曾提到过，康德的主体性的普遍性法则立足纯粹的主体，却并未涉及具体的个人。对于萨特而言，每个个体都具有"自身性"（selfness），即个体性。自我的自身性必然会受到他者主体性的威胁，即"自身性"必然与"他异性"（otherness）相冲突。萨特在《道德笔记》中对这一普遍性法则的批评表现得更加明显。他在该书开始指出："存在一种具体的道德选择。康德主义在这个问题上没有给我们带来任何启发。"①萨特反对康德普遍道德选择的准则，在康德那里，这种形式的和普遍的东西足以构成伦理学。对于萨特而言，普遍性法则是不适用的，这种法则并不能应用于每一个具体处境中的行为选择。康德之所以认为普遍性法则有效，是因为他预先假定了一种抽象的"人格"概念。也因此，当康德制定他的绝对命令时，他并没有想到具体的集体，而是所有的人。当他表明说谎会引发普遍的自身摧毁时，这种自身摧毁是基于普遍性假设的。但是，萨特想要指出："如果谎言是由当时在场的人编造的，那么谎言绝不会自我毁灭。"②加拿大瑞尔森大学（Ryerson University）的学者金姆·麦克拉伦（Kym Maclaren）认为，"如果普遍和理性的原则是'总是说真话'，那么在这种情况下，我们必须能够感知什么才算是真话。因为拒绝回答一个问题（如果这个问题违反或不公正）可能比给出字面上的真相更真实。因此，康德的道德理论误解了人性和道德，并强加了一种不可能实现的理想，即为了理性行为而将我们的肉体本性推到一边"③。

在萨特眼中，道德是属于个人的、具体的、主观的、历史的事业，道德只能来自具体的人，即伦理学是具体的。萨特指出："道德不是将各种意识融合到一个单一的主体中，而是接受去总体性的总体性，并在这种公认的不平等中决

① Jean-Paul Sartre, *Notebooks for an Ethics*, David Pellauer, trans., The University of Chicago Press, 1992, p.7.

② Jean-Paul Sartre, *Notebooks for an Ethics*, David Pellauer, trans., The University of Chicago Press, 1992, p.426.

③ Christine Daigle, *Existentialist Thinkers and Ethics*, McGill-Queen's University Press, 2006, p.151.

定,即将每个意识的具体单一性作为具体目的(而不是康德式的普遍性)。"①然而,说伦理学是具体的,并非意味着萨特不关注选择的一般准则,也绝不是说个人可以反复无常地进行道德选择。恰恰相反,在萨特看来,我们可以谈论被选择的"一般性",我们要看到"普遍的人类境况",该境况揭示了某些行为是道德上适当的,其他行为在道德上则应受到谴责。我们在世界上拥有一般化特殊行为的能力,只是我们要认识到这种一般化是我的一般化。我们无法普遍化一种具体的道德行为,一般性原则指的是,我们无论做出哪种选择都要承担相应的道德责任。正因如此,萨特批评康德将理性意志等同于善的意志,并且与恶的意志相互对立。对于萨特而言,善的意志意味着将自身视为可以进行自由选择的自为存在。因此,萨特的一般性原则与康德的普遍性法则最大的不同之处在于,萨特是存在主义的道德哲学家,他经常将理论诉诸于小说,因为他关注人在具体处境中的选择。

诚然,我们可以看到,萨特援引了康德哲学的概念,他也指出了当个体在进行道德选择时不仅要对自身负责还要对他者负责,这似乎与康德的普遍法则有相似之处或者说就是"康德式"的。但我们要注意的,萨特的存在主义伦理观反对这种先验的普遍性法则,他的存在主义伦理观仅仅在做一种一般性的解释,这种一般性原则更加看重具体处境下的道德选择,这与康德普遍性法则的表述是非常不同的。

四、萨特与康德的义务论道德

萨特在《道德笔记》中多次引用和评论康德的道德哲学。针对康德的道德哲学,萨特究竟是明显抵制还是些许赞同,学界对此存在争议:有学者认

---

① Jean-Paul Sartre, *Notebooks for an Ethics*, David Pellauer, trans., The University of Chicago Press, 1992, pp.88-89.

为萨特批判了康德的道德哲学,萨特的伦理学更多的是"黑格尔式"的,持此观点的代表学者有斯托姆·赫特等;另一部分学者则指出萨特的伦理学与康德的道德哲学具有明显的相似之处,他们甚至认为存在主义应该追溯到康德开创的意志主义传统,持此观点的代表学者有英国学者索林·巴亚苏(Sorin Baiasu)等。

索林·巴亚苏等人认为萨特哲学与康德哲学有明显相似之处。在巴亚苏看来,这两位哲学家的道德理论之间存在着比通常公认的更多的相似性。他在《康德与萨特:批判性伦理学再发现》(*Kant and Sartre:Rediscovering Critical Ethics*)一书中从三个方面阐释了萨特哲学与康德哲学的相似之处:

第一,关于同一性和自我选择:康德和萨特都批判了关于个人同一性的理性主义和经验主义立场。相反,他们讨论道德行为者的同一性是基于一种统一性,这种统一性使贯穿时间的自我认同成为可能,从而使道德判断成为可能。康德和萨特都反对一种最终基于深思熟虑的施事模式。虽然二人都同意可以在深思熟虑的基础上做出决定,但他们反对自由最终建立在深思熟虑之上的观点。使行为者选择或采纳其基本谋划或性情的并不是某种深思熟虑的过程。自我选择只是经验自由的必要条件,并没有假设有特权的选择方式。

第二,关于自由和规范性:康德和萨特都反对一种消极自由的说法,这种说法限制了人可以拥有的消极自由,也就是,人从构成其环境和处境的条件中获得自由。康德和萨特都依赖于三重的施事结构,从行动(对应于行动规则)、高阶标准(行动或谋划原则,它们作为行动规则的基础),以及二阶标准(绝对命令或本真性价值,它对二阶标准施加约束)开始。尽管康德强调命令,萨特注重价值,但这只是强调的重点不同,而不是一个要素排斥另外一个要素,萨特不是只主张价值伦理而排除必然性伦理,康德也不是只主张必然性伦理而排除价值伦理。

第三,关于权威和进展:康德和萨特都反对一种伦理学理论,这种理论提出不合理的行动标准;该标准确实限制道德行为者的自由。尽管在萨特看来，康德的实践哲学施加了与人的自由不相容的绝对约束，但是在这一点上,萨特与康德有着相同的见地。①

赫特则认为,存在主义伦理学最好解释为黑格尔主义的一种形式,而不是解释为伦理性康德主义的一种形式。②萨特的《道德笔记》更像是对黑格尔式论题的延伸评论与研究。赫特从五个方面分析萨特在《道德笔记》中对康德伦理学抽象本质的不满:

第一,康德的"人性"概念是个神话,人性是不存在的。萨特认为不存在抽象的人性,我们需要以实际的社会关系为基础。第二,康德的"目的王国"只是一个想象的共同体。萨特要建立一个具体的政治共同体。第三,康德的"权利"抽象地对待人。萨特需要以人的特殊性来对待人。第四,康德的责任伦理是奴隶伦理。萨特认为伦理义务应以非强制性地承认伦理主体的自由为基础。第五,康德伦理学是虚伪的,它掩盖了伦理的真正源头,即他者。在萨特那里,义务应以相互呼吁(appeal)为基础,这种呼吁尊重有关各方的自由。③

赫特指出萨特的伦理学沿着黑格尔的路线发展。萨特运用黑格尔的基本范畴,特别是主奴辩证法,来阐明自己的伦理立场。黑格尔的承认理论为存在主义尊重的基本伦理义务提供了正当性。我应该承认他者,因为我需要他者承认我。相互承认的理论维护并促进人类的自由,该理论呼吁共同行动。赫特指出:"一种具体的伦理学,一种呼吁的伦理学,一种相互承认的伦理学——所有这些短语都反映了伦理和社会之间的联系,一种黑格尔称之为

---

① Sorin Baiasu, *Kant and Sartre:Re-discovering Critical Ethics*, Sorin Baiasu, trans., Palgrave Macmillan, 2011, pp.234-236.

② T. Storm Heter, *Sartre's Ethics of Engagement:Authenticity and Civic Virtue*, Continuum International Publishing Group, 2006, p.144.

③ T. Storm Heter, *Sartre's Ethics of Engagement:Authenticity and Civic Virtue*, Continuum International Publishing Group, 2006, pp.148-149.

'伦理生活'的联系。存在主义伦理学最好理解为黑格尔式的伦理观,该伦理学对市民社会的民主团体和普通公民的市民参与都带来了沉重的负担。"①

美国学者派洛尔教授在《道德笔记》英译本的导言中指出:"不知何故,这里的'人'从我现在这个特定的现存个体滑向了整个人类。评论家们认为,这是萨特关于伦理学的论述中一种未被承认的康德元素,这个说法很难解释,尤其是在《存在与虚无》的基础上。"②造成这种印象的源头是萨特一篇备受影响的演讲。萨特在《存在主义是一种人道主义》这篇演讲中提出了康德式观点,例如,个体选择具有普遍性,当我选择成为那个自身时,我也选择了全人类。③但是萨特强调的关键不是普遍规则,而是选择成为人的这一形象。他也阐明了对康德伦理学的批评,他认为康德的伦理学是抽象的,这种抽象令人厌恶。在他们看来,萨特接受康德的普遍法则只是一种权宜之计,仅是为了避免由于过于强调个体自由随之而来的令人无法接受甚至讨厌的伦理后果。我们认为,倘若这些中立者阅读过萨特在《存在主义是一种人道主义》之后的一些著作的话,他们最终会靠向拒绝萨特的伦理学是康德式的这一方。他们会承认萨特的康德主义只是表面上的,他的伦理学方法更多的是黑格尔式的。

萨特在《道德笔记》一书中也借用了康德的术语,例如"目的之城","如果我们设想一个完美的社会(康德的目的王国),在这个社会中,每个人都给予他者应得的东西,'应当'被纳入社会齿轮的实际运作中,那么权利就是隐含的"④。在这样一个康德式的"目的之城"中,社会对抗被压制,人对于人来

---

① T. Storm Heter, *Sartre's Ethics of Engagement: Authenticity and Civic Virtue*, Continuum International Publishing Group, 2006, pp.151–152.

② Jean-Paul Sartre, *Notebooks for an Ethics*, David Pellauer, trans., The University of Chicago Press, 1992, p.xii.

③ [法]让-保罗·萨特:《存在主义是一种人道主义》,周煦良、汤永宽译,上海译文出版社,2017年,第8页。

④ Jean-Paul Sartre, *Notebooks for an Ethics*, David Pellauer, trans., The University of Chicago Press, 1992, p.137.

说是一个目的而非手段,谎言和暴力被放逐,人类的所有力量都转向人类要征服的自然。①尽管如此,萨特所表达的意思与康德是不同的。对于萨特而言,目的之城是一个生成的过程,我们每个人都处在目的之城中,目的王国是一个具体的政治共同体,需要通过一个具体的目标来追求它,而不是像康德所言的作为目的本身。

萨特的伦理学是否是"康德式"的,各方始终持不同的观点,并且一直争执不下。巴亚苏与赫特的说法都有各自的依据,只不过由于出发点不同,得出了截然相反的结论。巴亚苏认为萨特哲学与康德哲学有很多相似之处的分析的确有道理,她基于道德现实主义和非认知主义的共同回应这一基本论点,看到了学者们之前并未留意过的两位哲学家思想的相似之处。然而,我们仍然选择站在萨特的伦理学不是"康德式"的这一边。因为萨特主张自我是"超越的"而非"先验的"。萨特的伦理学并非只是对康德伦理学的简单修改,他并未致力于康德的道德原则,尤其是其绝对命令。萨特的伦理学也并未将普遍性这一康德道德哲学最基本的概念作为其范式。因此,如果认为萨特是道德的康德主义者,他的伦理学是康德式的,那就大错特错了。

康德的道德讲究严格遵守理性法则。理性法则只是着眼于形式,具体内容则被排除在道德之外。尽管康德也强调德福一致,但是这种强调只是一种虚设,并不实存。萨特的伦理学是存在主义伦理学,人需要积极地为自身以及他者的自由而努力,从而实现本真的实存。与康德相反,萨特坚持认为,道德上的"普遍性"并不是抽象的道德原则,而是由行动的道德原则组成。没有先验的自我,更没有固定的人性。"存在先于本质",自我造就自身,人性是一种冒险,自我一直处在变化的过程中,他者也一样。我们在创造的过程中,在处境的变化中,选择行动的具体道德原则。

---

① Jean-Paul Sartre, *Notebooks for an Ethics*, David Pellauer, trans., The University of Chicago Press, 1992, p.161.

萨特的哲学是存在主义哲学,他的伦理观也是存在主义的伦理观。他的伦理观不是没有一贯性,而是处于发展中。萨特在《存在与虚无》中的几处评论和注释中承诺建立本真伦理学,他在《道德笔记》中完成了这项工作。本真伦理学想要说明的是,道德判断的基础不仅是人的实存的自由,而且是本真之人的自由。随着历史处境的改变,萨特的伦理观也发生了变化,他逐渐偏向马克思主义理论,开始关注现实的人类实践与具体的物质世界的关系。如果说《道德笔记》中的伦理观是一种理想主义形式的话,那么《辩证理性批判》中的伦理观已然是一种现实主义形式。萨特在《辩证理性批判》中将道德价值视为经济和社会变化的产物,而与本真性无关。就伦理观而言,萨特所发表的最后文字出现在《今天的希望:与萨特的谈话》①(1980)中。萨特在与莱维的谈话中批判了马克思主义理论,呼吁"权力和自由",呼吁将"慷慨的盟约"作为人际间关系的基础。萨特的存在主义伦理观强调自我实现,强调自我的自由和创造。如果忽视它们,无疑就不是存在主义伦理观了。

第六节 《道德笔记》的学术意义与存在的问题

萨特在 1979 年《萨特与西卡德:"访谈"》(*Jean-Paul Sartre et M. Sicard:"Entretien"*)中批评了他早期伦理学的努力,他甚至称《道德笔记》为"失败的尝试"。②由于萨特对自己第一种伦理观不满,他在 20 世纪 50 年代和 60 年代发展了第二种伦理观。因此,有学者就提出《道德笔记》完全是失败的,而且毫无研究意义。当然,也有学者看到了萨特《道德笔记》一书的价值所在,

---

① 参见:《今天的希望:与萨特的谈话》,载[法]让-保罗·萨特:《存在主义是一种人道主义》,周煦良、汤永宽译,上海译文出版社,2017 年,第 37~113 页。

② Jean-Paul Sartre, "Michel Sicard:Entretien:L'ecriture et la Publication", *Obliques* 18-19,1979, pp.14-15.

例如,美国学者克鲁克斯就认为,"对我们来说,《道德笔记》……构成了一种新的哲学和政治轨迹的开创性表达"①。抛开政治轨迹不谈,我们首先讨论该书的学术意义和可能存在的问题。

一、学术意义

《道德笔记》是萨特在《存在与虚无》中承诺的未来写作计划的一个关键著作。然而,即使萨特本人也认为这是一个失败的尝试,因为建立一种道德规范是困难的。②但是这绝不意味着《道德笔记》没有研究的意义与价值,恰恰相反,它连接了《存在与虚无》和《辩证理性批判》,使得萨特所有伦理学上的尝试,包括前期的存在主义的、中期的马克思主义的,以及晚年的直接民主的尝试都成为可能。《道德笔记》中所展现出的道德伦理立场,使该书成为萨特第一种伦理学思想的最全面、最完整的理论来源。我们主要从萨特哲学体系和实际道德维度这两个层面阐述《道德笔记》的学术价值。

第一,《道德笔记》连接了萨特前后期的哲学著作,尤其是使得从《存在与虚无》到《辩证理性批判》思想的过渡成为可能。一方面,不同于《存在与虚无》中仅仅从意识内部探究自由,《道德笔记》注重身体的重要性,"人们看到父亲打儿子,直到他们哭着求饶,或者剥夺他们外出或玩耍的权利,直到他们服从命令。这是用武力、用身体侵犯他们的自由,是强势者对弱势者的行动"③。我的身体使得我自身的自由变得真实而确定。尽管萨特在《道德笔记》

---

① Sonia Kruks, "Sartre's Cahiers pour une Morale:Failed Attempts or New Trajectory in Ethics?", *Social Text*, No.13–14,1986,pp.184–194.

② Jean–Paul Sartre, "Michel Sicard:Entretien:L'ecriture et la Publication", *Obliques* 18–19,1979, pp.14–15.

③ Jean–Paul Sartre, *Notebooks for an Ethics*, David Pellauer,trans.,The University of Chicago Press, 1992,p.191.

中有时也夸大了自由的作用，但是他采取了一个更加平衡的立场去看待自由与处境之间的辩证关系。他不再仅仅从意识内部对待人，而是从意识与身体的关系出发对待人的实在的本质，关注具体处境中的自由。《道德笔记》超越了萨特早期抽象的本体论分析，更加具体地阐释人的实在。然而，萨特有时也将人直接等同于意识。可以肯定的是，《道德笔记》逐渐靠近《辩证理性批判》的思想，即逐渐从抽象的道德转向具体的道德，从关注意识转向关注具体实践。萨特在《辩证理性批判》中强调人的实在的社会历史条件对造就人以及世界的作用。他使用了一个新的工具——马克思主义。他在《辩证理性批判》正文的第一页就指出："人是由'事物'中介的，事物是由'人'中介的。这一条真理必须被完整地记住……一切事物都可以通过需要来解释；需要是物质存在和人与他所从属的物质集合体之间最初的整体化关系……需要是单一意义的内在性与周围的物质性的联系，因为有机体试图靠它来证明自身。"①萨特将人与事物之间的这种关系称为"辩证循环"（dialectical circularity），它建立在具体处境与自由谋划的相互影响之上。

另一方面，萨特在《道德笔记》中否定历史决定论，但他也承认政治、经济等历史条件对人类自由选择的限制，也就是说，人的自由与具体的处境相关联，这就与《存在与虚无》中仅仅将自由等同于意识的自由不同。萨特在《道德笔记》中看到了处于不同处境下的个体，其选择的范围是不同的。他例举劳动在社会发展中的作用来说明个体通过劳动创造自身。"因此，既然我只是我的劳动，那么我就是自己的命运。既然一般意义上的人或人类以历史为其劳动，既然人在历史中永恒地异化自身——因为历史是一个去总体化的总体——那么历史既是人类的劳动，也是其命运。"②他在《道德笔记》中强

---

① ［法］让－保罗·萨特：《辩证理性批判》，林骧华等译，安徽文艺出版社，1998年，第215~216页。

② Jean-Paul Sartre, *Notebooks for an Ethics*, David Pellauer, trans., The University of Chicago Press, 1992, p.107.

调个体通过改变具体的经济、政治等条件,实现自身的自由。他在《辩证理性批判》中进一步强调个体与整体环境之间的相互作用,并且强调个体甚至人类整体在具体的社会环境中创造历史。"人仅仅在特定的环境和社会条件下才为人而存在,所以每一种人类关系都是历史的。然而,历史关系就是人的关系,因为它们总是被定为实践的直接辩证结果。"①②

第二,《道德笔记》呈现了萨特的本体论与伦理学之间的理论关联。同时,《道德笔记》部分地完成了萨特在《存在与虚无》中给出的承诺。从个体道德本身看,他早期在《存在与虚无》中的本体论任务指出,所有人的谋划都是成为上帝,然而倘若我们毅然渴望实现这一不可能的目标必定会无疾而终。萨特表明结束成为上帝的价值统治,这是伦理学的任务。《道德笔记》便应然而生,它探讨主体通过纯粹反思从自欺的成为上帝的谋划转向实现自身的本真的谋划。"作为自己且成为自己的一种新的本真方式超越了真诚与自欺的辩证法。"③

从实际道德维度讲,《道德笔记》逐渐从意识的内在性转向对主体间共在的相互承认。与《存在与虚无》中彼此都想占有对方的主客体关系不同,《道德笔记》放弃了这种占有关系,而是引入了自身与他者之间的相互承认关系,萨特将其称之为"本真之爱"。萨特在《道德笔记》中通过将"揭示"的人类谋划与"自因"的人类谋划的对比来说明我们如何从非本真转变为本真的。主体间的相互承认意味着个体不仅意愿自身的自由,而且也意愿他者的自由,并积极帮助他者完成其自由的谋划。萨特强调通过本真之爱,有可能改善现有的社会。《存在与虚无》为我们指出从自欺到本真的转变是可能的,《道德笔记》则告诉我们这种转变如何可能。个体通过纯粹反思达致本真,本

---

① [法]让-保罗·萨特:《辩证理性批判》,林骧华等译,安徽文艺出版社,1998 年,第 235 页。

② Jean-Paul Sartre,*Notebooks for an Ethics*,David Pellauer,trans.,The University of Chicago Press,1992,p.474.

真之人不仅关注我们是谁,也关注自我与他者和世界的关系如何。《道德笔记》强有力地提醒了世人只有互相成就才能在这个世界上生存,只有意愿"本真之爱"才能构建出更加和谐、道德的现实世界。因此,尽管《道德笔记》没有给我们提供任何方案,它却给予我们必要的方法与指导,进而使人类的繁荣成为真正的可能性。

二、存在的问题

我们企图证明建立在《存在与虚无》本体论基础之上的第一种伦理学是连贯的、有其内在的理论线索。萨特提出实现"本真"、渴望"目的之城"并非如同批评者所言,是极端的个人主义。相反,他主张将自由视为个体甚至人类整体的首要价值,也就是说,我们不仅要意愿自身的自由,也要意愿他者的自由。与《存在与虚无》中的施虐–受虐的非本真之爱不同,萨特在《道德笔记》中提出了"本真之爱",这种爱使得个体在意愿自身自由的同时也意愿他者的自由。然而,萨特的第一种伦理学依然存有几个问题:

第一,关于伦理学本身的暧昧性。《道德笔记》中的伦理学思想依然是抽象的、理想主义的。第一种伦理学是抽象的,并不是说萨特提倡的伦理道德原则是抽象的。恰恰相反,萨特反对康德伦理学中的抽象道德,而是强调道德不能忽视人的具体生活体验。生活的善也来自于我们自由的选择而非外在的责任。之所以说第一种伦理学是抽象的,是因为萨特在论述"目的之城"甚至"暴力"等的时候,并未给我们提供具体的实现"目的之城"的方法或者说什么时候实施暴力才是合理的论断。萨特鼓励"本真之爱",反对压迫;但是,他并未提出实现这种"本真之爱"的具体建议,也没有告知我们应该如何区分哪些人的自由是合理的,哪些人的自由是不合理的。与此同时,萨特将选择意愿自由作为世界的基础,而并没有提供我们应该创造何种人类世界的实际指导。

尽管《道德笔记》建基于《存在与虚无》的本体论基础之上，但是它并不仅仅局限于从抽象的意识维度谈及道德伦理问题。然而，萨特在《道德笔记》中有时依然将人等同于意识，并且最小化处境对个体实现自由的限制。因此，《道德笔记》依然有理想主义的影子，这种伦理学是抽象的，对个体的具体处境和人类实在的阐释存有模糊不清之处。这也是萨特为何在后来的著作中批评第一种伦理学是抽象的，并将其称之为"失败的尝试"的原因所在。

第二，关于自由理论。萨特的伦理学以其自由理论为基础。他在《存在与虚无》中断言，"人或者完全并且永远是自由的，或者他不存在"[①]。人作为一种自为存在，其存在就是虚无，这就意味着自为的自由与其否定特性是同一的，只不过这种绝对自由意味着承担绝对的责任。萨特在《存在主义是一种人道主义》中指出，个体不仅要对自身负责，也要对全人类负责。[②]《道德笔记》中的自由已经具有实践维度，即萨特考虑到存在主义那种本体论的抽象自由无法构建伦理道德。萨特在《道德笔记》中已经试图融合马克思主义的自由理论，然而，他依然不愿意放弃存在主义自由观，因而这种自由观强调人的自由不受因果律的限制和约束。简言之，《道德笔记》中的自由观是模糊不清的，它处在存在主义的抽象自由与马克思主义的具体自由之间的博弈之中。萨特在随后的著作，例如《辩证理性批判》中，逐渐强调具体的自由对个体道德选择的重要性。

此外，虽然萨特认为自由要取代上帝成为我们人类的首要目标，但是他在《道德笔记》中的很多地方却指出人把人自身视作首要目标，这里的"人"

---

① [法]让-保罗·萨特：《存在与虚无》，陈宣良等译，生活·读书·新知三联书店，2015年，第536页。
② [法]让-保罗·萨特：《存在主义是一种人道主义》，周煦良、汤永宽译，上海译文出版社，2017年，第7~8页。

便是那些转变之后的人。"人以一种出神的和礼物的形式作为自己的目标。"①这一说法使得人们质疑萨特是否将自由视为人类的首要目标。安德森指出："诚然,选择创造世界作为自己的绝对目的,就意味着选择了人作为自由的人(因为正是因为人是自由的,他才是世界的创造者);然而,把自由地揭示存在的世界作为自己的目标并不等于将人的自由作为自己的目标。因为后者以人的存在为目标;而前者则以存在的显现和基础为首要目标。"②

第三,关于本真实现的可能性。这也是萨特第一种伦理学存在的最关键的一个问题。尽管我们通常把萨特的第一种伦理学称为"本真伦理学",但是他从 20 世纪 50 年代开始就不再谈论本真,而是从另外的视角阐释道德伦理。这就意味着本真伦理学归根结底是无法真正实现的。同时,《道德笔记》中没有任何迹象表明本真与社会或政治事务有关。虽然萨特在《存在与虚无》中的确注意到了本真的社会维度,然而他只承认意识之间唯一可能的关系是主体与客体的关系。我通过本真的方式将他者视为主体,并通过他者获得我的客体性,他者也如此。然而,这两种形式的综合是不可能实现的。

《道德笔记》是萨特作为《存在与虚无》的续篇而写的伦理学著作。与《存在与虚无》中仅仅将本真视为自身的"自我恢复"不同,《道德笔记》中的本真已然具有了社会维度:一方面,本真意味着个体通过纯粹反思放弃不可能实现的成为上帝的理想,转而将自由视为自身的首要价值,并主动承担自由选择的所有责任。"本真的意识……在其最深层的结构中把握自身为创造性的。本真的意识在其涌现时创造了世界,不揭示世界就无法看到世界,正如

---

① Jean-Paul Sartre, *Notebooks for an Ethics*, David Pellauer, trans., The University of Chicago Press, 1992, p.169.

② Guignon, Charles, ed, *The Existentialists: Critical Essays on Kierkegaard, Nietzsche, Heidegger and Sartre*, Rowman & Littlefield Publishers, Inc., 2004., pp.141–142.

我们所看到的,揭示就是创造所是的东西。"①另一方面,本真也意味着意愿他者的自由,即萨特在此增加了本真的社会维度,他将其称之为"本真之爱"。在萨特那里,本真之人不仅承认自身是世界的创造者,而且自主地意愿他者的自由。这就与《存在与虚无》中仅从主客体的视角承认本真不同,本真之人是要实现相互承认,通过主体间的相互承认实现彼此的自由,最终实现"目的之城"。在这个"目的之城"中,"自由作为对人之境况的理解,隐含着每个人的自由"②。每个人都以他者为目的,全体公民意愿实现统一的社会。

尽管《道德笔记》中的"本真"多了一层社会维度,但是萨特的本真理论依然有些模糊。首先,本真之人意愿实现"目的之城",但"目的之城"偏向构建社会主义,即马克思主义。然而,萨特并未解释为何这种社会优于其他社会。既然自我和他者都是自由的,那么我们所有的谋划是否都是正当的?显然不是。但是,为何本真的谋划优于其他谋划?为何将实现个体的本真视为首要目标?萨特并未解释清楚。

其次,更严重的是,由于萨特的伦理学建立在其本体论基础之上,鉴于萨特在《存在与虚无》中坚持所有的价值最终是个体自由创造出来的,那么,本体论相应地就具有明显的个人主义色彩,在这种本体论之下的"本真"伦理学如何实现?尽管萨特告诉我们,个体通过纯粹反思可以实现从自欺到本真的过渡,我们会瞬间意识到自己在这个世界上从事着各种活动,而没有停止执行它们。然而,对于个体什么时候能够从不纯粹反思转变为纯粹反思,萨特并不能确定。

---

① Jean-Paul Sartre,*Notebooks for an Ethics*,David Pellauer,trans.,The University of Chicago Press,1992,pp.514-515.

② Jean-Paul Sartre,*Notebooks for an Ethics*,David Pellauer,trans.,The University of Chicago Press,1992,p.467.

　　萨特从20世纪50年代开始就很少谈论本真，而是从另外的视角阐释伦理道德。这就意味着本真性伦理学无法真正实现。但是，我们依然需要承认本真是一种要求很高的德性，因为它不仅需要自我保持清醒的意识，承担选择带来的责任，而且需要尊重他者并帮助其实现他们的谋划。本真是一种道德德性，但绝不是苛求完美的只有上帝才能拥有的德性。本真不仅对于萨特构建伦理学有其重要的意义，而且在当代语境中也彰显出极高的价值。

　　《道德笔记》更多地关注具体的社会历史处境对个体自由谋划的障碍，但是该书依然并未明确承认处境对个体实现本真的约束。鉴于上述困难与缺陷，萨特在20世纪50年代便停止了第一种伦理学的写作，转而进行第二种伦理学的创作。第二种伦理学真正明确地承认具体的历史处境对个体实现自由的限制。

第五章　萨特的三种伦理学比较

萨特一生曾尝试构建三种伦理学。第一种伦理学完成于 20 世纪 40 年代,但他并不满意,从 50 年代便开始发展第二种伦理学。在 1977 年至 1978 年间,他又开始构建第三种伦理学。由于当时的萨特已双目失明,所以第三种伦理学不同于前两种伦理学的书写方式,是由萨特与莱维的对话组成,并最终以录音的方式呈现出来。

我们在前四章中详细讨论了萨特的第一种伦理学。本章从本体论依据、理论目标与实现目标的手段,以及社会维度等方面比较分析萨特的三种伦理学。萨特的前两种伦理学由于种种原因都未完成,并且他在生命的尽头提出了第三种伦理学思想,但是这并不意味着他的伦理思想发生了根本的改变,相反,他的伦理学思想一以贯之地处于发展中。

第一节　本体论依据方面

萨特的伦理学思想随着他本体论思想的改变而改变,因为有何种道德价值尺度,取决于有何种关于存在的本体论预设。萨特的伦理学经历了从抽象到不断具体的发展过程,他的早期伦理学以《存在与虚无》为本体论依据,后期伦理学则以《辩证理性批判》为本体论依据。

萨特在《存在与虚无》中将所有实在分为两类——意识与无意识的事物,即自为存在与自在存在。前者是自发的、能动的;后者是惰性的、被动的。尽管他想要从人与世界的具体关系入手考察人的实在,但是他仍然将人视为有意识的,而并未将人作为具有肉体的心理物体有机体,这就意味着萨特仍然是在抽象的意义上谈及人与世界的关系。

自由理论是萨特伦理学的基础,而"虚无"学说对他关于自由的论述至关重要。虚无的存在是被动的存在,人将虚无带到世界之中,人永远虚无。人欠缺存在,自为是自在的纯粹虚无,这就是自为的自由的依据。"人的自由先于人的本质并且使人的本质成为可能。"①自为是这种虚无,是虚无的自由,因此自为的自由与其否定特性同一。比利时裔美国哲学家威尔福瑞德·迪僧(Wilfrid Desan)在《悲剧的结局:论萨特的哲学思想》(*The Tragic Finale:An Essay on the Philosophy of Jean-Paul Sartre*)一书中指出:"在萨特的哲学体系中,自为、虚无、人的意识、自由、自由选择都是一回事。"②

正因为萨特将意识与自由等同起来,所以《存在与虚无》中的自由是绝对的自由,是纯粹主观的个体自由,这种本体论自由允许我们自由选择做什么,并且允许我们自由选择相信什么。我们可以选择把某物看成丑陋的或者美丽的,厌恶的或者迷人的。各种各样的选择构成了我们的个性和我们的生活方式。只不过个体的意识是他自己的,选择也是如此。我们每个人都必须为自己做出选择。他的意识是他自己的,他的选择也是他自己的。在萨特看

---

①　[法]让-保罗·萨特:《存在与虚无》,陈宣良等译,生活·读书·新知三联书店,2015 年,第 53 页。

②　Wilfrid Desan,*The Tragic Finale:An Essay on the Philosophy of Jean-Paul Sartre*,Harvard University Press,1953,p.101.

来，山是一个障碍，只是对于选择登山的人而言。即使奔赴刑场的人，也可以在意识中抉择自己究竟是逃跑还是英勇就义。

萨特的第一种伦理学源于《存在与虚无》中的绝对自由观，而成熟于《道德笔记》。绝对自由意味着承担绝对责任，这也是他为什么在《存在主义是一种人道主义》中总是强调我们不仅要对自己负责，还要对全人类负责。承担绝对责任使人感到痛苦和焦虑。为了逃避焦虑，我们选择自欺，割裂自身的事实性与自由性这两个维度。因此，萨特提出了"本真"，本真意味着主体从根本上逃避自欺的"自我恢复"。不过萨特在《存在与虚无》中并未详述如何协调自身的事实性与自由性这两个维度，而是将其留给伦理学来处理。

萨特在《道德笔记》中详细阐明了"本真"概念。本真之人并不意愿本真本身，如果你为了本真而追求本真，你就不再是本真的。本真在于个体通过纯粹反思，意识到自身的偶然性实存，并承认自身存在的所有责任。萨特弱化了自我与他者之间的冲突关系，看到了人与人之间相互承认的可能性，"每个人都把他者当作目的"①，他也并没有一贯地持有极端的绝对自由学说，这种不一致性是值得称赞的。相对于《存在与虚无》《存在主义是一种人道主义》《反犹分子与犹太人》中的"本真"而言，《道德笔记》中的"本真"多了一层社会维度。但是，萨特依然将本真看作是自身的"自我恢复"。本真主要指个体通过纯粹反思来实现。本真是实现伦理的必要而非充分的原因。个体生而自由，可以在前反思下意识到自身的自由，而个体的本真或者至少是全人类的本真则需要几个世纪才可能实现。

《道德笔记》作为《存在与虚无》的续篇，直接体现了萨特第一种伦理学思想。他并不想延续《存在与虚无》中把人类最终描绘成冲突的状态。他在

---

① Jean-Paul Sartre, *Notebooks for an Ethics*, David Pellauer, trans., The University of Chicago Press, 1992, p.49.

《道德笔记》的一开始就指出："《存在与虚无》是转变前的本体论。"①《道德笔记》超越了早期抽象的本体论，而是分析人的具体实存。例如，萨特相信，个体通过纯粹反思放弃成为上帝的谋划，而将自身的自由视为首要的道德价值，并且在意愿自身自由的过程中，承认、团结他者，最终实现"目的之城"。但是，《道德笔记》有时也重复了《存在与虚无》中将人等同于意识的做法，而最小化甚至忽视社会环境的作用。换句话说，他在这一时期的道德伦理作品呈现逐渐普遍化倾向，可是在论述人的实存与具体的处境的关系时依然存在些许模糊不清之处。概言之，基于他的早期本体论的绝对自由理论，即任何选择都和其他选择一样好；我们不可能犯道德错误，这对道德是致命的。因此，我们认为绝对自由削弱了道德实现的可能性。这也是他随后放弃这种理想主义伦理学而转向从现实层面考察道德伦理的原因。

　　二战后，萨特逐渐意识到实践是通达自由的必经之路。在 20 世纪 40 年代到 50 年代之间，海德格尔和胡塞尔等人的哲学对萨特的影响较深，也因此萨特的关注点一直停留在意识领域内，将自由视为意识的伴随物却并未关注历史等实际条件对自由的影响。二战爆发后，萨特应征入伍。在集中营期间，他感受到自身的意识自由纯属臆想，于是开始靠向马克思主义，将自由放置到具体的社会历史处境之中，《辩证理性批判》一书应运而生。《辩证理性批判》告诉我们，人在特定的处境中创造历史，人不仅进行自由选择，还进行自由实践。历史辩证法予以个体实践之中，并且历史辩证法早就是辩证的，"行动自身是矛盾的否定性超越，是以未来整体化的名义对现在整体化的规定，是物质的真正有效运作"②。

　　1960 年萨特完成了《辩证理性批判》的第一卷，第二卷则一直没有完成。

---

　　①　Jean-Paul Sartre,*Notebooks for an Ethics*,David Pellauer,trans.,The University of Chicago Press,1992,p.6.

　　②　［法］让-保罗·萨特：《辩证理性批判》，林骧华等译，安徽文艺出版社，1998 年，第 216 页。

《辩证理性批判》连接了萨特早期的本体论与第二种伦理学,并为后者提供了本体论基础。不同于《存在与虚无》单纯从抽象的本体论层面研究人,《辩证理性批判》偏向马克思主义,即从具体的层面研究人,研究人的实际需求。《辩证理性批判》放弃了《存在与虚无》中的很多本体论术语,发展出一套与人的实存的社会环境相关联的术语。需要强调的是,《辩证理性批判》只是偏向马克思主义,而并非马克思主义。美国学者罗伯特·贝纳斯科尼(Robert Bernasconi)指出:"萨特的论点是,当代马克思主义者几乎只关注个体在多大程度上是由其物质环境决定的;个体被动地屈从于他们所处的生产关系和其他力量,并受其制约。个体被动地屈从于他们所处的生产关系和其他力量,并受其制约。"①在历史唯物主义者眼中,世界是自在的存在。在萨特看来,历史唯物主义忽视了辩证法中的其中一环:个体实践对世界的"介入",人不仅是社会的产物,更是创造社会的行为者,现存的社会不是给定的,而且是人的自由实践创造出来的。

从《存在与虚无》到《辩证理性批判》是从抽象的意识到具体的实践过渡的过程。大体而言,萨特用"实践"一词取代"自为存在",用"实践-惰性"(practico-inert)②一词取代"自在存在"。"实践"与"自为存在"一样,都是完全透明的自由,实践朝着自为的目的超越现有的处境并使之有机化。然而,不同于"自为存在","实践"没有完全的半透明性,实践的半透明性是辩证的,在否定的同时又有所保留。不同于"自在存在"的完全无差别的给定性,"实践-惰性"强调了客体对主体计划的抵制,而这些现有的客体恰巧就是由人类过去的实践所构建的。我们通过需要、匮乏、整体化等概念来具体理解萨特式的马克思主义理论。

"一切事物都可以通过需要来解释;需要是物质存在和人与他所从属的

---

① Robert Bernasconi, *How to Read Sartre*, W.W. Norton Company, 2007, p.95.

② 在萨特看来,人与物的辩证作用,产生了"实践-惰性"(practico-inert)领域。

物质集合体之间最初的整体化关系。"[①]不过,由于人的需要与现实满足需求之间存在矛盾,所以人的一生是摆脱匮乏的奋斗史。为了克服匮乏,必须将需求当作有机实践的整体。我们不得不在具体的实践中融入特定的团体,与他者处在共在中。他者至关重要,道德转变需要他者的爱,我们需要彼此来实现彼此的需要。道德转变是一种实践,贯穿个体的一生。自我必须在"誓言团体"中与他者合作,才能为其争取更多的自由。

匮乏既是人类进步的动力,也是自我与他者之间产生争斗的原因。相较于《存在与虚无》,《辩证理性批判》已经逐渐舍弃绝对自由的想法,而是将自由放置到社会历史的具体处境中。然而,萨特将人类发生一切争斗的原因都归于匮乏是欠妥当的。我们知道,从阶级出现开始,人与人之间、国与国之间的争斗源于劳动和分工,当分工合作越来越精细时,产品出现了剩余,贫富差距拉大,阶级矛盾逐渐深化,战争因此爆发。这种因需要建立起的人与人之间的合作最终并未使他们团结,而是彼此分离,人与人之间的异化也并未消除。这种因匮乏而结合在一起的誓言团体就像《道德笔记》里处于"本真之爱"之中的人,团体中的人因实际的共同目标而一起行动。但是,这样一个誓言团体却又必须通过暴力威胁而团结在一起,这似乎令人费解。

建立在《辩证理性批判》本体论基础之上的伦理学著作有《罗马讲稿》和《家庭白痴》等。在萨特那里,似乎他的第二种伦理学比第一种伦理学要好,否则他不会在1964年公开发表罗马演讲,而阐释第一种伦理学思想的《道德笔记》在他生前从未公开发表或演讲过。萨特将建基于《辩证理性批判》之上的第二种伦理学称之为现实主义的伦理学。在20世纪50年代,萨特已经完全相信人类的自由受其特定社会处境的限制。第二种伦理学注重人与环境之间的相互影响的辩证关系,该种伦理学强调影响我们在世界上存在的

---

① ［法］让-保罗·萨特:《辩证理性批判》,林骧华等译,安徽文艺出版社,1998年,第216页。

许多因素,例如国家、家庭、社会制度、意识形态等。因此,"特定客体的存在是因情况而异的"①。

《罗马讲稿》和《家庭白痴》不同于《道德笔记》的地方在于,它们强调"道德的根源在于需求"②。萨特在《家庭白痴》中,更加注重人的需求的中心地位,"真正的人道主义,应该以这些(需求)为出发点,永不偏离它们"③。在萨特看来,真正的人道主义必须建立在个体相互承认彼此的需求的基础之上。由于当时的萨特急于撰写关于福楼拜的著作,所以未及时完成《辨证理性批判》。到了1955年,萨特已经写满十多本关于福楼拜的笔记,他转向研究福楼拜的其中一点非常重要的原因在于他有一个深刻的思想,即无论历史时刻、社会环境如何,最根本的事仍是怎样理解人,关于福楼拜的研究恰巧对达到这一点非常有用。第二种伦理学通过将道德规范和价值根植于人类有机体的需求从而比第一种伦理学更好地解释了我们对道德规范和价值的规范性特征的道德体验。安德森指出:"在第二种伦理学中,将人的需求作为价值和规范的来源,意味着它们的规范性特征并不是由我们的自由所创造或消除的。我们体验到含有蛋白质的事物和有爱的人际关系对我们来说是有价值的,因此是我们应该追求的东西。这并不是因为我们自由地选择赋予它们价值,而是因为它们事实上对我们有价值,因为它们满足了我们的一些需求。"④

1977年,萨特真正谈及第三种伦理学,不过后两种伦理学之间有很大的相似性,所以提出第三种伦理学并非意味着他的伦理观发生了很大的转变,

---

① [法]让-保罗·萨特:《辨证理性批判》,林骧华等译,安徽文艺出版社,1998年,第228页。

② 引自萨特1964年5月在 Gramsci Institute 发表的罗马演讲100节。See Jean-Paul Sartre, "Les racines de l'éthique:Conférence à l'Institut Gramsci,mai 1964",études sartriennes,No.19,2015, pp.11-118.

③ Jean-Paul Sartre,*The Family Idiot*,Vols.4,Carol Cosman,trans.,University of Chicago Press, 1991,p.264.

④ Thomas C. Anderson,"Beyond Sartre's Ethics of Authenticity",Journal of the British Society for Phenomenology,Vol.33,No.2,2002,pp.138-154.

而是意味着他的道德思想的逐步发展。萨特的第三种伦理学以《辩证理性批判》中的本体论思想为基础,并在此基础上将其进一步向前推进。

直接代表萨特第三种伦理学思想的著作是《今天的希望:与萨特的谈话》。尽管在这次谈话中,莱维抵抗并挑战了萨特,但是萨特依然保持敏锐,他霸气地回应了莱维的挑战。莱维曾在对话中指出,萨特曾提出两种界说:第一种界说是《存在与虚无》中的将终极目的界定为失败;第二种界说是在《辩证理性批判》中的将终极目的视为由无产阶级完成历史。然而,莱维说道:"您提出的这两种界说都不能令人满意。"①原因在于,第二种界说提出后,萨特亲自将第一种界说抛弃了,而时代抛弃了第二种界说。就这样,萨特在这本书中与他的助手莱维展开了关于第三种伦理道德的对话。

对于萨特而言,第一种道德通过"本真之爱"来实现,第二种道德通过"誓言团体"来实现,第三种道德通过"兄弟关系"(fraternity)来实现。第三种道德不再是"我"的道德,而是"我们"的道德。萨特将人与人之间的这种基本的本体论纽带称为"兄弟关系"。"我认为人民应该有、或者能够有、或者确实有某种原始的关系,那就是兄弟关系。"②只不过萨特所言的兄弟关系,并不是指传统意义上的同一个父亲或母亲的子女。兄弟关系不是凭血缘决定的,而是由叫作人类的东西决定的,只要在一个社会中,我们都是兄弟。萨特指出,道德开始于"每一个意识都必须做它所做的事,并不是因为凡是它所做的都真正是正当的,而是因为无论它可能有什么目的,它看起来总具有一种要求的性质,在我看来,这就是道德的开始"③。与第二种伦理学一样,第三

---

① [法]让-保罗·萨特:《存在主义是一种人道主义》,周煦良、汤永宽译,上海译文出版社,2017年,第55页。

② [法]让-保罗·萨特:《存在主义是一种人道主义》,周煦良、汤永宽译,上海译文出版社,2017年,第81页。

③ [法]让-保罗·萨特:《存在主义是一种人道主义》,周煦良、汤永宽译,上海译文出版社,2017年,第60页。

种伦理学同样强调作为同一物种的成员之间具有统一性，因此人的需求和目标就是最根本的，而阶级统一则是从属的。更为重要的是，在人际关系层面上，萨特将《辩证理性批判》中"誓言团体"的实践层面上的联合过渡到人与人之间的本体论层面的联合。"对于我，一切意识都在把自身构成意识，而在此同时又构成其他人的意识和为其他人的意识。那种实在(reality)就是我称作道德意识的东西，那就是这个自身被视为作为别人的自身并与别的人有一种关系。"①

第二节　理论目标与实现目标的手段方面

尽管我们已经看到，与《存在与虚无》相比，《道德笔记》注意到了个体自身的具体自由，强调要实现所有人的具体自由。那么，何为所有人的自由？《道德笔记》指出，暴力是自我与他者之间的一种关系类型，我们可以通过暴力实现自由，施暴者在否定他者自由的同时，也肯定了他者的自由，但如何保证正当实施暴力，却是模糊不清的。

在《存在与虚无》中，个体意愿成为自因的上帝，这一目标注定是失败的。萨特把最终的人类状态描绘成冲突的或无意义的。萨特将未解决的问题放到《道德笔记》中，通过"纯粹反思"来解决。"纯粹反思"意味着个体"拒绝"成为上帝这一自因的谋划，转向将个体的自由视为首要价值。《道德笔记》将道德目标界定为实现本真，实现所有人的自由。个体通过纯粹反思不仅意识到了这一点，而且自愿接受由自由谋划而来的道德责任。本真本身并不是作为本真的个体的目标——如果你为本真而追求本真，你就不再是本真的。本

---

① 〔法〕让-保罗·萨特：《存在主义是一种人道主义》，周煦良、汤永宽译，上海译文出版社，2017年，第61页。

真之人之所以是本真的,恰恰在于他进行了纯粹反思而非不纯粹反思。派洛尔在《道德笔记》一书的译者前言中指出:"萨特会说,我应该喂一个饥饿的人,不是因为这是正确的事情,而是因为他饿了。"①萨特还做了一个类似的比喻,就好像你把一杯水递给一个口渴的人,这种行为实际上并不是为了行善,也并非为了让他喝水,而是为了消除口渴。这就是萨特的哲学,该哲学是要改变世界的哲学,而不是仅仅了解世界的哲学。

与《存在与虚无》中的那种主客体彼此异化的关系不同,《道德笔记》注意到了人与人之间相互承认的可能性和重要性。个体以他者为目的,我们生活在一个统一的社会里,这是萨特在《道德笔记》中想要阐明的人际间关系。他将这样的关系视为"目的之城"的领域。在这个"目的之城"中,没有阶级统治,"在一个没有阶级的社会里,它也可以是爱,也就是说,我充满信心地投身于一种谋划,坚信这样的自由(即我所评价和渴望的自由)将占据并改变我的劳动,进而改变我的自我,使我的自我在绝对的自由维度中迷失。"②。

萨特将实现人的自由视为首要目标。然而,在追求自由的过程中会遇到很多阻碍。关于这一点,美国学者约瑟夫·H.麦克马洪指出:"萨特从不相信人应该寻求自由;他坚持认为人是自由的,然后他继续担忧个人和集体处境中的自由条件,担忧一些人如何利用他们的自由,担忧其他人在寻求最本真的自由表达时遇到的障碍。"③"暴力"是无法忽视的消除障碍的一个重要手段,我们通过"暴力"达成目的。那么,暴力作为一种实现人的自由这一目标的手段是怎样的呢?萨特认为暴力是我们与他者之间的一种关系类型。在

---

① Jean-Paul Sartre,*Notebooks for an Ethics*,David Pellauer,trans.,The University of Chicago Press,1992,p.xi.

② Jean-Paul Sartre,*Notebooks for an Ethics*,David Pellauer,trans.,The University of Chicago Press,1992,p.418.

③ Joseph H. McMahon,"Review of Thomas C. Anderson's book of the Foundations and Structure of Sartrean Ethics",*The French Review*,Vol.54,No.6,1981,pp.878-879.

我们与他者之间原初冲突的关系中,存在永恒的暴力可能性。我们一般不通过暴力去达成一个手段,当想通过任何手段达成目的的时候却使用了暴力。①这就是暴力的二律背反性,它既是肯定自由,又是摧毁自由。这种二律背反性还体现在:一方面,暴力要求他者实存;另一方面,他者也阻碍我。暴力在肯定破坏世界的总目的与要求他者承认暴力的合法性之间摇摆。

暴力作为一种手段——只不过这种手段是否定的——可以帮助我们实现人的自由。然而,鉴于某些人可能会摧毁他者的现有生活,限制其自由,所以很有必要确定何时对他者实施暴力是合理的。遗憾的是,萨特并未在《道德笔记》中明确什么时候对他者施暴是正当的。大体而言,此时的萨特对暴力,即这种实现个体甚至全人类自由的手段,持否定态度。暴力的最终图解是"以暴制暴",在这种以暴制暴的过程中,施暴者在使他者失去自由且客体化的同时,自身也失去了自由并客体化自身,萨特将此称之为"双重否定"。因此,在萨特那里,暴力是摧毁性的,是对人类社区的撕裂,是将人变成对象。萨特把暴力与他为人类和人类的道德目标拉开了明显的距离。后者的"目的"并没有为暴力让路。②

第二种伦理学的目标是追逐整体的人性。萨特在《圣热内:戏子与殉道者》一书的开头就强调人类的自由受到很多因素的制约,例如,家庭、阶级、社会、意识形态等。相较于第一种伦理学,第二种伦理学在内容上更为具体。萨特在《辩证理性批判》中强调,否定只有在一个整体的范围内才能被理解,"不可否认,物质从一种状态转移到另一种状态,这意味着变化正在发生。但一种物质的变化既不是肯定,也不是否定;因为它不创造任何东西,所以它

---

① Jean-Paul Sartre, *Notebooks for an Ethics*, David Pellauer, trans., The University of Chicago Press, 1992, p.172.

② Ronald E. Santoni, *Sartre on Violence: Curiously Ambivalent*, The Pennsylvania State University Press, 2003, p.87.

无法摧毁任何东西；因为其中牵涉的各种力量只会产生它们不得不产生的结果，所以它无法克服阻力。宣称施加在膜上的两种相反的力相互抵消，就像说它们相互协作以确定某种张力一样荒谬"①。整体的人性不仅包括对自由的追逐（尽管自由在其中占据着很关键的位置），也包括追逐其他东西，因为人类有机体需要在各个方面得到满足和实现。相较于第一种伦理学想要实现所有人的自由这一抽象目标而言，第二种伦理学的目标更为具体一些。安德森指出，在萨特那里，"第二种伦理学比第一种伦理学更具体地说明了哪些具体行为、实践或政策是道德上可取的——那些直接或间接促进满足人类有机体各种需求的行为、实践或政策，特别是但不仅限于对自由的需求"②。

萨特在《道德笔记》中对于实现个体甚至全人类自由手段的暴力持否定态度，认为暴力与人的道德目标之间存有距离。他在《辩证理性批判》中则强调道："唯一可想象的暴力是通过无机物的中介作用，自由对抗自由得到暴力……暴力始终是对自由的相互承认。"③暴力的前提和条件是人的自由，只有自由人之间才会有产生暴力的可能。如果人没有自由，那么暴力就不可能，这是暴力得以可能的本体论条件。倘若从社会历史的角度而言的话，暴力起源于物质条件的匮乏（scarcity），匮乏滋生暴力。"我们也看到，匮乏作为一种致命的危险，它使人人在多重性中都成为他者的致命危险。"④需要指出的是，暴力同时也是取消人的自由的因素，因为暴力剥夺了被施暴力者的自

---

① Jean-Paul Sartre, *Critique of Dialectical Reason*, A. Sheridan-Smith, trans., New Left Board, 1976, p.84.

② Thomas C. Anderson, *Sartre's Two Ethics: From Authenticity to Integral Humanity*, Open Court Publishing Company, 1993, p.149.

③ Jean-Paul Sartre, *Critique of Dialectical Reason*, A. Sheridan-Smith, trans., New Left Board, 1976, p.736.

④ Jean-Paul Sartre, *Critique of Dialectical Reason*, A. Sheridan-Smith, trans., New Left Board, 1976, p.735.

由。以自由为前提才可能的暴力妨碍了人的全面、自由的发展,并且也妨碍人们的共在。暴力这样的现象显示了自由深层次的自身矛盾,即是说自由内部蕴含着取消自己的因素。

萨特在《辩证理性批判》中主要关注"纯粹暴力"(pure violence),并将"压迫"称为"纯粹暴力",这种暴力意味着个体蓄意对他者施加纯粹和简单的约束。①纯粹暴力指的是,自由个体通过无机物的中介对他者施加的暴力。"暴力"总是以"反暴力"的形式出现,所有人都想让事情恢复正常的秩序,这是他们反暴力的动机,也是对破坏互惠这一暴力过程的回应。既然暴力是恐怖的,如何消除暴力? 萨特告诉我们需要建立一种契约性的团体机制,虽然这也是一种暴力, 但正是这种消极暴力在一定程度上是抵抗积极暴力的最有效的方式。②不过,暴力也不全是坏的,例如,指向恶的暴力就是好的。暴力革命是必要的,它甚至推动了历史的发展。美国学者桑托尼看到了这一点并指出,对于萨特而言,"在资产阶级社会中,暴力似乎是不可避免的,暴力本身就是对抗暴力的唯一手段"③。萨特在《辩证理性批判》中与在《道德笔记》中处理暴力的方式显然有所不同。

第三种伦理学在第二种伦理学的基础上,将其道德目标界定为实现整体的人性。与第二种伦理学一样,萨特在第三种伦理学中也强调了人与人之间的相互依赖,即通过"我们"达到道德目标。"在特定的时刻发生在意识里的一切, 必然受制于, 甚至萌生于其他人在那个时刻出现的甚至没有出现的,存在的意识。对于我,一切意识都在把自身构成意识,而在此同时又构成

---

① Jean‑Paul Sartre,*Critique of Dialectical Reason*,A. Sheridan‑Smith,trans.,New Left Board,1976,p.724.

② Jean‑Paul Sartre,*Critique of Dialectical Reason*,A. Sheridan‑Smith,trans.,New Left Board,1976,p.440.

③ Ronald E. Santoni,*Sartre on Violence:Curiously Ambivalent*,The Pennsylvania State University Press,2003,p.48.

其他人的意识和为其他人的意识。"①萨特谈到了自我与他者之间的一种关系，也即是"兄弟关系"。不同于《辩证理性批判》中的"兄弟关系"②，此时的这种关系是原初的、应该有的关系，它能够实现整体的人性和真正的民主。

那么，暴力能否像在《辩证理性批判》中那样，帮助人们实现整体的人性？莱维在同萨特的对话中质疑了萨特。在莱维看来，萨特对于暴力所持的态度已经发生了转变。在《辩证理性批判》和《天下可怜人》的序言中，暴力是生产性的，有助于实现完整的人性。可是，此时暴力的角色显然发生了很大转变，莱维问了萨特几个非常尖锐的问题："是否人性本身就能从暴力中产生？……暴力能具有这样一种补偿的作用吗？它能有您赋予它的那种制定法律、制度的作用吗？……兄弟关系是否能通过那种涉及杀死敌人的工作而产生？"③萨特对此表达了他关于暴力的一个重要转变，"暴力不会就像这样加速人性的完成。暴力只是打破某种阻碍人成为一个人的奴役状态"④。进而阻止被殖民者实现整体的人性。兄弟关系也不来自于暴力，相反，暴力处在兄弟关系的反面，这显然与《辩证理性批判》中将兄弟关系定义为暴力的论述不同。然而，萨特似乎又认为过去的反殖民主义暴力是必要的。美国学者桑托尼指出："一方面，他现在似乎认为'兄弟关系——恐怖'是一对矛盾，暴力是反共存的，是对人类共同体的破坏。另一方面，他似乎同情他在《天下可怜人》的序言中所采取的立场——该立场产生于他在《辩证理性批判》中的分

---

① ［法］让-保罗·萨特：《存在主义是一种人道主义》，周煦良、汤永宽译，上海译文出版社，2017年，第61页。

② 《辩证理性批判》中的"兄弟关系"就是萨特所言的"誓言团体"，"这种兄弟关系是凌驾于所有人之上的所有人的权利。……它本身就是暴力，通过积极的回应确认自己是一种内在的联系。"See Jean-Paul Sartre, *Critique of Dialectical Reason*, A. Sheridan-Smith, trans., New Left Board, 1976, p.438.

③ ［法］让-保罗·萨特：《存在主义是一种人道主义》，周煦良、汤永宽译，上海译文出版社，2017年，第88~89页。

④ ［法］让-保罗·萨特：《存在主义是一种人道主义》，周煦良、汤永宽译，上海译文出版社，2017年，第89页。

析和他对极端压迫的无法容忍——即在某些情况下，暴力是必要的，也是正当的。"①

第一种伦理学的目标是实现人的自由，尽管暴力作为一种手段能够帮助我们实现自由，但是总体而言，萨特对暴力持一种否定态度。第二种伦理学的目标是追逐整体的人性，暴力是对自由的相互承认，暴力并非都是恶的，指向恶的暴力就是善的，所以大体而言，此时的萨特对暴力持一种肯定态度。第三种伦理学的目标大体与第二种伦理学相同，即实现整体的人性。暴力是某种破坏，它处在"兄弟关系"的对立面，这时萨特已经转变了在《辩证理性批判》中对暴力所持的态度，而与《道德笔记》中的态度大致相同。

萨特晚年伦理立场的转变依然是以重新考虑的本体论为前提的。他在《今天的希望：与萨特的谈话》中不再将经济问题视为根本问题，不再将暴力视为克服物质匮乏的功能。他认为"兄弟关系"是人与人之间最深厚的关系，它根植于本体论，自我与他者之间彼此依赖，这是最基本的伦理关系。

第三节　社会维度方面

对于萨特而言，道德的社会维度指的是，我们应该如何在我们的道德生活中顾及他者。考察每种伦理学的社会维度方面就是论证每种道德目标与他者的关系问题，因为伦理学必须被看作人与人之间应该如何共同生活的理论。萨特的第一种伦理道德源于《存在与虚无》之中的绝对自由学说。他在《存在与虚无》中更多地将"他者"视为"异化"的力量，视为对自我的压制。即使在这种彼此之间相互冲突的关系之下，自我依然需要他者。"他人是我和

---

① Ronald E. Santoni, *Sartre on Violence: Curiously Ambivalent*, The Pennsylvania State University Press, 2003, p.79.

我本身之间不可缺少的中介：我对我自己感到羞耻，因为我向他人显现……羞耻是在他人面前对自我的羞耻；这两个结构是不可分的。但是我需要他人以便完全把握我的存在的一切结构，自为推到为他。因此，即使我们想在其整体中把握人的存在与自在的存在的关系……我们应该回答两个完全不同的令人望而生畏的问题：首先，是他人的存在，其次，是我与他人的存在的存在关系。"①二战后，萨特逐渐看到他者自由对于实现自身自由的不可或缺性，强调维护他者自由与维护个人自由一样重要。因此，他在《存在与虚无》之后提出要实现所有人的自由。"我从'一个人总是自由的'斯多葛派思想……过渡到后来'在一些环境下自由是被束缚的'想法。这些环境来自他者的自由。一种自由被另一种或另一些自由束缚住了，这是我一直在思考的问题。"②

　　萨特在《存在主义是一种人道主义》中指出："自由作为一个人的定义来理解，并不依靠别的人，但只要我承担责任，我就非得同时把别人的自由当作自己的自由追求不可。"③这种人与人之间的相互依赖使得自我不单单将他者视为客体，而是视为自由的主体。因此，我意愿自身的自由，也意愿他者的自由。自我在选择自己的时候，也选择了人类，因此我是一个普遍的立法者。因为人的行动与外界紧密相关，个体在为自己做出选择的时候，其实也是在为他者做出选择。在现实世界中，人的存在不是孤立的，而总是处于某种具体的处境中。在萨特看来，在任何情况下，个体通过某个个人的选择，都会牵涉到全人类。自由选择意味着承担绝对的责任和义务，而不是找借口试图逃避责任和义务，对于他者而言也一样。意愿他者的自由，不仅意味着将他者的自由视为首要价值，而且意味着帮助他者完成其谋划。因为个体的力

---

①　［法］让－保罗·萨特：《存在与虚无》，陈宣良等译，生活·读书·新知三联书店，2015年，第283~284页。

②　［法］西蒙娜·德·波伏娃：《告别的仪式》，孙凯译，上海译文出版社，2019年，第436页。

③　［法］让－保罗·萨特：《存在主义是一种人道主义》，周煦良、汤永宽译，上海译文出版社，1988年，第31页。

量是微不足道的,自我需要他者为自身提供生活用品。

　　萨特在《反犹分子与犹太人》一书中探索了法国根深蒂固的反犹主义的原因:反犹分子将自己定义为真正的法国人,他们相信自己的血统,自己的价值,而相比之下,犹太人是外来者,毫无价值。萨特认为,"人们是在与他者的联系中而存在的……反犹分子存在于与犹太人的联系之中,犹太人存在于与反犹分子的联系之中"①。反犹分子是非本真的,反犹主义恐惧人类的生存条件。反犹分子希望成为无情的石头、愤怒的洪流,甚至毁灭性的霹雳之人,即除了人之外的任何东西。②不同于非本真之人,本真之人不仅肯定自身的自由,而且拥抱他者的自由。

　　萨特在与波伏娃的对话中讲道:"每个希望自由的人都需要所有人的自由来成就。这种思想过渡大概是在 1945 年到 1946 年。"③《道德笔记》强化了意愿他者自由的重要性,并将其推向高潮。只有从存在论的人就是自由这一观点出发,才能讨论人是否获得了现实的自由。萨特在《道德笔记》中指出:"压迫来自于自由。压迫者和被压迫者必须都是自由的。"④对他而言,个体在转变为本真之后,将他者视为绝对自由,视为"另一种普遍的自由"⑤。本真的实存意味着我们以一种特殊的方式与他者相处,而这种人际间相处模式具有道德维度,它意味着我们本真地爱他者。本真之人为了得到他者的承认而呼吁他者,却并非要求从他者那里得到强行的承认。呼吁他者与强行要求他者是不同的,前者暗含自我承认他者的目标是有根据的,因为他者有拒绝的自由和权利。在萨特眼中,自由是具体的,是处境下的自由,所以"我们只有通过

---

　　① Gary Cox,*The Sartre Dictionary*,Continuum International Publishing Group,2008,p.13.

　　② Jean-Paul Sartre,*Anti-Semite and Jew*,George J. Becker,trans.,Schocken Books,1948,p.38.

　　③ [法]西蒙娜·德·波伏娃:《告别的仪式》,孙凯译,上海译文出版社,2019 年,第 437~438 页。

　　④ Jean-Paul Sartre,*Notebooks for an Ethics*,David Pellauer,trans.,The University of Chicago Press,1992,p.325.

　　⑤ Jean-Paul Sartre,*Notebooks for an Ethics*,David Pellauer,trans.,The University of Chicago Press,1992,p.500.

他者的目标,才能把握他者的自由"①。"理解是他者感知的一种原初结构"②,在理解中, 我们同感地将他者把握为自由的, 并积极帮助他者实现他们的谋划。我们可能经常会对他者说"不",我们的目标可能会发生冲突,但是这并非意味着自我与他者的目标就一定相互排斥。萨特将这种人与人之间的团结、同感,视为"自由的某种相互渗透"③。

萨特在《辩证理性批判》中借用了马克思主义这一工具,从更加具体的社会历史维度探究人际间关系。他首先否定了"人在所有处境中都是自由的"这一观点,例如,戴着锁链的奴隶是不自由的。相较于第一种伦理学,第二种伦理学注重人的具体需求, 即倘若个体要满足自身的需求, 就需要他者。这并非像很多学者认为的那样,萨特前后期的他者理论发生了根本的改变:从"冲突"转向"共在"。我们认为即使在《辩证理性批判》中,自我与他者的"共在"也是"冲突"中的"共在"。人的历史是人与自然发生联系的整体化历史,在个体实践的过程中,由于物质的匮乏,使得人与人之间具有对物质需求的多元性,而物质的匮乏在使彼此为敌的同时,也让彼此看到了团结的重要性。个体之间只有通过联合才能实现整体的人性。不过这种联合并没有比聚集在日耳曼广场的教堂前等候巴士车的人联系在一起的关系更为密切。这种群体中的成员被迫发誓,来防止群体陷入系列性,但最终这样的努力也必将失败,因为聚集起来的群体会陷入"兄弟恐吓"(fraternity-terror)中。因此,个体为了满足人的需求、恢复人的自由等共同目标,便通过结为集团而共同行动。"每个人在他者中看到了自己的未来,并由此在他者的行为中

---

① Jean-Paul Sartre, *Notebooks for an Ethics*, David Pellauer, trans., The University of Chicago Press, 1992, p.500.

② Jean-Paul Sartre, *Notebooks for an Ethics*, David Pellauer, trans., The University of Chicago Press, 1992, p.276.

③ Jean-Paul Sartre, *Notebooks for an Ethics*, David Pellauer, trans., The University of Chicago Press, 1992, p.290.

发现自己当下的行为。"①但是这种制度集团在更为严密和结构化的同时,也将个体的异化推向极致。《辩证理性批判》看到了个体之间的"互惠性"(reciprocity)关系。所谓互惠性,指的是人与人之间在达到某种目的时,所发生的一种相互性关系。在这种关系中,自我与他者以其共同客体化为前提,以求实现个体的目的。在这种关系中,每个人都是作为相互联系的客体,而并非独立的主体。因此,《辩证理性批判》看到了在满足人的需求的过程中,自我需要承认他者为自由的个体,尊重并帮助他者实现整体的人性。

萨特在《罗马讲稿》和《家庭白痴》等著作中表达了相似的观点。他在《罗马讲稿》援引马克思"需求是自身满足自身的原因"②的观点。作为有机体,人类的每种行为都根植于自身的需求,需求产生所有的价值。这就意味着人类的所有行为都塑造人,在产生人并欲望实现整体人性的过程中,自我需要他者的互惠合作。萨特在《家庭白痴》中还强调人类是合成的,我们从婴儿开始就受制于他者。③"事实上,人生中的意义和无意义,从根本上说都是人的属性,是人自己赋予自己的。因此,我们必须反反复复地重复这些荒谬的公式:'生命有意义','生命没有任何意义','生命有我们赋予它的意义',并明白我们将发现我们的目的,我们生命中的无意义或有意义,是意识觉醒之前的现实,也许是我们出生之前的现实,是在人类宇宙中预先形成的现实。"④人类的意义以及世界的意义只能由人类自身给出, 这一意义的获得需要世界

---

① Jean-Paul Sartre, *Critique of Dialectical Reason*, A. Sheridan-Smith, trans., New Left Board, 1976, p.354.

② 引自萨特 1964 年 5 月在 Gramsci Institute 发表的罗马演讲 100 节。See Jean-Paul Sartre, "Les racines de l'éthique: Conférence à l'Institut Gramsci, mai 1964", *Études sartriennes*, No.19, 2015, pp.11-118.

③ Jean-Paul Sartre, *The Family Idiot*, Vol.1, Carol Cosman, trans., University of Chicago Press, 1991, p.123.

④ Jean-Paul Sartre, *The Family Idiot*, Vol.1, Carol Cosman, trans., University of Chicago Press, 1991, p.134.

上所有人互惠互爱,共同建构满足所有人需求的社会。简言之,无论是个体,还是由个体组成的社区,都旨在通过彼此实现整体的人性。对于萨特而言,"整体人性的实现,需要我们人类彼此团结起来,我们既不能各行其是,主宰他者的目标,也不能忽视他者。正确的做法是帮助他者实现他们的成就"①。

然而,萨特在《辩证理性批判》《罗马讲稿》甚至《家庭白痴》中所言的"互惠性"并非意味着它能使我们摆脱异化,使主体间形成稳定和谐的道德关系。相反,"互惠性"在一定程度上意味着我们每个人都承认自身作为手段,只有共同客体化才能建构起主体间的互惠性。例如,在商品买卖的过程中,买方和卖方为了达到交易的目的,同时将自身作为手段服务于另一方,然而他们的目的却是相反的,即买与卖的不同。甚至物质的匮乏还会使得人与人之间的这种互惠性关系以失败告终,因为当自我意识到他者将自身视为手段达到谋划的目的时,他会在其他地方也将他者当作手段。在我们看来,第二种伦理学没有真正克服道德关系的矛盾的原因在于,"共同目的"与"互为目的"是不同的:前者将对方仅仅视为达到目的的手段,最终主体间只能是暂时的稳定关系;后者看到每个人既是目的又是手段,最终主体间的道德和谐成为可能。因此,晚年的萨特诉诸于"兄弟关系"来为自己的伦理道德寻求最后的答案。

"兄弟关系"是萨特为我们所阐释的人与人之间最终的道德伦理关系。他在《今天的希望:与萨特的谈话》一书中强调,人与人之间最原初的关系甚至不再是《辩证理性批判》中所说的生产关系,而是这种原初的"兄弟关系"。"我并不认为主要的关系是生产关系……人与人之间最深厚的关系是在生产关系之外把人们联结起来的东西。这是在他们作为一个生产者以外使他

①　Thomas C. Anderson, *Sartre's Two Ethics: From Authenticity to Integral Humanity*, Open Court Publishing Company, 1993, p.159.

们相互变成某种关系的东西。他们都是人。"①"兄弟关系"与《辩证理性批判》中的主体间因生产关系或者说实践联结起来的关系不同,"兄弟关系"指的是"人与他的邻居的关系",在这个社会中,我们都是兄弟,在情感上,我们需要恢复人与人之间的共同的感受性。萨特在否定"生产关系"的同时,似乎又将之前否定掉的"人道主义"原则捡起。他在与莱维的谈话中指出:"等到人真实地、完全地存在的时候,那么他和同时代人的关系以及他独自存在的方式,就可能是我们可以称作人道主义的目的了,就是说,那就是人的存在方式,他和他的邻居的关系以及他自身的存在方式。"②只不过,今天的人类还没有达到这种水平,我们还是"前期人"(pre-man),如果我们将自身视为朝着目标不断前进的过程之中的人,那么自我与他者之间就有一种相对应的道德主题,"等到人将来成为人的时候,它仍将存在。这样一个主题能产生一种对人道主义者的肯定"③。

　　萨特的伦理学处在持续地发展中,相应的,三种伦理道德的社会维度也在不断更新。第一种伦理学又可以区分为两个时期:萨特在《存在与虚无》中将自我与他者的关系描述为冲突的主客体关系;在《存在主义是一种人道主义》《圣热内:戏子与殉道者》以及《道德笔记》中,他看到了互为主体性的意义,甚至提出了"本真之爱",即自我与他者之间需要承认彼此的自由。虽然萨特冲淡了之前的人与人之间的冲突关系,但明显的"我们"的关系还未形成。第二种伦理学以《辩证理性批判》《罗马讲稿》《家庭白痴》等为代表,道德关系的基础是自我与他者共同作为手段,即共同客体化,从而使得人与人之间成为总

---

　　① 〔法〕让-保罗·萨特:《存在主义是一种人道主义》,周煦良、汤永宽译,上海译文出版社,2017年,第80页。

　　② 〔法〕让-保罗·萨特:《存在主义是一种人道主义》,周煦良、汤永宽译,上海译文出版社,2017年,第57页。

　　③ 〔法〕让-保罗·萨特:《存在主义是一种人道主义》,周煦良、汤永宽译,上海译文出版社,2017年,第58页。

体性的自我,实现整体的人性。第三种伦理学大多通过录音谈话的形式展开,以《今天的希望:与萨特的谈话》为代表,第三种道德不再是"我"的道德,而是"我们"的道德。"凡是我有的就是你的,凡是你有的就是我的;同时也意味着如果我陷于穷困,你给与我,如果你陷于贫困,我给与你。这是未来的道德。"①

　　萨特对人际间关系的理解经历了一个发展过程,即从《存在与虚无》中的主客对立到《道德笔记》中的本真之爱再到《辩证理性批判》中的誓言团体最后到《今天的希望:与萨特的谈话》中的兄弟关系。我们从这一发展过程可以看出,萨特逐渐强调主体间的合作。不过,安德森指出:"《道德笔记》或《辩证理性批判》中的联合都是实践层面上的联合而非本体论上的联合,与它们不同的是,第三种伦理学将人与人之间的联合说成是内在的本体论上的联系,这种联系比所有社会纽带都更基本,也是所有社会纽带的起源。"②

第四节　萨特的伦理学是否一以贯之?

　　在很多学者看来,萨特的伦理学思想存在前后不一的矛盾,从而断定他的伦理学思想没有统一的线索和主旨。安德森看到了这种担忧并指出:"萨特第二种伦理学中对道德价值的给予、分配和强加的特征,使一些著名的萨特学者们感到不安,他们正确地认为,这与萨特早期关于本真性的主观主义伦理学大相径庭。"③而萨特晚年构建的第三种伦理学,尤其是在他与助手莱

---

① [法]让-保罗·萨特:《存在主义是一种人道主义》,周煦良、汤永宽译,上海译文出版社,2017年,第87页。

② Thomas C. Anderson, *Sartre's Two Ethics: From Authenticity to Integral Humanity*, Open Court Publishing Company, 1993, pp.170-171.

③ Thomas C. Anderson, "Beyond Sartre's Ethics of Authenticity", *Journal of the British Society for Phenomenology*, Vol.33, No.2, 2002, pp.138-154.

维的谈话中,大谈博爱的"兄弟关系",就连他的好友雷蒙·阿隆(Raymond Aron)都怀疑这一谈话究竟是否出自萨特本人,可事实是这一谈话确实发生在萨特去世之前。

在我们看来,萨特的伦理学前后的确存有矛盾之处,他在《存在与虚无》中强调自我与他者之间的绝对冲突关系;在《辩证理性批判》中强调个体之间的共在合作关系;在《今天的希望:与萨特的谈话》中谈论主体间原初的兄弟关系。然而,总体而言,从本体论依据和道德维度这两个层面来看,萨特前后期的伦理学思想是一以贯之的。

从本体论依据看,尽管从《存在与虚无》到《辩证理性批判》,萨特的一些本体论思想发生了改变,在《辩证理性批判》中甚至出现了不同于《存在与虚无》的本体论范畴。但是,我们仍然要看到这二者的共通点:

第一,虽然他在两本著作中使用不同的工具并从不同的水平上阐述人的实存,但是他的哲学思想的主题始终没有变化。准确地讲,尽管萨特在《辩证理性批判》中跳出自为本体论范畴而尝试将人放置到社会历史中考察其实存,但是这并非暗指他放弃了《存在与虚无》中的自为本体论。恰恰相反,只有根据《存在与虚无》中的自为本体论,《辩证理性批判》中的实践本体论才能得以阐释。萨特的很多立场贯穿了这两本书,例如,他者理论就不存在明显的、彻底的转变问题,主体间冲突的立场一直贯穿于《存在与虚无》和《辩证理性批判》中。我们充其量可以说,《存在与虚无》强调自我与他者处在"冲突"的关系之中,但是这种冲突不是绝对的冲突,而是"共在"中的"冲突"。《辩证理性批判》强调自我与他者之间的"共在"关系,但是这种共在也不是绝对的,而是"冲突"中的"共在"。即使是誓言团体、制度集团中的共同实践活动也具有散漫性,处于群集之中的主体间关系依然是充满对立的,而并非真正的共在。

第二,《辩证理性批判》并未超出《存在与虚无》,一个更重要的原因在于,尽管萨特在《辩证理性批判》中认为,人与人之间的关系先后经历了个体实践、集合体、群体三个阶段,甚至群体经历了从最初的融合集团到誓言团体再到制度团体的发展过程,但是人在不断获得其本质的同时,也经受着异化。因此,虽然从表面上看,萨特在《辩证理性批判》中运用马克思主义探究人的实存问题,但他的结论实际上并未超出《存在与虚无》,即人的社会存在依然是异化的。他对异化的考察是从"匮乏"出发的。对于萨特而言,存有两种异化形式:以人为中介的人与物之间的异化以及以物为中介的人与人之间的异化。我们以人与人之间的异化为例,尽管自我不断与他者进行合作,然而由于物质的匮乏,人与人之间的异化依然无法避免。萨特以在日耳曼广场的教堂前等候巴士车的人为例。他们有着共同的目的,因此聚在一起等候巴士车。然而他们之间却互不沟通与交流,萨特将这种集合体称之为"孤独的多元性"(a plurality of isolations)。因为在这个集合体中,人与人之间除了等待巴士车这一共同目的以外,不再有任何交集。更重要的是,巴士车座位的匮乏与不足还会使他们陷入可能的斗争之中。

第三个共通点极为关键。两本著作所表达的思想的连续性表现在它们都是以人的自由为出发点和落脚点的。美国学者托马斯·布齐(Thomas W. Busch)指出:"按照对于'哲学'的理解,对于萨特而言,自由应是贯通他全部著作的一个概念。"[1]萨特的自由理论以 20 世纪 50 年代为界大致分为前后两个阶段,他在第一个阶段将落脚点放置在纯粹个人的绝对自由上,以《存在与虚无》为代表;在第二个阶段他从社会历史领域,从具体的经济、政治等方面入手阐释自由,以《辩证理性批判》为代表。尽管如此,即使在《辩证理性批判》中,他也仍未跳出"自在-自为"这一存在主义的本体论基础,因此他的自由理论终将无法发生实质性改变。他在《存在与虚无》中强调人命定自由,人

---

① Thomas W. Busch, *The Power of Consciousness and the Force of Circumstance in Sartre's Philosophy*, Indiana University Press, 1990, p.xi.

从出生的那一刻起就要不断进行自由选择,通过行动描绘自己的多彩人生。在他眼中,自由与虚无等同。他在《辩证理性批判》中将自由与实践关联起来,人与自然打交道,在这种实践过程中实现自身的自由。然而,在这个过程中,我们又发生了异化,我们被人化的自然所奴役。因此,虽然萨特想通过加入历史因素来克服《存在与虚无》中谈及的纯粹主观自由的虚幻,将马克思主义装进自身的自由理论中,但他的这种自由依然未能摆脱存在主义的框架。

从道德维度看,虽然这三种伦理学的理论目标和社会维度等方面存有差异,然而我们依然要看到它们之间不容忽视的连贯性和不可分性。

首先,从萨特三种伦理学的理论目标来看,第一种伦理学将"实现人的自由"视为道德目标。无论是《存在与虚无》中的抽象自由,还是《道德笔记》中的实现所有人具体的自由,都是将自由视为个体追逐的首要道德价值。与第一种伦理学不同,第二种伦理学将"实现整体的人性"视为首要道德目标。我们除了需求自由之外,也需求其他的东西,从而实现整体的人性。第三种伦理学则建基于第二种伦理学之上,将"实现直接的民主"视为首要的道德目标。人与人之间具有原初的"兄弟关系",建立在这种自由且博爱的基础之上,理想的民主社会可能会实现。

乍看起来前后三种伦理学的目标发生了变化,即从"实现人的自由"到"实现整体的人性"再到"实现直接的民主",它们之间似乎的确存有很大差异。然而,不管是萨特的本体论,还是他的伦理学,都统称为"自由的哲学"。"自由"这一道德目标贯穿于萨特的三种伦理学之中。第二种伦理学指出:"道德根源在于需求"①,而需求本身在一定程度上必然涉及自由的谋划。第二种伦理学中的道德规范也以人的自由为基础。第三种伦理学渴望"实现直

---

① 引自萨特 1964 年 5 月在 Gramsci Institute 发表的罗马演讲 100 节。See Jean-Paul Sartre, "Les racines de l'éthique:Conférence à l'Institut Gramsci,mai 1964", *Études sartriennes*,No.19,2015, pp.11–118.

接的民主",这种民主社会必然建立在人人自由的根基之上才是可能的。实现"整体的人性"和"直接的民主"都需要主张人是自由的,实现人的需求和无阶级的民主社会都必须建基于人的自由之上。约瑟夫·卡塔拉诺(Joseph Catalano)指出:"其实,我们对食物的需求也是由人构成的。萨特写道:"'一切都要通过需求来解释;需求是物质存在、人和他所构成的特质集合体之间的第一种总体性关系。'需求是一种总体性关系;也就是说,需求产生于个人和集体的自由谋划。"①

其次,三种伦理学的道德出发点依然都是个体。对于萨特而言,伦理问题必然涉及自我在生活中如何看待他者,如何与他者相处的问题。他者问题不仅是本体论问题,更是伦理学问题。萨特在《存在与虚无》中将个体意识之间的关系描述为冲突的,自我与他者之间是主客体关系。尽管他在《存在主义是一种人道主义》和《道德笔记》中弱化了主体之间的冲突,甚至提出了"互为主体性""本真之爱",但是他意识到单纯从存在论维度无法构建出伦理学,即这种本真性伦理学几乎无法实现。因此,萨特在后期借用了马克思主义这一工具,讨论特定的社会环境对个体选择的影响。萨特关注唯物主义基础,并认为,由于物质的匮乏,导致占有成为人的必然存在方式。他将自我与他者更多的放置到实践中考察,自我与他者之间会因为"第三者"的中介而彼此承认自我的客体化。他在《罗马讲稿》和《家庭白痴》中所言的"互惠性"也承认了主体间"共同客体化"的关系。他将第三种伦理学视为"我们"的道德。由于原初的"兄弟关系",人与人之间形成了"普遍主体化"的关系。

从"本真之爱"到"共同客体化"再到"兄弟关系"的过渡,使得我们在很大程度上认为萨特哲学不再从个体出发,而更多具有集体主义色彩。事实上,萨特的伦理学仍然以个体的满足为最终目的。他在《辩证理性批判》中依

---

①　Joseph S. Catalano, *Good Faith and Other Essays:Perspectives on a Sartrean Ethics*, Rowman and Littlefield, 1996, pp.52–53.

然认为个体间的冲突威胁到个体的自由实践，因此他仍然有非常个人主义的理想。他的伦理学始终以个人为出发点，终将无法形成统一融合的集体，即使是晚期利用"人道主义"也无法隐藏这一点。

通过比较萨特的三种伦理学，可以发现萨特的伦理学可以分为三个阶段：理想主义、现实主义及实现直接的民主。人际间关系经历了从主客体间的冲突进而到本真之爱，再到誓言团体最后到兄弟关系的过渡。然而，尽管萨特晚年坚持提出第三种伦理学，但这并非暗指他的伦理观发生了具大转变，而是意味着他的道德思想的逐步发展。尽管萨特的三种伦理学存有差异，但它们之间依然一以贯之地存在。

第六章　萨特伦理学的定位与评价

　　萨特伦理学思想因不具备完整的体系而备受争议。萨特不具有西方传统哲学家所理解的"伦理学"思想,至少没有像亚里士多德或康德那样的伦理学。萨特的伦理学是存在主义伦理学,暧昧性是其最典型特征,一致性是其所遵循的原则。萨特的伦理学思想几乎贯穿他所有的著作。因此,从某种程度上讲,他的本体论就是伦理学。要想合理地理解和评价萨特的伦理学,不能撇开他在整个存在主义伦理学发展进程中的特殊境况。波伏娃的暧昧性伦理学思想同萨特的伦理学思想有着千丝万缕的联系,梅洛-庞蒂的肉身化的伦理学思想同萨特的伦理学思想也有着不容忽视的关联。

第一节　萨特的存在主义伦理学

　　萨特的伦理学不是"义务论"(deontological theory)、"目的论"(teleological theory),也不是古希腊哲学家所言的"德性价值论"(virtue theory)。美国伦理学家威廉·弗兰肯纳(William Frankena)在《伦理学》(Ethics)中考察了历史上出现的各种伦理学形态，并且将道德主义者提出的形形色色的观点区分为两种。弗兰肯纳认为，道德主义者为我们提供了两种区分正误的标准：义务论与目的论。[①]我们可以这样来定义目的论伦理学，"'目的论的伦理学'或者说效果论认为，一个行为的价值完全由它的后果所决定，因而提出伦理上应当是前瞻性的，即关于把行为后果的善加至最大和把坏的后果减至最小。功利主义和实用主义是效果论的重要代表"[②]。对于目的论者来说，权利义务与"道德上的善"取决于非道德的善。目的论者对什么是善的或恶的有一些看法，他们通过问什么有利于善与恶的最大平衡来决定什么是正确的或必须的。[③]对于目的论者而言，他们希望人们尽最大努力做能够产生最大善的结果的行为，从而成为正义之人。目的论伦理学的代表人物有边沁、穆勒等人。

义务论或者说道义论，"是一种以根据责任而行动为基础的伦理学。它集中注意于道德动机，把义务或职责看作是中心概念。它认为，有些事情内在地是对的或错的。我们应当作或不应当作这些事只是因为这类事情本身使然，而与做这些事情的后果无关"[④]。显然，义务论与目的论不同，义务论是非后果主义的。义务论者认为，无论后果如何，行为本身总有其善的或正义的地方。正如弗兰肯纳所认为的那样，在义务论者眼中，真正的道德不仅取决于行为的后果，还取决于行为的意向、方法等多层面要素。康德是最重要的义务论理论家。其他代表哲学家还有普里查德、内格尔等。

以上两种伦理学范式都是针对行为的道德意义给予判断的，实际上，目前许多伦理学家注意到了第三条伦理学进路，即古希腊的德性伦理学。与义

---

① William Frankena, *Ethics*, Prentice Hall, Inc., 1963, p.14.

② [英]尼古拉斯·布宁、余纪元：《西方哲学英汉对照辞典》，人民出版社，2001年，第189页。

③ William Frankena, *Ethics*, Prentice Hall, Inc., 1963, pp.14–15.

④ [英]尼古拉斯·布宁、余纪元：《西方哲学英汉对照辞典》，人民出版社，2001年，第246页。

务论和目的论强调遵循道德准则去行动不同，德性伦理学强调主体是什么人或者应该成为什么样的人。持有德性伦理学态度的代表哲学家有苏格拉底、柏拉图、亚里士多德等。现当代德性伦理学代表哲学家有麦金泰尔、福特等。德性伦理学"把德性看成是主要的伦理理论，它提出伦理学的中心问题'我应该怎样生活'可以建构为'我应该是哪一种人？'它的目的在于描述一定的文化或社会之中受到敬重的品格类型。因为在古希腊，伦理学是与品格相关的，因此，伦理学被建构为德性伦理学"[①]。他们不会将重心放在行为者是否遵循行为规范，而是放在行为者自己身上。行为者本身的德性决定了行为的意义及结果，认为德性能够帮助我们获得美好的生活，例如，苏格拉底提出"德性即知识"。

　　显然，萨特的伦理学既不是目的论、义务论的，也不是德性论的。原因在于无论目的论、义务论，还是德性论都提前规定了善与恶的行为或品质。对于萨特而言，"存在先于本质"。我们并不存在所谓的本质，我们是自我造就的样子，人总是处于不断地发展中，伦理道德也是一样。对于大多数人而言，道德价值的本质是约定俗成或统一的。萨特的伦理学并非如此，他的伦理学既不界定普遍的道德规范，也不允许主体具有一成不变的德性。他的伦理学是存在主义伦理学。萨特曾在《存在与虚无》的结尾处指出，尽管本体论不能进行道德描述，也无法形成伦理学。但是本体论让我们看到在面对处境中的人的实在，负有责任的伦理学是哪样的。[②]只不过他在《道德笔记》中才真正试图建构这样的伦理学。

　　存在主义伦理学对传统伦理学观点持批判态度。存在主义者通过特有的方法取代传统哲学的理性至上原则来解释人的"在世之在"（being-in-the-

　　①　[英]尼古拉斯·布宁、余纪元：《西方哲学英汉对照辞典》，人民出版社，2001年，第1060页。
　　②　[法]让-保罗·萨特：《存在主义是一种人道主义》，周煦良、汤永宽译，上海译文出版社，2017年，第754页。

world）。提到存在主义，我们可能首先会想到萨特、波伏娃等这些代表哲学家，而像梅洛-庞蒂、加缪、海德格尔等人是否属于存在主义思想家之列，则首先需要指出定义存在主义的标准。

伦理学家麦金泰尔通过所描述的主题方法来界定存在主义，他指出存在主义作品中经常出现四个主题。一是意向性：一个现象学概念——揭示了自我认识和他者认识的根本区别。二是存在与荒谬：存在主义伦理学揭示了自为存在与自在存在之间的根本区别，自为存在是意识，自在存在是物。"荒谬"是指许多事物，包括人在万物世界中的不同存在以及世界对人之显现的漠不关心、世界的偶然性及其意义的缺乏等。三是自由与选择：存在主义者认为个人是完全自由的，他们必须有意识地做出本真的选择。四是畏和死亡：存在主义者认为面对极端、不寻常的经历或处境的个人，恰好揭示了人真实而根本的本质。[①]根据麦金泰尔对存在主义的界定，梅洛-庞蒂、加缪及海德格尔的哲学中均涉及了上述四个主题中的一个或多个，因此他们也属于存在主义哲学家。

萨特将"存在主义"（existentialism）定义为："存在主义，根据我们对这个名词的理解，是一种使人生成为可能的学说；这种学说还肯定任何真理和任何行动既包含客观环境，又包含人的主观性在内。"[②]他指出："存在先于本质——或者不妨说，哲学必须从主观开始。"[③]根据萨特的分析，在存在主义者看来，人作为意向性的意识，为自身构建了世界，没有上帝存在的世界是自由的世界，人被抛入这个自由的世界中。对于人来说，"存在先于本质"，人

---

① Christine Daigle, *Existentialist Thinkers and Ethics*, McGill-Queen's University Press, 2006, pp. 7-8.

② ［法］让-保罗·萨特：《存在主义是一种人道主义》，周煦良、汤永宽译，上海译文出版社，2017年，第 2 页。

③ ［法］让-保罗·萨特：《存在主义是一种人道主义》，周煦良、汤永宽译，上海译文出版社，2017年，第 5 页。

作为起点,其本身并无具体的本质,他需要通过自由选择和行动来揭示自身和现实世界。萨特的存在主义哲学与传统哲学的不同之处在于,他关注特定个体的实存。人不是一般的、抽象的实存,而是个别的、具体的实存。

显然,萨特对存在主义的定义提出了一些有关存在主义如何处理具体个人生活的问题。这些问题中最根本的是伦理问题。每个人都不是一座孤岛,生活在孤岛上的个体不需要伦理,但是生活在世界中的我们需要道德,我们是群体中的个体,不仅要让自身以最快乐的方式融入群体,而且也要让群体的实存成为可能。然而,就萨特的存在主义而言,似乎他更强调个体的自由选择以及个体的价值。那么,如何协调个体的价值与集体的原则? 至少对于早年的萨特而言,这个问题是存有疑惑的。早期的萨特更关心个体,他将人与人之间的关系视为冲突的,他者必然将我异化。任何主体间真正的沟通和合作似乎都不太可能。不过萨特的伦理学是处于发展中的,他对自由的认识也经历了一个发展的过程。20 世纪 40 年代末至 50 年代初,萨特逐渐意识到他者在自我自由实现过程中所扮演的不可或缺的角色。自我与他者之间的合作关系是必要的。伦理是可能的。

萨特的存在主义伦理学最大的特点就是"暧昧性"(ambiguity)。然而,他的伦理学是暧昧的,绝不意味着他的伦理学思想的意义是暧昧的。萨特伦理学的暧昧性,也绝非基督教哲学家艾文·普兰丁格(Alvin Plantinga)眼中的不清楚,"他支持这种激进的自由理论的论据是不确定的, 因为这些论据最坏地停留在双关语上,最好地停留在暧昧性上"①。在普兰丁格看来,萨特在自由哲学基础之上发展的伦理学是暧昧的, 这主要体现在自由论据是模糊不清的。然而,普兰丁格并未注意到萨特的自由理论始终处于发展之中,他的自由观并非只是激进的、抽象的绝对自由,他看到了具体处境尤其是他者的

① Alvin Plantinga,"An Existentialist Ethics",*The Review of Metaphysics*,Vol.12,No.2,1958,pp. 235–256.

自由对自身自由的影响。萨特的存在主义伦理学重视对自由的尊重和发展。

波伏娃指出："存在主义从一开始就将自身定义为暧昧性的哲学。"①说存在是暧昧的，就是说其意义不是固定不变的，而是应该不停地获得。对于萨特而言，人的实存是其所不是，不是其所是。我怀疑的并非我的存在，而是我的本质，自我的本质是不固定的，其意义是不断获得的。具体而言，萨特伦理学的暧昧性主要体现为如下两点：

一是个体本身的暧昧性：人是内在性与超越性的统一。说人或者意识是内在性的，意味着意识是绝对的，意识就是对自身的意识，它具有绝对的内在性，而无需首先内在化自身。纯粹意识是自发的，意识中没有先验自我，意识的意向性是一种自发性。说意识是超越性的，意味着作为是其所不是不是其所是的它必须超越自己。意识朝向自身所不是的东西运动。意识通过这一朝向自身的外部运动构成自身。正因为人是内在性和超越性的统一，所以人类境况充满了暧昧性。萨特指出："一种不可能发生的综合。自为的模式是不存在，而不是存在，自为是其所不是，也不是其所是。因此，与人之实在的首次相遇通过将其呈现为对立面/矛盾面的绽放而构成辩证法当中的一个环节。"②人是具有身体的意识。我们不是空空的躯体，而是具有意识的身体。他者的实存也如此。既然个体不仅仅是无形的意识，那么个体就需要他者来承认我的实存。对于萨特而言，自我与他者之间既是冲突的，又需要彼此的相互承认。

二是行动方式的暧昧性：人类的行动超越所予，同时也需要抵抗所予作为行动的跳板。例如，《道德笔记》中的暴力问题就体现了这种暧昧性。暴力

---

① Simone De Beauvoir, *The Ethics of Ambiguity*, Bernard Frechtman, trans., Carol Publishing, 1948, p.9.

② Jean-Paul Sartre, *Notebooks for an Ethics*, David Pellauer, trans., The University of Chicago Press, 1992, p.468.

是一种压迫。暴力既压迫了他者的自由，又限制了他者的自由。然而，暴力有时候却是实现他者甚至集体自由的必要手段。因此，萨特强调道："压迫需要两件事：要想压迫一种自由，你不得不承认压迫，只有一种自由能够承认另一种自由。然而，我们必须同时把压迫视为客体；也就是说，压迫必须处于自由的要素之中，处于人们所压迫的自由的要素之中，而不是另一种自由的要素之中。我们在这里不得不处理人类条件的暧昧。"①

由于萨特存在主义伦理学源于他的自由学说，因此除去暧昧性之外，他的伦理学还有不同于其他道德哲学的特点，例如，自由地承担责任，逃离自欺、正视焦虑等。在萨特看来，自由选择必然意味着绝对地承担责任，而且个体不仅要对自身负责，也要对全人类负责。行为者在实施行动的过程中必然会问自己："'难道我真有这样的资格吗，使我的所作所为能成为人类的表率？'如果有人不这样问，他就是掩饰自己的痛苦。"②因此，自由承担责任必然会带来痛苦，即我们不得不进行选择的痛苦。为了避免这种痛苦，我们可能会采取"自欺"的态度。然而，自欺也是一种选择，而且在这种选择中，主体已经意识到了这种痛苦，主体只是向自身隐瞒这一痛苦而已。

萨特的伦理学不追求人类行动应该遵循的法则。萨特的伦理学以自由哲学为基础，可以说他的哲学体系是围绕自由这一核心概念展开的。这是否意味着，只要个体积极地进行自由选择，就实现了自身的价值？或者如同普兰丁格所认为的那样，"'X是正确的行动'仅仅意味着'X是一个行动'。这一学说使消极的道德判断不可能，而积极的道德判断也不可能"③。在普兰丁格

---

① Jean-Paul Sartre, *Notebooks for an Ethics*, David Pellauer, trans., The University of Chicago Press, 1992, p.328.

② [法]让-保罗·萨特：《存在主义是一种人道主义》，周煦良、汤永宽译，上海译文出版社，2017年，第11页。

③ Alvin Plantinga, "An Existentialist Ethics", *The Review of Metaphysics*, Vol.12, No.2, 1958, pp. 235–256.

看来,基于萨特的伦理学,个体进行道德判断是不可能的。

实际上,上述看法是存在问题的。与波伏娃的观点一样,尽管萨特存在主义的伦理学无法提供"药方",但这绝不表示他的伦理观是肆意妄为的。对于主体而言,我们需要遵循"一致性原则"(consistency)来指导我们的道德生活。当然,这种一致性并非逻辑上的一致性,而是一种道德要求,即将人类的实在存在视为自由的要求。对于萨特而言,道德选择是具体处境中的选择,不遵循先验的逻辑分析。

关于道德判断,我们通常会追求"普遍性"原则,即在某种处境下"你'应该'(ought to)做什么",例如康德的绝对命令就是如此。然而,有些处境是相当复杂的,以致于"你'应该'做什么"失去了效力,即主体面对复杂的处境,无法准确地判断自身处于何种具体的处境之下。麦金泰尔很好地捕捉到了这一点,他指出:"只有现象学家才能在这里帮助我们,我们需要的是小说家提供的那种现象学。存在主义的道德哲学家们之所以经常诉诸于小说,主要是因为他们对这种处境的关注。"①针对异常复杂的处境,"你'应该'做什么"成为空洞的短语。在复杂的处境下,存在主义者只能通过小说而非逻辑分析的方式,表达他们的道德看法。

我们以萨特《自由之路》中的主人公马修(Mathieu)为例分析复杂处境下个体的道德选择。马修反思了过往自己的种种行为,意识到他并没有真正地实现自身的自由。因此,他决定加入战争,成为一名法国士兵。此时加入战争的马修还只是认为自己的死亡或许是体现自身自由的方式,然而随着钟塔事件的发生,他改变了主意。那是一个比较复杂的境况,在当时德国士兵攻击他的时候,他没有选择死亡,而是勇敢地拿着枪朝着德国士兵射去。马修通过暴力真正地将自身与当时具体的处境融为一体。他介入了战争,实现了

---

① Alisdair MacIntyre, "What Morality Is Not", *Philosophy*, Vol.32, No.123, 1957, pp.325–335.

自身的自由。我们通过这个例子可以看到,在当时的处境,"你'应该'做什么"的道德命令失去了作用,面对这种危险的情况,马修不会去考虑太多,他无法决定自己处境的哪些特征是相关的;无法准确地发现他的问题是什么。马修没有时间去想是死去更能体现活着的不可能,还是勇敢地射杀敌人才能绝对地体现自身的自由。由此可以看出,暧昧性的伦理学并不是悲观与无助的,它恰恰鼓励我们敢于正视并实现个体的实存价值。

第二节　萨特伦理学与现象学的本体论

萨特之所以最终未完成撰写三种伦理学专著的计划,是因为在他眼中,只有在所有个体通过改善其生存条件成为人之后,才能够创造普遍且相互依赖的伦理道德。[①]其实,我们从萨特撰写的著作中可以看到,无论是他的哲学作品,还是文学、戏剧作品,都集中体现了如下主题:对个体自由以及对人的生存状态的关注与思考。这一主题无疑是一种关于存在主义伦理学的探讨。例如,萨特在 1938 年撰写的小说《恶心》中曾提到,主人公洛根丁之所以产生恶心、厌烦等情绪,是由他者引起的。这显然不仅是本体论问题,它必然涉及到个体与他者的关系问题,即个体如何在与他者相关的世界中进行道德选择的问题。

萨特的本体论著作,甚至文学、戏剧作品都体现了存在主义伦理学思想。学者们对萨特的本体论与其伦理学的关系有两种不同看法:部分学者认为萨特的本体论服务于他的伦理学,以国内学者王金仲、尚杰为代表,例如,

---

① Paul Arthur Schilpp, *Philosophy of Jean-Paul Sartre*, Open Court Publishing Company, 1981, p.371.

"从本质上讲,萨特的思想是伦理的思想"①。"萨特的现象学的本体论是为他的伦理学服务的。"②部分学者则认为,萨特的本体论体现他的伦理学思想。本体论是伦理学的基础,以国内学者万俊人、美国学者安德森为代表。

本书认为萨特的本体论体现其伦理学思想,本体论为伦理学奠基。对于萨特而言,他的本体论证明了自在–自为或者说上帝是一种欠缺,是一种永远无法实现的合题。这种本体论上的不可能性体现在伦理学上就是,人永远无法成为上帝,人是自己的上帝,人通过自己的自由行动定义自身。因此,我们说萨特的本体论思想在他的伦理学中得以体现。这也意味着萨特的伦理学以其本体论为根基,并且在某种程度上说,萨特的本体论蕴含其伦理学思想。万俊人指出:"把萨特的存在主义称之为一种哲学化的伦理学,或者是一种带有伦理学意味的哲学。"③他紧接着说:"H.马尔库塞所合理指出的那样,萨特的哲学'与其说是蔑视和反抗的表现,倒不如说是一种伦理道德的表现,这种伦理道德教育人们抛弃一切乌托邦式的梦想和努力,要在现实的牢固基地安置自身。'"④安德森则更加鲜明地指出:"我的论点是萨特的伦理学是建立在他的本体论基础上的,为了证实这一点,我将花费几乎和伦理学本身一样多的时间来阐述作为其基础的本体论立场及其发展。"⑤这也意味着我们需要从其整体思想脉络来研究萨特的伦理学思想。尽管萨特并未构建系统的伦理学体系,但是我们从他的著作中随处都能看到或者感受到隐含的伦理学思想,这一点是不容置疑的。

萨特在《存在与虚无》中曾经意味深长地说道:"本体论本身不能进行道

---

① 王金仲:《暧昧性——理解萨特伦理学的钥匙》,《法国研究》,1988 年第 1 期。

② 尚杰:《重读萨特:别一种伦理学》,《江苏社会科学》,2006 年第 1 期。

③ 万俊人:《萨特伦理思想研究》,北京大学出版社,1988 年,第 15~16 页。

④ 万俊人:《萨特伦理思想研究》,北京大学出版社,1988 年,第 16 页。

⑤ Thomas C. Anderson, *Sartre's Two Ethics: From Authenticity to Integral Humanity*, Open Court Publishing Company, 1993, p.4.

德的描述。它只研究存在的东西,并且,从它的那些直陈是不可能引申出律令的。然而它让人隐约看到一种面对处境中的人的实在而负有责任的伦理学将是什么。事实上,本体论向我们揭示了价值的起源和本性;我们已看到,那就是欠缺,自为就是比照着这种欠缺而在其存在中把自己规定为欠缺的。我们看到,由于自为存在着,价值涌现出来以便纠缠它的自为存在。于是,自为的各种不同的任务能成为存在的精神分析法的对象,因为它们的目的全都是在价值或自因的影响下提供出所欠缺的那种意识与存在的综合。于是,存在的精神分析法是一种道德的描述,因为它把人的各种计划的伦理学意义提供给我们;它在向我们揭示了人的所有态度的理想意义时向我们指出必须摈弃从利益着眼的心理学,摈弃一切对人的行为的功利主义解释。"①显然,这段话有两层含义。一是本体论与伦理学之间的区别:前者是关于"是"什么的探讨;后者是关于"应当"怎样的探讨。二者关注重点的不同意味着本体论与伦理学之间的分野。在萨特看来,"人如何存在"是在"人是什么"的前提下才有意义的。二是尽管本体论本身无法提供伦理规范,但是萨特的现象学的本体论与以往的本体论不同。《存在与虚无》的副标题是"论现象学的本体论",萨特将自己的哲学视为描述人的意识的存在或者说现象的存在,即探究人;而不是如同传统形而上学那样,追问世界的因果本原。传统形而上学从本质先于存在出发,而萨特正相反,他从存在先于本质出发,他的哲学是存在的哲学。因此,关于人的存在或者说自为存在的探究就必须涉及人的实存、人的谋划、人的自由与价值及个体与他者的关系等相关伦理道德问题。萨特告诉过我们,"价值的起源和本性"揭示出"各种计划的伦理学意义"。这当然是萨特对自己本体论与伦理学之间关系的一种隐含回答。

在萨特那里,"人总是比他们看起来的更多"。法国小说家贾克·夏多内

---

① [法]让-保罗·萨特:《存在与虚无》,陈宣良等译,生活·读书·新知三联书店,2015年,第754~755页。

(Jacques Chardonne)的《爱情,总比爱情本身意味着更多》(*L'amour,c'est beau-coup plus que l'amour*)一书也表达了同样的意思。因为人除了具有某些事实性之外,也是由可能性的谋划构成的。人是事实性与可能性的统一体。本体论与伦理学之所以相关联,正是因为人具有可能性,你的道德选择决定了你是谁,决定了你想要成为何种人。我们道德地问自身我们是谁,我们想成为什么,等等,并且为其选择负责。本体论与伦理学密不可分,因为有何种人类体验,就会有相应的道德体验。我国学者尚杰断言:"《存在与虚无》是萨特最重要的哲学著作,它的最重要之处,在于这是一部伦理学著作,一部透过晦涩的胡塞尔现象学语言的法国式的'入世'之作。这本书的要害,是以'存在论'的语言,讨论人与他人之间的关系。"①尚杰将《存在与虚无》视为一部伦理学著作,本书对这一观点存有异议。可以肯定的是,《存在与虚无》不仅是一部存在论著作,而且相关联于道德伦理问题。在我们看来,本体论问题仍然具有优先性,只有在本体论分析的基础上,道德理论才可信。因此,尽管本体论无法直接为我们制定具体的道德准则,但它能够表明何种伦理学最能反应处境中的人的实在。

由此可见,萨特的现象学的本体论使其伦理学的建构成为可能。在《存在与虚无》中,萨特在分析了自为存在的本体论证明之后,又接着指出自为存在的绝对自由,并在此基础上进一步展开关于自欺与真诚、道德选择、责任及痛苦等一系列伦理学领域的阐释。相应地,萨特《存在与虚无》中的本体论思想也反映在他的伦理学著作中。

萨特在《辩证理性批判》中,强调人是一个有机体,人在改造物质世界的同时,也受到物质世界的限制。他对社会和历史的重视,使其伦理学呈现现实主义的一面,他阐释了人的"需求"使得人际间的合作成为可能。从本

---

① 尚杰:《重读萨特:别一种伦理学》,《江苏社会科学》,2006 年第 1 期。

体论上来看,由于物质的匮乏,自我与他者之间依然处于对立状态,即使是置身于誓言团体甚至机制集团中的个体之间也无法避免相互冲突和自身的异化。

萨特的伦理学思想不仅体现在他的哲学著作中,也蕴含在他的文学作品中。从他的第一部小说集《墙》、长篇小说《恶心》、文学评论《什么是文学?》以及戏剧《死无葬身之地》中,都体现出个体在面对具体处境时的自由选择以及所承担的道德责任。戏剧《死无葬身之地》讲述了二战前夕,五名法国抵抗运动游击队员被可恶的法兰西叛徒俘虏,他们经受酷刑、恐惧等。被囚禁的游击队员们情感复杂,大家面临着艰难的选择,是严守秘密、宁死不屈,还是出卖队长、获取自由?萨特对这五名游击队员的痛苦与绝望的描述点明了人类的窘境。戏剧的结局是,几名游击队员守住了秘密,最终英勇牺牲。我们可以看到,个体的自由是具体处境中的,个体的每次选择都会关联伦理道德。

在发表于1947年的文学评论《什么是文学?》中,萨特主张作家是通过写作换来自身的自由。这是一种"介入的"文学,我们的自由必须结合具体处境才有意义。对于萨特而言,说话就是行动,作家通过文字介入世界,这是直接介入世界。由于我渴望自身的自由,所以也需要更多人是自由的。萨特坚持认为,保证个体自由的必要条件是所有的他者都自由。对于作家而言,自由意味着和自己的读者对话,通过文字和读者交流,向读者揭示世界,从而改变世界。显然,作家不仅扮演作家的角色,也发挥着很重要的社会作用,即伦理角色。这也是萨特在文章的最后希望文学能够成为伦理的原因,"这就是我们向作家提出的建议:只要他的书能激起愤怒、不安、羞耻、仇恨、爱,哪怕他不过是一道暗影,他也将永生。此后,影响深远。我们主张有限的伦理和艺术"[①]。对于萨特而言,写作是一项自由的伦理事业。无论是萨特的文学还

---

① Jean–Paul Sartre, *"What is Literature?"and Other Essays*, Bernard Frechtman, trans., Harvard University Press, 1988, p.245.

是戏剧,都显示出极强的伦理意味。

因此,我们研究萨特的伦理学,有必要从他的所有著作中梳理脉络。《存在与虚无》中的许多地方已经涉及到他的伦理学观点,并且本书中的很多立场可以从《道德笔记》中找到相关阐释。萨特在《存在与虚无》中强调道:"我的自由是各种价值的唯一基础,没有任何东西,绝对没有任何东西能证明我应接受这种或那种价值,接受这种或那种特殊标准的价值。我作为诸价值赖以存在的存在,是无可辩解的。我的自由之感到焦虑是因为它成为诸价值的基础而自己却没有基础。"①《存在与虚无》通过反思个体实存的意义与价值,揭示人类道德选择的暧昧性,强调选择没有普遍的道德标准,我们需要在普遍的道德标准之外探究人的具体境况。萨特的戏剧文学作品"通过讲故事的方式举出人生中的道德困境,并分析这种困境的构成,由此形成道德自觉,从而激发个人的道德反省。"②他的戏剧文学作品直接指向个体的具体境遇,将他们置于命运的深渊中,并通过个体揭示出现实世界的多样性和道德选择的暧昧性。

伦理道德是萨特哲学和文学背后的助推器,这一点同样清晰。对于萨特而言,"本真"关联"自欺"和"真诚"。萨特在《存在与虚无》中有时甚至将本真直接等同于真诚。在我们看来,本真和真诚一样,又有所不同。本体论层面的本真指的是一种纯粹自由的状态。本体论意义上的本真状态承认自在与自为之间存有一种无法分割的关系,这种本真状态看到自欺只是自由的一个环节,并且是一个必然的环节,没有本真,自我不可能显现出自由,然而这个环节必然会被超越。自为存在的结构是自欺得以可能的条件,而非相反。萨特一直追问人的原初的存在问题,人如何选择的问题:人追求获得自身的同

---

① [法]让-保罗·萨特:《存在与虚无》,陈宣良等译,生活·读书·新知三联书店,2015年,第69页。

② 刘小枫:《沉重的肉身——现代性伦理的叙事维语》,华夏出版社,2004年,第6页。

一性,从而陷入自欺之中。而人与自身之间永远存有虚无化的距离,所以不可能实现那种同一性。例如,初次约会的女子利用了人的自为结构:手既是物,又是心灵,实现了自欺。简言之,本体论层面的本真是一种关系的呈现,它承认自为与自在之间的一种原初关系,自欺是这种关系的显现。对于萨特而言,本真意味着个体对自身事实性与可能性这两个维度的承认和接受。"人类实在的这两个方面是而且应该能够进行有效的协调。"①真诚的本质结构是:是其所是,不是其所不是。真诚是对一种肯定状态的承认,即对是其所是的承认。然而,这种肯定状态很模糊或者说很暧昧,它可以是对人命定是自由的这一本体论状态的承认,也可以是对人是自在的东西,即那种特定样子的承认。至于人如何利用真诚,这就是选择的问题。显然,我们可以看到,真诚与本真之间既有相同之处,又有所不同:假如我们真诚地承认自身的自由状态,那我们就处在本真的状态;倘若真诚只是承认个体是其所是的那种固定的模样的话,反而真诚就成了自欺,而我们就处在了非本真状态之中。

伦理学层面的本真意味着对自欺的克服。萨特明确表示,"本真"在于在"打破存在"与自为的非一致性中"维持张力"。②个体通过纯粹反思将自身恢复为自为。美国学者桑托尼很好地看到了这一点,他说道:"本真,而不是真诚,构成了萨特从'自欺'中解脱出来的条件。"③本真不同于真诚,本真必然涉及"彻底的转变",即从对"自然的自由"过渡到对"有价值的自由"的追求。萨特对本真的典型定义来自《反犹分子与犹太人》一书,他指出实现本真的两个条件:清醒意识和接受责任。后者更多的指涉伦理学层面:个体对具体

---

①　Jean-Paul Sartre,*Being and Nothingness:An Essay in Phenomenological Ontology*,Hazel Barnes,trans.,Philosophical Library,Inc.,1956,p.56.

②　Jean-Paul Sartre,*Notebooks for an Ethics*,David Pellauer,trans.,The University of Chicago Press,1992,p.476.

③　Ronald E. Santoni,*Bad Faith,Good Faith,and Authenticity in Sartre's Early Philosophy*,Temple University Press,1995,p.113.

处境下的选择积极承担责任。而前者本身就存在一种张力:从本体论层面而言,清醒意识意味着个体通过纯粹反思把握到自身的那种虚无化状态;从伦理学层面来说,清醒意识指的是,个体在对自己接受责任这一点具有清醒的认识。然而,从伦理学层面看,清醒意识下的接受责任来源于本体论,因为如何使得伦理学层面上的清醒意识成为所说的清醒意识,需要我们从本体论层面对之进行考察。

萨特的本体论蕴含着丰富的伦理学思想。如果我们从伦理的维度来看他的本体论的话,就会发现,其实他的本体论一直在追问人的存在问题。更进一步来说的话, 就是追问人如何存在的问题。萨特的哲学贯穿于伦理之中,他对伦理的关注推动了其哲学本身的发展。基督教哲学家艾文·普兰丁格指出:"对人之境况及其对道德的关注是萨特思想背后的推动力。'自欺''责任''痛苦'——这些及其他伦理概念在萨特的自由哲学中扮演着核心角色。虽然他在某种意义上拒绝了'绝对价值'(拒绝任何基于本质形而上学的伦理学体系),但在另一种意义上,他接受了本真和真诚的绝对价值,向他者推荐这些价值,并对那些生活在'自欺'中的人进行道德审判。"①恰如我们所看到的, 萨特的所有著作都向我们揭示出人的处境是模棱两可、异常痛苦的:自我、他者及世界都是偶然的。他者的出现使得我自身发生了异化。然而,人由自身来创造人生的意义和价值时,需要借助这种偶然性。

---

① Alvin Plantinga, "An Existentialist Ethics", *The Review of Metaphysics*, Vol.12, No.2, 1958, pp. 235–256.

第三节　萨特伦理学与其他存在主义伦理学

萨特的伦理学是存在的，并且在存在主义哲学的历史上处于非常重要的地位。萨特的伦理观在潜移默化中影响了同代人尤其是同代存在主义哲学家，他的伦理观在一定程度上也能够帮助我们思考和认识当今的世界。

由于二战的影响，"在 20 世纪法国的伦理学中，存在主义是一种占主导地位的伦理学说"[①]。存在主义哲学家倾向于从本质上关注人类在世界中的角色与地位。他们赞美本真，轻蔑逃离自由的自欺态度，这一点在萨特的伦理学中显现得淋漓尽致。一般而言，存在主义哲学家都会关心人如何在世界上生存这一道德问题。当然有些人或许会反对，因为并非所有的存在主义哲学家都会处理伦理学问题，例如，海德格尔和梅洛–庞蒂，他们倾向于关注比伦理更加重要的哲学问题。然而，事实上，对于存在主义哲学家而言，人本质上就是一种介入世界的存在，人本身就是一种道德实存。

我们主要讨论与萨特哲学紧密相关的两位存在主义哲学家：波伏娃和梅洛–庞蒂。之所以谈论波伏娃和梅洛–庞蒂的伦理学，还有一个非常重要的原因是，他们与萨特一样其哲学都具有"暧昧性"的特点。

波伏娃是法国存在主义作家，甚至连波伏娃自己也说她只是作家，不是哲学家，从而说她只是追随萨特的哲学之路，但并没有影响萨特的哲学。事实上，波伏娃也是一位重要的存在主义哲学家，她的哲学观深受萨特的影响，当然也深深地影响了萨特。萨特本人也总是认为波伏娃与自己智力相当，有时甚至比自己更胜一筹。美国学者理查德·坎伯（Richard Kamber）指

---

① 冯俊：《当代法国伦理思想》，同济大学出版社，2007 年，第 87 页。

出："尽管学者们可以就细节展开争论，但是没有理由去怀疑萨特确实从波伏娃那里借用过观点，正如波伏娃肯定也从萨特那里借用过观点。"①

由于人的实存不仅没有固定不变的意义，更没有先验的道德准则供人们参考，因此人们在具体处境下的道德选择是暧昧的。"萨特的终身伴侣西蒙·德·波伏娃因此把萨特的这种存在主义的伦理学称作'模棱两可的伦理学'。"②我们将尽量展现波伏娃的暧昧性伦理学的特点，并将其与萨特的伦理观进行比较。《暧昧的道德》以蒙田的一句话"生命本无好坏，是好是坏全在你自己"③开启了要讨论的主题。这句话表达了人之境况暧昧性的特点，也正因为这种暧昧性的事实，人实现自由以及创造世界才成为可能。在波伏娃看来，只要人活着，就会感受到自己境况的这种悲剧性的暧昧性。然而，只要人在思考，大多数人就试图掩盖这种暧昧性。《暧昧的道德》整本书用了将近三分之二的篇幅叙述了"暧昧性"的重要性，并且表达了伦理学虽然没有处方，但可以为我们提供行动方针这一思想。

在波伏娃看来，康德将人视为目的而非手段的伦理学，只是无法实现的美好理想。"他们知道自己是一切行动都应服从的最高目标，但行动的迫切需要迫使他们把彼此当作工具或障碍，当作手段。"④正因为看到了这一点，波伏娃才将自己的伦理学称为暧昧性的伦理学。事实上，与萨特一样，波伏娃看到了假如把所有的人都当作目的，那就没有任何理由对他者施暴，然而现实情况并非如此。我们在做选择或者采取行动的过程中，就会造成在使某些人拥有自由的同时也剥夺了其他人获得自由的理由。在她看来，"集体主

---

① ［美］理查德·坎伯:《萨特》，李智译，中华书局，2003年，第7页。

② 冯俊:《当代法国伦理思想》，同济大学出版社，2007年，第102页。

③ Simone De Beauvoir, *The Ethics of Ambiguity*, Bernard Frechtman, trans., Carol Publishing, 1948, p.4.

④ Simone De Beauvoir, *The Ethics of Ambiguity*, Bernard Frechtman, trans., Carol Publishing, 1948, p.9.

义的人性观不承认诸如爱、柔情和友谊等情感的有效实存；个体的抽象同一性只是认可他们之间的'同志关系'，通过这种关系每个人都是被等同视之的。"[①]然而，存在主义者绝不否认爱、友谊和友爱，在他们看来，只有在人际关系中，每个人才能找到自己存在的基础和成就。更进一步而言，"自由并不是拥有为所欲为的权力；自由是能够超越既定的限制，走向开放的未来；他者作为一种自由的实存决定了我的处境，甚至是我自己自由的条件。如果我被关进监狱，我就是受压迫的，但如果我被阻止把我的邻居关进监狱，我就不是受压迫的。"[②]个体通过促进他者的自由来证明他的存在是正当的，没有他者的自由，就不可能有正当化自身自由的理由。

波伏娃暧昧性的伦理学与萨特暧昧性的伦理学一样，强调个体的生存处境、价值判断及道德选择等都是模棱两可的。她在《暧昧的道德》一书的最后警示我们不要把"暧昧性"与"荒谬"等同，并分析了二者的区别："主张实存是荒谬的就是否认能赋予其意义；说实存是暧昧的就是断言其意义从来没有固定过，必须不断地赢得意义。"[③]存在主义并非荒谬、绝望的哲学。存在主义伦理学暧昧性的特点使得我们更加敢于做出选择并且积极承担责任。在我们看来，波伏娃伦理学的暧昧性大体与萨特伦理学的暧昧性含义相同，正如我们在本章第一节分析的那样，他们伦理学的暧昧性体现为：个体自身的暧昧性和个体行动方式的暧昧性。因此，任何个体在选择追求自由的过程中时，都会变得模棱两可。"其所以如此，不单是因为他仅仅以自由本身为绝对目的，更大的原因在于他不知道自己能够对别人的帮助依

---

①　Simone De Beauvoir, *The Ethics of Ambiguity*, Bernard Frechtman, trans., Carol Publishing, 1948, p.108.

②　Simone De Beauvoir, *The Ethics of Ambiguity*, Bernard Frechtman, trans., Carol Publishing, 1948, p.91.

③　Simone De Beauvoir, *The Ethics of Ambiguity*, Bernard Frechtman, trans., Carol Publishing, 1948, p.129.

靠到什么程度。"①

　　波伏娃与萨特的伦理学也有细微差别,"在40年代,萨特与波伏娃都研究'他者'(在个人自我与其他人自我之间的意识互动)问题,但他们着重点各异。最终的结果是,波伏娃关于由社会所建构、生成的'他者'的概念恰恰被证明为更具影响力"②。波伏娃优于萨特的地方还在于,《暧昧的道德》中所阐明的自由概念相较于萨特的《道德笔记》中的自由要更复杂一些,这种复杂性意味着波伏娃更加看重具体处境对实现自由的影响。例如,波伏娃谈历史在人类处境中扮演的角色指出,我的自由会被我的历史性所限制。与当时萨特式的偏向绝对的自由不同,波伏娃区分了本体论的自由和伦理的自由,她认为即使在这种暧昧性的处境之下, 个体依然能够实现他或她本体论的自由,这一点也影响了后来萨特的伦理观。

　　萨特通过影响波伏娃从而间接地影响了女权主义的发展。波伏娃在《第二性》(*The Second Sex*)中构建了女权主义伦理思想,她对女人的分析是建立在萨特所说的"存在先于本质"之上的。尽管波伏娃没有明确提到萨特,但是她在简介中指出:"我们的视角是存在主义伦理学的视角。每一个主体都是通过一些作为一种超越样式的探索或谋划来发挥其作用的; 他只是通过不断地向其他自由延伸而获得自由。"③波伏娃认为将女人视作永恒的肉身化的女性是不对的。女人不是先天的而是后天变成的。"她在成为女人之前是一个人。"④波伏娃在《第二性》中将萨特哲学作为跳板并超越他,例如,波伏

---

　　① [美]L.J.宾克莱:《理想的冲突——西方社会中变化着的价值观念》,马元德等译,商务印书馆,1986年,第254页。

　　② [美]理查德·坎伯:《萨特》,李智译,中华书局,2003年,第7页。

　　③ Simone De Beauvoir, *The Second Sex*, Howard M. Parshley, trans., Jonathan Cape Thirty Beford Square,1956,p.27.

　　④ Simone De Beauvoir, *The Second Sex*, Howard M. Parshley, trans., Jonathan Cape Thirty Beford Square,1956,p.297.

娃对性和身体的阐释在借鉴萨特理论的基础上，又在一定程度上超越了萨特。波伏娃将意识看作肉身化的意识，从而阐释了慷慨的爱情伦理观。因此，萨特伦理学的影响比表面上看起来更深刻、更久远。

在很多人眼中，梅洛-庞蒂似乎关注比伦理更重要的问题，他更像一位现象学家，而非存在主义哲学家。但我们不能忽视的一点是梅洛-庞蒂关心政治，这表现出他对伦理问题的关切，因为谈论政治无法绕开政治群体中的个人和他们如何在群体中相处这一伦理问题。梅洛-庞蒂对政治和伦理的关心，也是他与萨特分道扬镳的原因。他们二人曾经关系亲密，在法国高等师范学院是同班同学，并且共同创办《现代》杂志。然而，由于他们政治观点的不同，一段坚实的友谊后来消失了。梅洛-庞蒂在 1955 年发表的《辩证法的历险》(*The Adventures of the Dialectic*)中抨击了萨特既是自由作家又是共产主义者。

比利时哲学家阿尔封斯·德·瓦朗斯(Alphonse de Waelhens)称梅洛-庞蒂的哲学为"暧昧的哲学"①。暧昧性贯穿于梅洛-庞蒂前后期的哲学著作。在梅洛-庞蒂那里，暧昧性不是贬义词，而是他的哲学的鲜明特征。暧昧性是一个中性词，"暧昧性不是意识或实存的某种缺陷，而是它们的定义"②。暧昧性不仅指称梅洛-庞蒂探讨身心关系、人与世界关系等传统二元课题时采用的一种整全的结构化视角的特点，还指称知觉体验本身的暧昧性。在前一种情况下，身心关系不是何者为优先、谁决定谁的问题，而是强调二者之间互动共生的关系性结构，因而呈现某种"暧昧的特点"，他后期哲学中出现的"可逆性"(reversibility)概念与"暧昧性"也有一定关联；在后一种情况下，世界和

---

① 阿尔封斯·德·瓦朗斯(Alphonse de Waelhens)在《行为的结构》(*The Structure of Behaviour*)第二版法文版前言部分专门介绍了梅洛-庞蒂"暧昧的哲学"。See Maurice Merleau-Ponty, *The Structure of Behaviour*, Alden L. Fisher, trans., Beacon Press, 1963, p.xviii.

② Maurice Merleau-Ponty, *Phenomenology of Perception*, Colin Smith, trans., Routledge, 2002, p.387.

事物的意义是不断获得的,不存在所谓的确定性。"暧昧性是人类实存的本质,我们生活或思考的每一件事物都有多种意义。一种生活方式——一种逃避现实和需要独处的态度——也许普遍化地表达了某种关于性的状态。"①例如,梅洛-庞蒂讲道:"在我们所讨论的案例中,知识的暧昧性是这样的:我们的身体是由两个不同的层次组成的,一个是习惯的身体,另一个是当前的身体。"②这就意味着知觉体验是暧昧的体验与绝对明证的体验相互蕴含,不能将其简单分辨出来。暧昧性不仅体现在知觉现象中,也体现在人类历史中,"历史的存在主义理论是暧昧的,但这种暧昧性无法成为一种责备,因为它是事物固有的"③。对于梅洛-庞蒂而言,历史的意义需要不断地重新解释,或者说历史本身并没有固有的意义,历史更多地在消解无意义。

在梅洛-庞蒂看来,我们首先就是"在世存在"的,我们与世界的关系是"不言而喻"的。④暧昧性是由"身体性"的知觉带来的。身体既不完全是意识,也不完全是自在之物,它是主客体暧昧的统一。因此,身体是肉身化(incarnation)的身体,它具有精神和肉体双重特性,梅洛-庞蒂将其称之为"身体-主体"(body-subject)。身体一方面处在世界中,另一方面又是我们与世界发生关系的中介。梅洛-庞蒂指出"我是我的身体"⑤,事物和世界通过我的身体给予我。他的伦理道德依赖于身体的肉身化。我们的自由和责任与肉身化密不可分。对于梅洛-庞蒂而言,肉身化的身体是我们获得新的感知能力以及自身自由的条件,也是我们融入现实世界的途径。

加拿大学者基姆·马克拉伦(Kym Maclaren)将梅洛-庞蒂的伦理学称之

---

① Maurice Merleau-Ponty,*Phenomenology of Perception*,Colin Smith,trans.,Routledge,2002,p.196.

② Maurice Merleau-Ponty,*Phenomenology of Perception*,Colin Smith,trans.,Routledge,2002,p.95.

③ Maurice Merleau-Ponty,*Phenomenology of Perception*,Colin Smith,trans.,Routledge,2002,p.199.

④ Maurice Merleau-Ponty,*Phenomenology of Perception*,Colin Smith,trans.,Routledge,2002,pp.xiv-xv.

⑤ Maurice Merleau-Ponty,*Phenomenology of Perception*,Colin Smith,trans.,Routledge,2002,p.xv.

为"具身性的伦理学"(the embodied ethics)①,"这种具身性的伦理学也承认道德不仅是对我们自身的回应,也是对超越我们的事物的回应:对他者的回应,因为他者的自由和创造性的自我实现超越了我们。"②对于个体而言,他者不是无关紧要的对象,他者的具身性与我的具身性密不可分。梅洛-庞蒂通过对具身性这一概念的阐释想让我们看到,个体与他者总是联系在一起,无法分割。梅洛-庞蒂关于我与他者之间暧昧的联系最详细的描述出现在《知觉现象学》最后一章关于"自由"的讨论中。梅洛-庞蒂借助而后又批评萨特关于自为存在和为他存在的重要区别,他认为,"我必须从一开始就把自己理解为以一种超越自我的方式为中心,我的个体实存必须围绕自身扩散,可以说是一种有质量的存在。为他们自身——我为我自身,他者为他自身——必须站在为他的背景下——我为他者,他者为我。我的生命必须有一个我并不构成的意义;严格来说必须存在主体间性;我们每一个人都必须是绝对个人意义上的匿名者,也是绝对大众意义上的匿名者。我们在世界上的实存,就是这种双重匿名的具体承载者"③。梅洛-庞蒂批评萨特的地方在于他认为萨特摇摆于自为与为他之间,而忽略了二者的互惠性,即自为存在与为他存在并不是先天的对立关系,而是相互依存的关系。自为与为他这两种体验之间没有哪种体验优先之说。

在梅洛-庞蒂那里,知觉活动既不是纯粹的反应行为,也不是明确的决定行为,而是一种从行为习惯出发的暧昧性活动。行为者通过自身的行为定位自我,并实现某种处境的意义。这个处境是整体的处境,因此必然将自我、

---

① "embodied"一般翻译成"具身性的","incarnation"一般翻译成"肉身化"。前者更强调具身层面,与科学哲学、心灵哲学、认知哲学联系更紧密一些;后者更强调身心统一一体的维度。我们根据不同的语境使用这两个词。

② Christine Daigle, *Existentialist Thinkers and Ethics*, McGill-Queen's University Press, 2006, p.158.

③ Maurice Merleau-Ponty, *Phenomenology of Perception*, Colin Smith, trans., Routledge, 2002, p.521.

他者和世界置于彼此之间。这一事实意味着,自我的行为必然牵涉到他者。[①]
自我可以将他者视为敌对的,从而采取措施保护自己,并阻止他者实现他们
的自由。不过,不容置疑的一点是,他者与自我一样是自由的。梅洛-庞蒂和
萨特一样,认为自我是自为和为他的统一体,自我既是主体又是客体。自我
只能通过他者才能确定这个肉身化的"我"是谁。自我与他者之间的相互承
认,使得彼此的自由成为可能。"好像他者的意向占据了我的身体,而我的意
向占据了他的身体。我所看到的手势勾勒出一个意向对象。当我身体的力量
调整其自身以便适应意向对象并与之重叠时,这个对象便会真实地存在并
完全得到理解。手势向我提出了一个问题,使我注意到这个世界的某些可感
知的部分,并邀请我出现在这些可感知的部分中。当我的行为将这条路径与
它自己的路径识别时便实现了沟通。我和他者之间有相互确认。我们在这里
必须恢复被理智主义分析扭曲的他者的经验,正如我们必须恢复事物的感
性经验一样。"[②]

　　梅洛-庞蒂与萨特二人的哲学都受到胡塞尔和海德格尔哲学的双重影
响,所以他们的哲学尤其是伦理学都表现出暧昧性特征。总体而言,暧昧性
指的是两可性、模糊性等,只要这两个方面都存有,那这两个方面就存在一
种关系,因而无法将二者割裂开来。在梅洛-庞蒂和萨特那里,暧昧性都意味
着纯粹自为的意识和纯粹自在的对象之间的交互影响。只不过在萨特那里,
暧昧性是由自为本身的结构带来的,伦理学上的暧昧性是由他的本体论结
构带来的,因为自为与自在的交互关系就已经决定了无论萨特处理何种问
题都带有暧昧性。在梅洛-庞蒂那里,暧昧性体现在身体上,身体既不是纯意

---

　　① Christine Daigle, *Existentialist Thinkers and Ethics*, McGill-Queen's University Press, 2006,
p.153.

　　② Maurice Merleau-Ponty, *Phenomenology of Perception*, Colin Smith, trans., Routledge, 2002,
p.215.

识，也不是纯物质，但是身体既具有意识性，又具有物质性，所以身体是肉身化的身体。就暧昧性而言，萨特和梅洛-庞蒂有着不同的侧重点，萨特更多的是从实践层面和介入世界的层面分析伦理道德的暧昧特性，梅洛-庞蒂更多从理论层面分析伦理道德的暧昧性。

现在看来暧昧性不是一种标签，而是一种普遍性，即存在主义哲学似乎都具有暧昧性特点。无论萨特、波伏娃还是梅洛-庞蒂，他们暧昧性的伦理学在某种程度上可以说是一种创举，也可以说是一种不清晰。然而，我们需要避免说明或定义"暧昧性"。美国学者兰格（Maximo Langer）指出："给出说明，就意味着我们可以把暧昧性'铺展开'以进行分析；下定义，就意味着我们可以限制、掌握、解决暧昧性。这种试图进行澄清的做法错失了暧昧性的本质。与经验相分离的暧昧性就不再是暧昧性。波伏娃和梅洛-庞蒂的哲学方法是描述性的，让我们在理解暧昧性的同时不破坏它。对波伏娃和梅洛-庞蒂来说，暧昧性不是矛盾、模棱两可、二元论或荒谬。暧昧性是我们存在的特征，它包含了一种不可还原的未规定性，以及多重的、无法分离的意义与面向。"①

---

① M. Langer,"Beauvoir and Merleau-Ponty on Ambiguity",*The Cambridge Companion to Simone de Beauvoir*,C. Card,ed.,pp.87-106,Cambridge University Press,2003.

结　语

　　萨特的一生是传奇式的,他周游世界、兴趣广泛、灵魂放浪、眼神犀利。我们喜欢快乐又悲观的萨特!萨特的影响力在 20 世纪是巨大的,有人疯狂地迷恋他,也有人在香榭丽舍大道上发出"枪毙萨特"的声音。萨特的哲学如同他本人一样,充满了无限的魅力,让人心醉神驰!萨特的同胞贝尔纳–亨利·列维指出:"萨特就好比是一个展开的时代。透过萨特,我们所看到的,是一个世纪的万花筒:人们如何走过 20 世纪,如何在这个世纪迷失方向,如何消除这个世纪可悲的趋势——现在又如何进入一个新的世纪。人走进暧昧,总会使暧昧更加深重。"①世人曾一度赋予萨特"神的光环"。萨特哲学更是一座气势磅礴、构造精美的殿宇,但当你走进它,会发现这座殿宇的布局错综复杂、暧昧模糊。他的哲学让我们在沐浴阳光的同时又厌恶尘世!

　　近年来,关于萨特哲学的研究著作汗牛充栋,这些作品或深入探论萨特的本体论,或细细品味萨特的戏剧文学,或孜孜不倦地热议他和波伏娃之间扑朔迷离的爱情故事。然而,萨特的伦理学却没有得到应有的重视!作为"20

---

　　① ［法］贝尔纳–亨利·列维:《萨特的世纪——哲学研究》,闫素伟译,商务印书馆,2005 年,第 7~8 页。

世纪人类的良心"的萨特,必然关注道德伦理问题,他的伦理学思想具有深远的意义和价值! 倘若我们紧跟萨特的思想步伐,从他的现象学的本体论出发,找寻萨特的伦理学思想的发展轨迹,还是能够大致勾勒出他的伦理学轮廓的。

萨特的现象学方法在他的整个哲学体系中一直扮演着不可或缺的角色。在经他修改后的现象学方法中,"反思前的我思"是他建构其哲学体系的最核心概念,否定的意向性使得"反思前的我思"这个概念成为可能。意识是自发的,我们可以否定甚至超越现实世界。萨特的伦理学以其本体论为基础。《存在与虚无》和《辩证理性批判》中的本体论思想使得萨特具有三种不同但又连贯的伦理学思想。萨特的存在主义依赖于"自在-自为"的结构。《存在与虚无》中对两个"存在",即"自为存在"与"自在存在"的区分,使得我们看到人也是一种存在,他的存在先于本质。人注定是自由的,人一直去选择(to choose)并且去存在(to be),这必然会涉及道德伦理问题,也必然涉及我们如何进行选择,或者如何与他者相处的问题。《辩证理性批判》中对"实践-惰性""异化"等的分析,使得我们看到人的实践依赖于一定的物质条件。由于物质的匮乏和社会的异化,个体不受限制的自由是不存在的。正是由于物质的匮乏,人们看到了合作的重要性,这就涉及个体之间如何协作共处这一伦理道德问题。然而,个体的异化最终无法避免和消除。

萨特的本体论与伦理学问题密不可分,"我们不能把伦理学看作是萨特哲学中的一个部分,或在他哲学之外另找伦理学思想"①。无论是《存在与虚无》中对"自由""自欺与真诚""他者"等的讨论,还是《辩证理性批判》中对"实践""匮乏""异化""需求"等的讨论,这些关键的本体论问题存在一定的伦理道德张力。更不用说,萨特在《存在与虚无》的最后一章中关于"道德的

---

① 冯俊:《当代法国伦理思想》,同济大学出版社,2007年,第88页。

前景"和"存在的精神分析法"的探讨给予我们的伦理启示。他在《辩证理性批判》中使用马克思主义这一新的工具探讨与伦理问题相关的自由、行动、人际间关系等本体论问题。

萨特无序且庞杂的伦理观在西方现当代伦理学思想发展史上留下了浓墨重彩的一笔。尽管他没有履行他的伦理学诺言,也没有传统意义上的道德理论,但是他在相关伦理学著作中,尤其是在《道德笔记》中对伦理问题的反思,给予我们一种存在主义视角下的伦理道德观。《道德笔记》最核心的任务之一是揭示如何理解个体从自欺转变为本真的。虽然所有人都应承认自身的偶然性,去追求本真,但是个体永远经受着一种自欺的诱惑,从而试图逃脱自由选择带来的痛苦。在通往本真的道路上,他者是一块儿巨大的绊脚石。萨特认为,个体通过纯粹反思使得意识朝向道德层面的转变成为可能,继而实现本真。然而,他并未指出意识在什么时刻能够从不纯粹反思转变为纯粹反思,这或许是萨特本真伦理学存有的内在缺憾。同时,由于萨特的《道德笔记》不完整、不系统,我们不可能对萨特的伦理学给出一个明确、系统化的描述。

严格来讲,萨特的伦理思想并不是一个完善的理论体系。从《道德笔记》到《罗马讲稿》再到《今天的希望:与萨特的谈话》,萨特前后期的伦理思想曾经历了理想主义、现实主义,以及实现直接的民主这三个阶段。然而,这三种伦理学之间不是逐渐扬弃的过程,而是逐步发展的过程,"自由"贯穿这些变化的始终。《存在与虚无》中的自由更多的是一种绝对自由,尽管萨特看到了具体处境对于自由选择的限制和束缚,然而他最后依然得出绝对自由的结论。正是个体的绝对自由,使得自我与他者总是处于"冲突"的关系中。由于个体之间的冲突关系,《道德笔记》中那种对本真的追求便成为不可能。由于个体之间的冲突始终存在,社会的异化无法消解,萨特的第二种伦理学对"实现整体的人性"和第三种伦理学对"实现直接的民主"的理想也无法成为现实。尽管萨特最终想要实现的人与人之间的本体论层面的联合是不可能的,但是他一直为之努力的态度是值得肯定的。

存在主义伦理观告诉我们,个体是自由的,要珍视自我"活的体验"(lived experience),并对自己的人生负责。萨特指出:"一个人,即使他的行为是外部因素导致的,也要对自己负责……所有的行为都包含着一部分习惯、既定的思想、象征性成分。另外,还有一些东西来自我们心灵的最深处,它们和我们最原始的自由是有关系的。"①萨特不是从积极的意义上界定人性,而是从消极的意义上,即从我们可能成为什么的角度分析伦理。在物欲横流的今天,本真意味着一种非常纯粹的美好向往,它提醒我们只有互相成就彼此,才能成为更好的人,创造出更完美的世界。

如果从《自我的超越性》开始一直到《家族白痴》做全面且系统研究的话,自然非常有价值,但也需要付出更多的精力,笔者希望在未来完成这项有意义的工作。本书尽量打破萨特伦理学不存在或者无法解释的看法,认为萨特存在主义的伦理学思想贯穿于他的所有著作中。通过对萨特伦理学的阐释,尤其是对他《道德笔记》中的伦理学思想的阐释,我们发现他的伦理学在他的整个思想体系中占有很重要的位置。通过对萨特伦理学相关文本更为深入地分析,尽量还原内容更加丰富、层次更加鲜明的萨特伦理学。直到今天,这依然是一个亟待进一步探索的理论课题。

---

① ［法］西蒙娜·德·波伏娃:《告别的仪式》,孙凯译,上海译文出版社,2019 年,第 429 页。

参考文献

一、中文文献

（一）萨特本人著作

1.[法]让-保罗·萨特：《辩证理性批判》,林骧华、徐和瑾、陈伟丰译,安徽文艺出版社,1998年。

2.[法]让-保罗·萨特：《波德莱尔》,施康强译,北京燕山出版社,2006年。

3.[法]让-保罗·萨特：《词语》,潘培庆译,生活·读书·新知三联书店,1988年。

4.[法]让-保罗·萨特：《存在与虚无》,陈宣良等译,生活·读书·新知三联书店,2015年。

5.[法]让-保罗·萨特：《存在主义是一种人道主义》,周煦良、汤永宽译,上海译文出版社,2008年。

6.[法]让-保罗·萨特：《寄语海狸》,沈志明译,人民文学出版社,2005年。

7.[法]让-保罗·萨特：《萨特文集(1—7卷)》,沈志明译,人民文学出版社,

2000 年。

　　8.[法]让-保罗·萨特:《萨特哲学论文集》,潘培庆等译,安徽文艺出版社,1998 年。

　　9.[法]让-保罗·萨特:《萨特自述》,黄忠晶、黄巍译,天津人民出版社,2008 年。

　　10.[法]让-保罗·萨特:《文字生涯》,沈志明译,人民文学出版社,1988 年。

　　11.[法]让-保罗·萨特:《想象》,杜小真译,上海译文出版社,2008 年。

　　12.[法]让-保罗·萨特:《想象心理学》,褚朔维译,光明出版社,1988 年。

　　13.[法]让-保罗·萨特:《自我的超越性》,杜小真译,商务印书馆,2001 年。

(二)中文著作

　　1.[美]L.J.宾克莱:《理想的冲突——西方社会中变化着的价值观念》,马元德等译,商务印书馆,1986 年。

　　2.[美]阿利斯代尔·麦金太尔:《伦理学简史》,龚群译,商务印书馆,2003 年。

　　3.[美]阿利斯代尔·麦金太尔:《德性之后》,龚群等译,中国社会科学出版社,1995 年。

　　4.[奥]埃德蒙德·胡塞尔:《纯粹现象学通论》,李幼蒸译,商务印书馆,2009 年。

　　5.[奥]埃德蒙德·胡塞尔:《现象学的观念》,倪梁康译,人民出版社,2007 年。

　　6.[法]贝尔纳-亨利·列维:《萨特的世纪——哲学研究》,闫素伟译,商务印书馆,2005 年。

　　7.[荷兰]贝内迪特·斯宾诺莎:《伦理学》,贺麟译,商务印书馆,1997 年。

　　8.杜小真:《存在和自由的重负》,山东人民出版社,2002 年。

　　9.杜小真:《一个绝望者的希望——萨特引论》,上海人民出版社,1988 年。

　　10.冯俊:《当代法国伦理思想》,同济大学出版社,2007 年。

11.[美]弗朗西斯·福山:《历史的终结和最后之人》,黄胜强译,中国社会科学出版社,2003年。

12.[法]弗朗西斯·让松:《萨特》,许梦瑶、刘成富译,上海人民出版社,2009年。

13.复旦大学当代国外马克思主义研究中心编:《"萨特与当代思想"国际学术讨论会论文集》,复旦大学,2005年。

14.[美]盖尔·林森巴德:《从萨特出发》,孔礼中、黄璐译,黑龙江教育出版社,2017年。

15.高宣扬:《萨特的密码》,同济大学出版社,2007年。

16.[德]格奥尔格·黑格尔:《精神现象学》,贺麟、王玖兴译,上海人民出版社,2015年。

17.[德]格奥尔格·黑格尔:《逻辑学》,杨一之译,商务印书馆,1982年。

18.[美]赫伯特·施皮格伯格:《现象学运动》,王炳文、张金言译,商务印书馆,1995年。

19.[英]亨利·西季威克:《伦理学方法》,廖申白译,中国社会科学出版社,1993年。

20.[法]杰尔曼娜·索尔贝:《"喂?我给您接萨特……"》,马振骋译,人民文学出版社,2005年。

21.[加]克里斯汀·达伊格勒:《导读萨特》,傅俊宁译,重庆大学出版社,2018年。

22.[法]勒内·笛卡尔:《第一哲学沉思集》,庞景仁译,商务印书馆,1986年。

23.[法]勒内·笛卡尔:《谈谈方法》,王太庆译,商务印书馆,2000年。

24.[美]加里·古廷:《20世纪法国哲学》,辛岩译,江苏人民出版社,2005年。

25.[美]理查德·坎伯:《萨特》,李智译,中华书局,2003年。

26.刘创馥:《黑格尔新释》,商务印书馆,2019年。

27.刘小枫:《沉重的肉身——现代性伦理的叙事维语》,华夏出版社,2004年。

28.柳鸣九:《为什么要萨特》,金城出版社,2012年。

29.[法]洛朗·加涅宾:《认识萨特》,顾嘉坤译,生活·读书·新知三联书店,1988年。

30.[德]马丁·海德格尔:《存在与时间》,陈嘉映、王庆节译,生活·读书·新知三联书店,2017年。

31.[爱尔兰]德尔默·莫兰、约瑟夫·科恩:《胡塞尔词典》,李幼蒸译,人民出版社,2015年。

32.[英]尼古拉斯·布宁、余纪元:《西方哲学英汉对照辞典》,人民出版社,2001年。

33.尚杰:《归隐之路——当代法国哲学的踪迹》,江苏人民出版社,2008年。

34.[英]斯蒂芬·霍尔盖特:《黑格尔导论:自由、真理与历史》,丁三东译,商务印书馆,2013年。

35.万俊人:《萨特伦理思想研究》,北京大学出版社,1988年。

36.[美]威廉姆斯·K.弗兰克纳:《伦理学》,生活·读书·新知三联书店,1987年。

37.[法]西蒙娜·德·波伏娃:《告别的仪式》,孙凯译,上海译文出版社,2019年。

38.[美]雅克·蒂洛,基思·克拉斯曼:《伦理学与生活》,程立显、刘建译,世界图书出版公司,2008年。

39.[古希腊]亚里士多德:《尼各马可伦理学》,廖申白译,商务印书馆,2003年。

40.[古希腊]亚里士多德:《形而上学》,吴寿彭译,商务印书馆,1995年。

41.杨大春:《语言、身体、他者——当代法国哲学的三大主题》,生活·读书·新知三联书店,2007年。

42.[德]伊曼努尔·康德:《纯粹理性批判》,邓晓芒译,人民出版社,2015年。

43.[德]伊曼努尔·康德:《道德形而上学原理》,苗力田译,上海人民出版社,2002年。

44.[德]伊曼努尔·康德:《实践理性批判》,邓晓芒译,人民出版社,2016年。

(三)中文期刊

1.陈杰:《存在主义的本真观初探》,《国外理论动态》,2019年第11期。

2.崔昕昕:《〈伦理学笔记〉中的暴力问题研究》,《科学·经济·社会》,2019年第2期。

3.崔昕昕:《萨特在本体论与伦理学视域下的自欺》,《运城学院学报》,2018年第4期。

4.邓晓芒:《重申"要康德,还是要黑格尔"问题》,《华中科技大学(社会科学版)》,2016年第1期。

5.邓晓芒:《康德〈道德形而上学奠基〉读与解》,《甘肃社会科学》,2011年第1期。

6.邓晓芒:《康德道德哲学的立论方式》,《会科学论坛》,2019年第1期。

7.邓晓芒:《康德道德哲学的三个层次——〈道德形而上学基础〉述评》,《云南大学学报(社会科学版)》,2004年第4期。

8.邓晓芒:《康德道德哲学详解》,《西安交通大学学报(社会科学版)》,2005年第6期。

9.纪如曼:《萨特伦理学基本框架研究》,《当代国外马克思主义评论》,2009年。

10.纪如曼:《萨特为何没有写出〈伦理学〉一书?》,《复旦学报(社会科学版)》,2005年第5期。

11.贾江鸿:《萨特论认识:反思意识,还是非反思意识？》,《河北学刊》,2017 年第 1 期。

12.贾江鸿:《现代法国哲学视野下的我思与自我》,《求是学刊》,2007 年第 5 期。

13.李冰:《萨特伦理学中的绝对自由与绝对选择》,《学海》,2002 年第 1 期。

14.庞培培:《萨特的意向性概念:内部否定》,《云南大学学报(社会科学版)》,2012 年第 6 期。

15.尚杰:《重读萨特:别一种伦理学》,《江苏社会科学》,2006 年第 1 期。

16.万俊人:《萨特伦理思想研究》,《哲学动态》,1987 年第 4 期。

17.万俊人:《康德与萨特主体伦理思想比较》,《中国社会科学》,1987 年第 3 期。

18.汪帮琼:《萨特本体论思想研究》,《复旦大学》,2004 年。

19.王春明:《〈存在与虚无〉和〈道德札记〉中的礼物问题及其道德内涵》,《哲学动态》,2017 年第 12 期。

20.王建军:《普遍性与相互性——论康德的义务论与功利主义伦理学的分野》,《安徽大学学报》,2004 年第 5 期。

21.王金仲:《暧昧性——理解萨特伦理学的钥匙》,《法国研究》,1988 年第 1 期。

22.王文平:《试析萨特"存在论"及其伦理导向》,《华中理工大学学报》,1994 年第 4 期。

23.吴增定:《自因的悖谬——笛卡尔、斯宾诺莎与早期现代形而上学的革命》,《世界哲学》,2018 年第 2 期。

24.阎伟:《萨特模棱两可伦理学的特征与价值取向》,《武汉理工大学学报(社会科学版)》,2009 年第 3 期。

25.张能为:《论萨特伦理学的评价维度问题》,《安徽大学学报(哲学社会科学版)》,2008 年第 5 期。

二、英文文献

(一)萨特本人著作

1.Jean-Paul Sartre,*Anti-Semite and Jew*,George J. Becker,trans.,New York:Schocken Books,1948.

2.Jean-Paul Sartre,*Being and Nothingness:An Essay in Phenomenological Ontology*,Hazel Barnes,trans.,New York:Philosophical Library,Inc.,1956.

3.Jean-Paul Sartre,*Between Existentialism and Marxism*,John Mathews,trans.,London:New Left Books,1974.

4.Jean-Paul Sartre,*Cahiers pour une Morale*,Paris:Gallimard,1983.

5.Jean-Paul Sartre,"Consiousness of Self and Knowledge of Self". In *Readings in Existential Phenomenology*,N. Lawrence & D. O'Connor,eds. Mary Ellen and N. Lawrence,trans.,pp.113-142. Englewood Cliffs,New Jersey:Prentice-Hall,Inc.,1967.

6.Jean-Paul Sartre,*Critique of Dialectical Reason*,A. Sheridan-Smith,trans.,London:New Left Board,1976.

7.Jean-Paul Sartre,*Existentialism Is a Humanism*,Carol Macomber,trans.,New Haven & London:Yale University Press,2007.

8.Jean-Paul Sartre,Les racines de l'éthique:Conférence à l'Institut Gramsci,mai 1964,*Études sartriennes*,No.19,2015.

9.Jean-Paul Sartre,*Life/Situations:Essays Written and Spoken*,Paul Auster & Lydia Davis,trans.,New York:Pantheon Books,1977.

10.Jean-Paul Sartre & Michel Sicard,*Entretien:L'ecriture et la publica-*

tion,Obliques No.18-19 ,1979.

11.Jean–Paul Sartre,*Nausea*,Lloyd Alexander,trans.,New York:New Directions,1964.

12.Jean–Paul Sartre,*No Exit and Other Play*,Lionel Abel,trans.,New York: Vintage Books,1976.

13.Jean–Paul Sartre,*Notebooks for an Ethics*,David Pellauer,trans.,Chicago: The University of Chicago Press,1992.

14.Jean –Paul Sartre,*Saint Genet:Actor and Martyr*,Bernard Frechtman, trans.,New York:George Braziller,1963.

15.Jean–Paul Sartre,*Sartre by Himself*,Richard Seaver,trans.,New York:Urizen Books,1978.

16.Jean–Paul Sartre,*The Family Idiot*,Vols.1–5,Carol Cosman,trans.,Chicago: University of Chicago Press,1981.

17.Jean –Paul Sartre,*The Imaginary—A Phenomenological Psychology of the Imagination*,Jonathan Webber,trans.,London and London & New York: Routledge,2010.

18.Jean–Paul Sartre,*The Transcendence of the Ego:A Sketch for a Phenomenological Description*,London and London & New York:Routledge,2004.

19.Jean–Paul Sartre,*The War Diaries:November 1939/March 1940*,Quintin Hoare,trans.,New York:Pantheon Books,1984.

20.Jean –Paul Sartre ,*Situations* ,I,Essais Critiques,ed. Paris:Gallimard, 1947.

21.Jean–Paul Sartre,*Vérité et Existence*,Texte établi et annoté par Ariette Elkaïm–Sartre. Paris:Gallimard,1989.

22.Jean–Paul Sartre, *"What is Literature?"and Other Essays*,Bernard Frechtman, trans., Cambridge, Massachusetts: Harvard University Press, 1988.

（二）英文著作

1.Anderson, Thomas C, *Sartre's Two Ethics—From Authenticity to Integral Humanity*, La Salle, Illinois: Open Court Publishing Company, 1993.

2.Anderson, Thomas C, *The Foundation and Structure of Sartrean Ethics*, Lawrence, Kansas: The Regents Press of Kansas, 1979.

3.Anshen, R. Nanda, ed., *Moral Principles of Action: Man's Ethical Imperative*, New York: Harper and Row, 1952.

4.Arendt, Hannah, *On Violence*, New York: Harcourt, Brace & World, 1970.

5.Aronson, Ronald, *Jean-Paul Sartre: Philosophy in the World*, London: Verso Books, 1981.

6.Aronson, Ronald & Adrian van den Hoven, eds., *Sartre Alive*, Detroit, Michigan: Wayne State University Press, 1991.

7.Baiasu, Sorin, *Kant and Sartre: Re-discovering Critical Ethics*, London: Palgrave Macmillan, 2011.

8.Barnes, Hazel, *An Existentialist Ethics*, New York: Random House, 1967.

9.Barnes, Hazel, *Humanistic Existentialism: The Literature of Possibility*, Lincoln, Nebraska: University of Nebraska Press, 1959.

10.Barnes, Hazel, *Sartre*, New York: J. B. Lippincott, 1973.

11.Barnes, Hazel, *Sartre's Concept of the Self*, in *Critical Essays on Jean-Paul Sartre*, *Robert Wilcocks*, ed. Boston: G. K. Hall & Co., 1988.

12.Barnes, Hazel, *Sartre's Ontology*, in *The Cambridge Companion to Sartre*, New York: Cambridge University Press, 1992.

13.Boileau, Kevin C., *Genuine Reciprocity and Group Authenticity: The*

Social Ontologies of Sartre and Foucault, Missoula, Montana: EPIS Publishing Co., 2012.

14. Bell, Linda A., *Sartre's Ethics of Authenticity*, Tuscaloosa, Alabama: University of Alabama Press, 1989.

15. Bernasconi, Robert, *How to Read Sartre*, New York: W. W. Norton & Company, 2007.

16. Bernstein, Richard, *Praxis and Action*, Philadelphia, Pennsylvania: University of Pennsylvania Press, 1971.

17. Burnier, Michel –Antoine, *Choice of Action: The French Existentialists on the Political Front Line*, Bernard Murchland, trans., New York: Random House, 1968.

18. Busch, Thomas W., *The Power of Consciousness and the Force of Circumstance in Sartre's Philosophy*, Bloomington, Indiana: Indiana University Press, 1990.

19. Card, Claudia, ed., *The Cambridge Companion to Simone de Beauvoir*, New York: Cambridge University Press, 2003.

20. Catalano, Joseph S., *Good Faith and Other Essays*, Lanham, Maryland: Rowman & Littlefield Publishers, Inc., 1996.

21. Chiodi, Pietro, *Sartre and Marxism*, Kate Soper, trans., Atlantic Highlands, New Jersey: Humanities Press, 1976.

22. Collins, James, *The Existentialists*, Chicago: Gateway Publishing Ltd., 1968.

23. Cox, Gary, *The Sartre Dictionary*, London: Continuum International Publishing Group, 2008.

24. Daigle, Christine, *Existentialist Thinkers and Ethics*, Montreal, Quebec:

McGill-Queen's University Press,2006.

　　25.Daigle,Christine,*Jean-Paul Sartre*,London & New York:Routledge,2010.

　　26.De Beauvoir,Simone,*A dieux:A Farewell to Sartre*,Patrick O'Brian,trans.,New York:Pantheon Books,1984.

　　27.De Beauvoir,Simone,*The Ethics of Ambiguity*,Bernard Frechtman,trans.,New York:Citadel Press,1948.

　　28.De Beauvoir,Simone,*The Prime of Life:The Autobiography of Simone de Beauvoir 1929-1944*,Peter Green,trans.,Cleveland,Ohio:World Publishing Co.,1962.

　　29.De Beauvoir,Simone,*The Second Sex*,Howard Madison Parshley,trans.,London:Jonathan Cape,Thirty Beford Square,1956.

　　30.Desan,Wilfrid,*The Marxism of Jean-Paul Sartre*,Garden City,New York:Doubleday & Co.,1966.

　　31.Desan,Wilfrid,*The Tragic Finale:An Essay on the Philosophy of Jean-Paul Sartre*,New York:Harper Torchbooks,1960.

　　32.Detmer,David,*Freedom as a Value:A Critique of the Ethical Theory of Jean-Paul Sartre*,La Salle,Illinois:Open Court Publishing Company,1988.

　　33.Detmer,David,*Sartre Explained:From Bad Faith to Authenticity*,La Salle,Illinois:Open Court Publishing Company,2008.

　　34.Dinan,Stephen,*Causality and Consciousness in Sartre's Theory of Knowledge*,University of Michigan,1973.

　　35.Dostoevski,Fyodor,*Notes from Underground*,Ralph E. Matlaw,trans.,New York:E. p.Dutton & Co.,1960.

　　36.Flynn,Thomas,*Sartre and Marxist Existentialism*,Chicago:University of Chicago Press,1984.

37.Frankena,William,*Ethics*,New Jersey:Prentice Hall,Inc.,1963.

38.Frondizi,Risieri,*Sartre's Early Ethics:A Critique*,*in The Philosophy of Jean-Paul Sartre*,La Salle,Illinois:Open Court Publishing Company,1981.

39.Greene,Norman,*Jean-Paul Sartre:The Existentialist Ethic*,Ann Arbor,Michigan:University of Michigan Press,1966.

40.Guignon,Charles,ed.,*The Existentialists:Critical Essays on Kierkegaard,Nietzsche,Heidegger and Sartre*,Lanham,Maryland:Rowman & Littlefield Publishers,Inc.,2004.

41.Hare,Richard M.,*Freedom and Reason*,New York:Oxford University Press,1977.

42.Harvey,Robert,*Search for a Father:Sartre,Paternity and the Question of Ethics*,Ann Arbor,Michigan:University of Michigan Press,1991.

43.Hartmann,*Klaus,Sartre's Ontology:A Study of Being and Nothingness in the Light of Hegel's Logic*,Evanston,Illinois:Northwestern University Press,1966.

44.Hartmann,Klaus,*The Nature of Morality:An Introduction to Ethics*,New York:Oxford University Press,1977.

45.Heter,T. Storm,*Sartre's Ethics of Engagement:Authenticity and Civic Virtue*,New York:Continuum International Publishing Group,2006.

46.Howells,Christina,*Sartre:The Necessity of Freedom*,New York:Cambridge University Press,1988.

47.Howells,Christina,ed.,*The Cambridge Companion to Sartre*,New York:Cambridge University Press,1992.

48.Hudson,William D.,*Modern Moral Philosophy*,Garden City,New York:Doubleday & Co.,1970.

49.Husserl,Edmund,*Ideas:General Introduction to a Pure Phenomenology,*

W.R. Boyce Gibson, trans., London: George Allan & Unwin Ltd., 1969.

50.James, William, *The Moral Philosopher and the Moral Life*, *in Essays in Pragmatism*, New York: Hafner Press, 1948.

51.Jeanson, Francis, *Sartre and the Problem of Morality*, Robert V. Stone, trans., Bloomington: Indiana University Press, 1980.

52.Jolivet, Régis, *Sartre: The Theology of the Absurd*, William Piersol, trans., New York: Newman Press, 1967.

53.Kant, Immanuel, *Groundwork of the Metaphysic of Morals*, Herbert J. Paton, trans., New York: Harper Torchbooks, 1964.

54.Kant, Immanuel, *Lectures on Ethics*, Louis Infield, trans., New York: Harper Torchbooks, 1963.

55.Kaufmann, Walter, *Existentialism from Dostoevsky to Sartre*, New York: New American Library, 1975.

56.Kojève, Alexandre, *Introduction to the Reading of Hegel: Lectures on the Phenomenology of Spirit*, James H., Nichols Jr., trans., New York: Basic Books, 1969.

57.Lavine, Thelma Z., *From Socrates to Sartre*, New York: Bantam Books, 1984.

58.Lederer, Katrin, et al., eds., *Human Needs: A Contribution to the Current Debate*, Cambridge, Massachusetts: Oelgeschlager, Gunn and Hain, 1980.

59.Linsenbard, Gail E., *An Investigation of Jean-Paul Sartre's Posthumously Published Notebooks for An Ethics*, University of Colorado, 1996.

60.Macintyre, Alasdair, *After Virtue: A Study in Moral Theory*, Notre Dame, Indiana: University of Notre Dame Press, 2007.

61.Manser, Anthony R., *Sartre, A Philosophic Study*, London: Althone Press, 1966.

62.Merleau–Ponty,Maurice,*Phenomenology of Perception*,Colin Smith,trans., London & New York:Routledge,2002.

63.Merleau –Ponty,Maurice,*The Structure of Behaviour*,Alden L. Fisher, trans.,Boston,Massachusetts:Beacon Press,1963.

64.Midgley,Mary,*Can't We Make Moral Judgments?*,New York:St. Martin's Press,1993.

65.Murdoch,Iris,*Sartre,Romantic Rationalist*,London:Vintage,1999.

66.Poster,Mark,*Existential Marxism in Postwar France*,Princeton,New Jersey:Princeton University Press,1975.

67.Renaut,Alain,*Sartre,Le Dernier Philosophe*,Paris:Bernard Grasset,1993.

68.Santoni,Ronald E.,*Bad Faith,Good Faith,and Authenticity in Sartre's Early Philosophy*,Philadelphia,Pennsylvania:Temple University Press,1995.

69.Santoni,Ronald E.,*Sartre on Violence:Curiously Ambivalent*,Philadelphia,Pennsylvania:The Pennsylvania State University Press,2003.

70.Schilpp,Paul A.,*Philosophy of Jean –Paul Sartre*,La Salle,Illinois:Open Court Publishing Company,1981.

71.Schroeder,William,*Sartre and His Predecessors*,Boston,Massachusetts:Routledge & Kegan Paul,1984.

72.Silverman,Hugh & Fredrick Elliston,eds.,*Sartre and Husserl on Interpersonal Relations,in Jean–Paul Sartre:Contemporary Approaches to His Philosophy*,Pittsburgh,Pennsylvania:Duquesne University Press,1980.

73.Solomon,Robert,*From Rationalism to Existentialism:The Existentialists and Their Nineteenth–Century Backgrounds*,New York:Humanities Press,1972.

74.Stack,George,*Sartre's Philosophy of Social Existence*,St. Louis,Missouri:Warren H. Green,Inc.,1977.

75.Thody,Philip,*Jean-Paul Sartre:A Literary and Political Study*,London: Hamish Hamilton,1960.

76.Tolstoy,Leo,*Anna Karenina*,Constance Garnett,trans.,New York:Quality Paperback Book Club,1991.

77.Vaughan,Christopher,*Pure Reflection:Self-Knowledge and Moral Understanding in the Philosophy of Jean-Paul Sartre*,Indiana University,1993.

78.Veatch,Henry,*For an Ontology of Morals*,Evanston,Illinois:Northwestern University Press,1971.

79.Warnock,Geoffrey,*Contemporary Moral Philosophy*,New York:Barnes and Noble,Inc.,1967.

80.Warnock,Mary,*Existentialist Ethics*,London:Palgrave Macmillan,1967.

81.Warnock,Mary,*The Philosophy of Sartre*,London:Hutchinson,1965.

82.Williams,Robert R.,*Hegel's Ethics of Recognition*,Berkeley,California:University of California Press,1997.

(三)英文期刊

1.Anderson,Thomas C.,Beyond Sartre's Ethics of Authenticity,*Journal of the British Society for Phenomenology*,Vol.33,No.2,2002.

2.Anderson,Thomas C.,Is a Sartrean Ethics Possible?,*Philosophy Today*,Vol.14,No.2,1970.

3.Beis,Richard H.,Atheistic Existentialist Ethics:A Critique,*Modern Schoolman*,Vol.42,No.2,1965.

4.Busch,Thomas W.,Sartre:The Phenomenological Reduction and Human Relationships,*Journal of the British Society for Phenomenology*,Vol.6,No.1,1975.

5.Duranti,Alessandro,Husserl,Intersubjectivity and Anthropology,*Anthro-*

pological Theory, Vol.10, No.1–2, 2010.

6.Fleming, Michael, Sartre on Violence: Not So Ambivalent?, *Sartre Studies International*, Vol.17, No.1, 2011.

7.Good, Robert, A Third Attitude Toward Others: Jean –Paul Sartre, *Man and World*, Vol.15, No.3, 1982.

8.Gordon, Rivca, A Response to Hannah Arendt's Critique of Sartre's Views on Violence, *Sartre Studies International*, Vol.7, No.1, 2001.

9.Gorz, André, Jean–Paul Sartre: From Consciousness to Praxis, *Philosophy Today*, Vol.19, No.4, 1975.

10.Grene, Marjorie, Authenticity: An Existentialist Virtue, *Ethics*, Vol.62, No.4, 1952.

11.Hare, Richard M. Universalizability, *Proceedings of the Aristotelian Society, New Series*, Vol.55, 1954–1955.

12.Heter, T. Storm, Authenticity and Others: Sartre's Ethics of Recogni–tion, *Sartre Studies International*, Vol.12, No.2, 2006.

13.Kluckhohn, Clyde, Ethical Relativity, Sic et Non, *The Journal of Philos–ophy*, Vol.52, No.23, 1955.

14.Kruks, Sonia, Sartre's Cahiers pour une Morale: Failed Attempt or New Trajectory in Ethics?, *Social Text*, No.13–14, 1986.

15.Lee, Sander, The Central Role of Universalization in Sartrean Ethics, *Philosophy and Phenomenological Research*, Vol.46, No.1, 1985.

16.MacIntyre, Alasdair, What Morality Is Not, *Philosophy*, Vol.32, No.123, 1957.

17.McLeod, Norman, Existential Freedom in the Marxism of Jean–Paul Sartre, *Dialogue*, Vol.7, No.1, 1968.

18.McMahon,Joseph H.,Review of Thomas C. Anderson's book of the Foundations and Structure of Sartrean Ethics,*The French Review*,Vol.54,No.6, 1981.

19.Morelli,Eric J.,Pure Reflection and Intentional Process:The Foundation of Sartre's Phenomenological Ontology,*Sartre Studies International*,Vol.14,No. 1,2008.

20.Olson,Robert,Authenticity,Metaphysics,and Moral Responsibility,*Philosophy*,Vol.34,No.129,1959.

21.Plantinga,Alvin,An Existentialist Ethics,*The Review of Metaphysics*, Vol.12,No.2,1958.

22.Schick Jr.,Theodore,Morality Requires God ... or Does It? Bad News for Fundamentalists and Jean-Paul Sartre,*Free Inquiry*,Vol.17,No.3,1997.

23.Spielberg,Herbert,Sartre's Last Word on Ethics in Phenomenological Perspective,*Research in Phenomenology*,Vol.11,1981.

24.Stevenson,Charles L.,The Emotive Meaning of Ethical Terms,*Mind*, Vol.46,No.181,1937.

25.Stone,Robert V.,Freedom as a Universal Notion in Sartre's Ethical Theory,*Revue Internationale de Philosophie*,Vol.39,No.152-153,1985.

26.Stone,Robert V. & Elizabeth Bowman A.,Dialectical Ethics:A First Look at Sartre's Unpublished 1964 Rome Lecture Notes,*Social Text*,No.13-14,1986.

27.Wild,John,Authentic Existence,*Ethics*,Vol.75,No.4,1965.

28.Yiwei,Zheng,On Pure Reflection in Sartre's Being and Nothingness, *Sartre Studies International*,Vol.7,No.1,2001.

29.Zenzen,Michael J.,Review of Sartre's Ethics of Authenticity by Linda A. Bell,*Studies in Soviet Thought*,Vol.43,No.1,1992.

后 记

本书为教育部人文社会科学研究青年基金项目"萨特伦理学思想研究"（批准号：22YJC720001）的最终成果。

萨特是 20 世纪法国最重要的哲学家之一，但国内外对他伦理学的研究还比较少，特别是对其身后出版的重要伦理学著作《道德笔记》关注不够。《道德笔记》代表萨特的第一种伦理学，直接见证了他的本体论与伦理学的理论关联，但迄今为止我国尚未出现该书的中译本。我从 2017 年尝试开始研究这部作品，并利用两年时间将这部六百多页的著作翻译成汉语，至今仍在完善译稿，以期为萨特的伦理学思想研究贡献绵薄之力。本书主要聚焦于萨特的《道德笔记》，并系统考察和梳理萨特伦理学的起源与发展，对于学界全面了解萨特的伦理学，特别是理解他的《道德笔记》的思想，具有重要的参考价值。

在本书的写作过程中，我得到了众多师友的帮助。南开大学哲学院贾江鸿教授是我的恩师，贾老师多次询问我的写作进度，并为我指点迷津，打开思路，他一丝不苟的治学精神，使我感动。中国社会科学院尚杰教授，南开大学哲学院李国山教授、王建军教授、安靖副教授，中山大学郑辟瑞教授、钟汉川教授、卢毅副教授，天津外国语大学沈学甫副教授，复旦大学王春明副教授，天津商业大学李磊副教授等，或为本书的写作提供相关资料，或帮助我解答写作过程中的种种疑惑，或认真审阅全书并提出修改意见，或给予力所能及的帮助和支持。对以上师友的指导和帮助，在此表示诚挚的谢意。此外还要感谢我亲爱的父母，他们是我的偶像。

本书写作过程中参考了诸多同行学者的研究成果，尽管已经标注了出处，仍要对这些学者表示感谢。本书的出版得到了天津商业大学马克思主义学院的支持，天津人民出版社郭雨莹编辑为本书的出版付出了巨大的努力，在此一并表示感谢。

需要说明的是，因笔者能力所限，书中不乏疏漏敬请广大读者和同行专家不吝赐教。

崔昕昕

2024 年 3 月于天津商业大学